Wichtige Bestimmungsmerkmale

Wuchs- und Kronenformen

Strauch

Baum

Blattbau

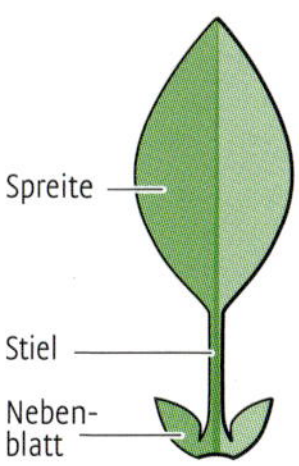

Stellung

Basis

Schuppen

Nadeln

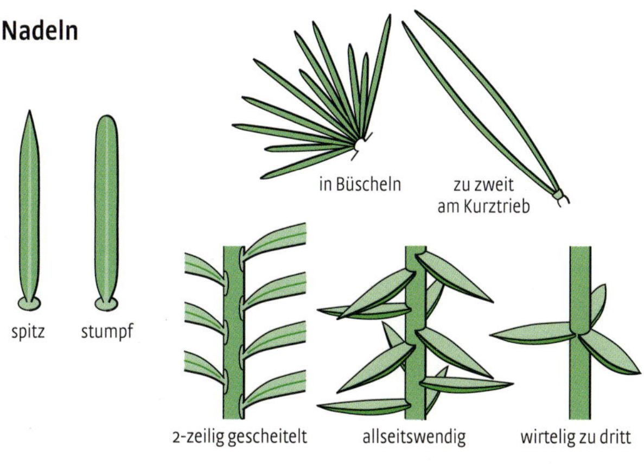

Mark Bachofer
Joachim Mayer

Der neue Kosmos Baumführer

370 Bäume und Sträucher Mitteleuropas

KOSMOS

Übersicht zu den Baumporträts

Auf je einer Doppelseite finden Sie das Porträt einer Art mit prägnanten Texten und erläuternden Abbildungen. Die typische Wuchsform des Baumes und die Borke werden dabei als Foto, die Merkmale der Blätter oder Nadeln, der Blüten und Früchte oder Zapfen mit detailgetreuen Zeichnungen gezeigt. Darüber hinaus finden Sie Informationen zu ähnlichen oder verwandten Baumarten, darunter die wichtigsten Unterscheidungsmerkmale und meist eine Zeichnung.
Nähere Erläuterungen zum Bestimmungsteil lesen Sie auf Seite 11.

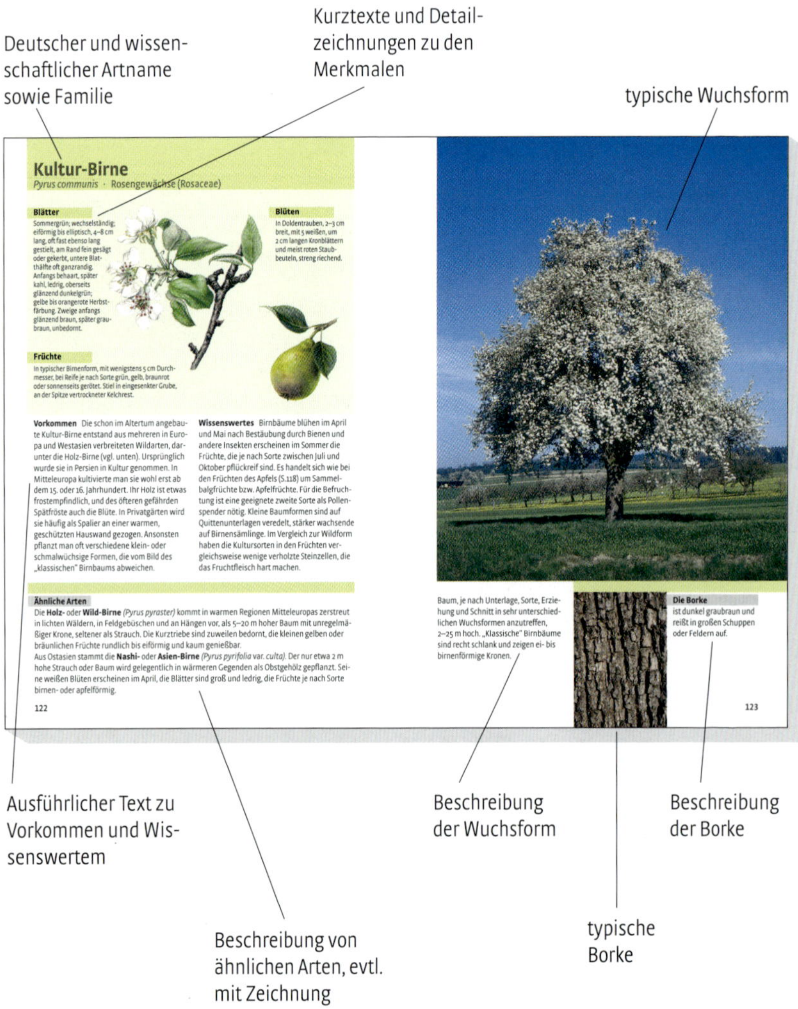
Kultur-Birne
Pyrus communis · Rosengewächse (Rosaceae)

Blätter
Sommergrün; wechselständig; eiförmig bis elliptisch, 4–8 cm lang, oft fast ebenso lang gestielt, am Rand fein gesägt oder gekerbt, untere Blatthälfte oft ganzrandig. Anfangs behaart, später kahl, ledrig, oberseits glänzend dunkelgrün; gelbe bis orangerote Herbstfärbung. Zweige anfangs glänzend braun, später graubraun, unbedornt.

Blüten
In Doldentrauben, 2–3 cm breit, mit 5 weißen, um 2 cm langen Kronblättern und meist roten Staubbeuteln, streng riechend.

Früchte
In typischer Birnenform, mit wenigstens 5 cm Durchmesser, bei Reife je nach Sorte grün, gelb, braunrot oder sonnenseits gerötet. Stiel in eingesenkter Grube, an der Spitze vertrockneter Kelchrest.

Vorkommen Die schon im Altertum angebaute Kultur-Birne entstand aus mehreren in Europa und Westasien verbreiteten Wildarten, darunter die Holz-Birne (vgl. unten). Ursprünglich wurde sie in Persien in Kultur genommen. In Mitteleuropa kultivierte man sie wohl erst ab dem 15. oder 16. Jahrhundert. Ihr Holz ist etwas frostempfindlich, und des öfteren gefährden Spätfröste auch die Blüte. In Privatgärten wird sie häufig als Spalier an einer warmen, geschützten Hauswand gezogen. Ansonsten pflanzt man oft verschiedene klein- oder schmalwüchsige Formen, die vom Bild des „klassischen" Birnbaums abweichen.

Wissenswertes Birnbäume blühen im April und Mai nach Bestäubung durch Bienen und andere Insekten erscheinen im Sommer die Früchte, die je nach Sorte zwischen Juli und Oktober pflückreif sind. Es handelt sich wie bei den Früchten des Apfels (S.118) um Sammelbalgfrüchte bzw. Apfelfrüchte. Für die Befruchtung ist eine geeignete zweite Sorte als Pollenspender nötig. Kleine Baumformen sind auf Quittenunterlagen veredelt, stärker wachsende auf Birnensämlinge. Im Vergleich zur Wildform haben die Kultursorten in den Früchten vergleichsweise wenige verholzte Steinzellen, die das Fruchtfleisch hart machen.

Ähnliche Arten
Die **Holz-** oder **Wild-Birne** *(Pyrus pyraster)* kommt in warmen Regionen Mitteleuropas zerstreut in lichten Wäldern, in Feldgebüschen und an Hängen vor, als 5–20 m hoher Baum mit unregelmäßiger Krone, seltener als Strauch. Die Kurztriebe sind zuweilen bedornt, die kleinen gelben oder bräunlichen Früchte rundlich bis eiförmig und kaum genießbar.
Aus Ostasien stammt die **Nashi-** oder **Asien-Birne** *(Pyrus pyrifolia var. culta)*. Der nur etwa 2 m hohe Strauch oder Baum wird gelegentlich in wärmeren Gegenden als Obstgehölz gepflanzt. Seine weißen Blüten erscheinen im April, die Blätter sind groß und ledrig, die Früchte je nach Sorte birnen- oder apfelförmig.

122

Baum, je nach Unterlage, Sorte, Erziehung und Schnitt in sehr unterschiedlichen Wuchsformen anzutreffen, 2–25 m hoch. „Klassische" Birnbäume sind recht schlank und zeigen ei- bis birnenförmige Kronen.

Die Borke
ist dunkel graubraun und reißt in großen Schuppen oder Feldern auf.

123

Inhalt

Einleitung 6

Glossar 12

Bestimmungsschlüssel 14

Bestimmungsteil Laub- und Nadelgehölze

Magnolienverwandte 20

Buchenverwandte 24

Weidenverwandte 78

Rosenverwandte 102

Eschenverwandte 188

Ginkgo und Nadelbäume 198

Bestimmungsteil Sträucher

Die wichtigsten Sträucher 258

Literatur 276

Register 277

Die wichtigsten Früchte .... 288, Hinterklappe

Einleitung

Zeitzeugen der Erdgeschichte

Vor mehr als 360 Millionen Jahren, im Zeitalter des Oberdevon, begann sich das Gesicht der Erde zu verändern. Hatten bis dahin Farne, Bärlappe, Schachtelhalme und Moose die Landvegetation beherrscht, so machten sich nun höher wachsende, verholzende Gewächse breit – die ersten Bäume. Anfangs waren es urtümliche Gehölze wie die Palmfarne und die Ginkgoartigen, von denen uns der Ginkgobaum bis heute als „lebendes Fossil" erhalten geblieben ist. Dazu gesellten sich zunehmend Nadelgehölze, die sich bald als erfolgreichste Gruppe behaupteten. All diese Holzgewächse hatten eine Neuheit in die Natur eingeführt: Sie vermehrten sich über Samen. Ihre Samenanlagen bildeten sie noch recht ungeschützt in meist zapfenartigen Blütenständen, was ihnen die Bezeichnung Nacktsamer (Gymnospermen) eintrug.
Während der Kreidezeit, vor etwa 100 Millionen Jahren, erhielten sie Gesellschaft durch ganz „neuartige" Holzpflanzen, die ihre

Mischwald aus Laubbäumen

Samenanlagen gut geschützt in Fruchtknoten bargen. Diese Bedecktsamer (Angiospermen) entpuppten sich schnell als starke Konkurrenz und entwickelten sich in einer ungeheuren Vielfalt. Bei der Bestäubung, also der Verbreitung ihrer Pollen, setzten viele von ihnen lieber auf Insekten statt auf den Wind und brachten deshalb oft auffällige Blüten hervor, um diese anzulocken.
Heute gibt es mehr als 300 000 Bedecktsamerarten. Ein Großteil von ihnen wächst krautig, doch es finden sich auch zahlreiche Bäume und Sträucher darunter, so etwa in den Familien der Rosengewächse, der Schmetterlingsblütler oder der Buchengewächse. Die Nacktsamer dagegen sind nur noch mit ungefähr 800 Arten vertreten. Die meisten gehören zu den Nadelgehölzen, wachsen baumartig und sind immergrün.

Überlebende der Eiszeiten

Vor zwei Millionen Jahren, gegen Ende des Tertiärs, gab es einen gewaltigen Einbruch, der gerade in Mitteleuropa die bis dahin entstandene Vielfalt nachhaltig einschränkte: Die Eiszeiten führten dort zum Aussterben vieler Arten. Doch konnten einige in wärmeren Regionen überleben, und die robustesten – etwa Hasel und Kiefer – kehrten nach der letzten Eiszeit wieder zurück. Allmählich bildeten sich so wieder große Waldflächen.
Bedingt durch die nachfolgende Klimaentwicklung und auch durch das Zutun des Menschen werden unsere Wälder heute von vier bis fünf Arten dominiert: Das sind die Gewöhnliche Fichte, die Rot-Buche, Wald-Kiefer sowie die Stiel- und Trauben-Eiche. Früherer Raubbau, Luftverschmutzung und andere Umweltsünden haben dazu geführt, dass einst weit verbreitete Bäume wie die Weiß-Tanne heute in ihrem natürlichen Bestand gefährdet sind.
Freilich gibt es noch wesentlich mehr in Mitteleuropa heimische Bäume: so etwa Weiden, Pappeln und Erlen, die Au- und Bruchwälder prägen; Birken, die gern Heiden und Moore besiedeln; oder Lärche und Zirbel-Kiefer als typische Bergnadelgehölze. Ahorne, Hainbu-

Kiefernwälder wachsen häufig auf nährstoffarmen Böden.

chen, Linden, Ulmen, Eschen und Eiben finden sich in Mischwäldern, je nach Art in Tieflagen oder in Bergschluchten und an Hängen. Zudem werden sie seit langem als Feld- und Ziergehölze gepflanzt.

„Exoten" unter uns

Als sich im 15. und 16. Jahrhundert die ersten Europäer zur Erkundung ferner Kontinente aufmachten, waren sie verblüfft und fasziniert von den Pflanzenwelten Asiens und Amerikas. Ihnen tat sich eine bis dahin unvorstellbare Fülle auf, mit vielen ungemein attraktiven Gewächsen. Es dauerte nicht lange, bis die ersten fremdländischen Gehölze in Europa kultiviert wurden, darunter der aus Japan eingeführte Ginkgo und die aus Nordamerika mitgebrachte Robinie.

Mit der Zeit hielten immer mehr fremdländische Gehölze auch Einzug in die bürgerlichen Hausgärten. Im 19. Jahrhundert brach ein regelrechter Boom aus. Botanische Gärten und große Gärtnereien schickten „Pflanzenjäger" in alle Welt, immer auf der Suche nach neuen Attraktionen. Dabei wurden auch Bäume reimportiert, die im wärmeren Klima vor den Eiszeiten bereits in Europa heimisch waren, so etwa Magnolie und Tulpenbaum.

Heute wachsen bei uns japanische Zierkirschen ebenso selbstverständlich wie der Chinesische Wacholder oder der amerikanische Essigbaum. Und dies längst nicht nur in Gärten und Parks: So wird z. B. die Kupfer-Felsenbirne aus Nordamerika gerne als robustes Landschaftsgehölz gepflanzt. Und die amerikanische Douglasie hat in einigen europäischen Regionen sogar Bedeutung als Waldbaum. So manche fremdländische Art, die nach Auswildern aus früherer Pflanzung bei uns auch in freier Natur überleben konnte, gilt heute als eingebürgert, z. B. die im Balkan beheimatete Rosskastanie oder die erwähnte Kupfer-Felsenbirne und die Robinie. Unter ökologischen Gesichtspunkten sind solche „Neubürger" (fachsprachlich: Neophyten) manchmal problematisch, da sie einheimische Arten zurückdrängen können.

Doch Pflanzenimporte gab es auch schon vor gut zwei Jahrtausenden: Die Römer brachten etliche Pflanzen über die Alpen, um sie in ihren nördlichen Provinzen anzubauen, darunter Pflaume, Pfirsich und Walnuss. Ursprünglich stammten solche „römischen" Gewächse oft aus Westasien, vereinzelt sogar aus China. Auch in neuerer Zeit wurden winterharte Gehölze aus Süd- oder Südosteuropa einge-

Unter den rauen Einflüssen des Hochgebirges gedeihen nur wenige Baumarten.

führt und haben sich längst einen festen Platz in mitteleuropäischen Gärten und Parks erobert, so etwa Flieder und Tamariske.

Baum oder Strauch?

Betrachtet man eine Linde und eine Forsythie im Vergleich, fällt die Unterscheidung in Baum und Strauch leicht. Die Linde als „typischer" Baum hat einen festen, durchgehenden Hauptstamm, dessen Seitenäste und beblätterte Verzweigungen eine Krone bilden. Ein Strauch wie die Forsythie dagegen baut sich aus mehreren gleichrangigen Stämmen bzw. Haupttrieben auf, die von unten her verzweigt sind. Bei vielen Sträuchern, z. B. der Hasel, werden sie durch immer neue Schösslinge aus dem Boden ergänzt.
Doch längst nicht alle Gehölze präsentieren sich so eindeutig: Es gibt vielerlei Übergänge, vom mehrstämmigen Baum bis hin zum Großstrauch mit kronenähnlicher Hauptverzweigung. Manche Arten entwickeln sich auch je nach Wachstumsbedingungen als Baum oder Strauch. Gehölze in Hochgebirgslagen wachsen nahe der Baumgrenze oft nur strauchförmig und geradezu verkrüppelt, so etwa Legföhre oder Zirbel-Kiefer. An besseren Standorten dagegen wachsen sie zu „richtigen" Bäumen heran. Auch Feld-Ahorn oder Hainbuche bleiben lange strauchartig, wenn sie im Unterholz der Wälder heranwachsen. Erst wenn sie ausreichend Höhe erreichen, um mehr Sonne abzubekommen, entwickeln sie sich allmählich zu stattlichen Bäumen.
Viele Obstbäume und Ziergehölze sind schließlich auch von Menschenhand mitgeformt. Durch Züchtung entstehen Klein-, Zwerg- und Strauchformen, die kaum noch die ursprüngliche Gestalt der Ausgangsart erkennen lassen. Sträucher wie die Quitte können andererseits durch Veredlung auf hohe Stämme die Gestalt eines Baums annehmen. Zudem können Schnittmaßnahmen das Erscheinungsbild eines Gehölzes stark beeinflussen.

Was botanische Namen uns sagen

Die Art oder Spezies (Abkürzung sp.) ist die Grundlage und „Grundeinheit" der botanischen Namensgebung (Nomenklatur) und Ordnung (Systematik). Als Art bezeichnet man eine Gruppe von Individuen mit einheitlichen Merkmalen, durch die sie sich von anderen, ähnlichen Individuen deutlich unterscheiden lässt. Die Individuen einer Art können sich in der Regel gut miteinander kreuzen, ihre Nachkommen zeigen dieselben Merkmale wie die Eltern. Eine Art nach dieser Definition ist z. B. der Spitz-Ahorn. Er zählt ebenso wie der Feld-

Ahorn zur Gattung der Ahorne, mit wissenschaftlicher Bezeichnung *Acer*. Der botanische Artname setzt sich nun aus dem groß geschriebenen Gattungsnamen und dem klein geschriebenen Artnamen zusammen. Danach ist der Spitz-Ahorn als *Acer platanoides* benannt, der Feld-Ahorn heißt *Acer campestre*. Diese botanischen Namen sind international einheitlich geregelt und wesentlich eindeutiger und zuverlässiger als die landessprachlichen Bezeichnungen oder „Trivialnamen". Allerdings werden auch die wissenschaftlichen Namen zuweilen aufgrund neuer Erkenntnisse oder Ansichten geändert.
Die zweigliedrigen botanischen Artnamen können durch weitere Zusätze präzisiert werden. Am häufigsten sind zusätzliche Angaben einer Unterart (Subspezies, Abkürzung subsp. oder ssp.) oder Varietät (var.). Als Beispiel können Pflaume und Mirabelle herangezogen werden. Beide gehören zur Art *Prunus domestica*, die Pflaume stellt die Unterart *domestica* dar, die Mirabelle heißt *Prunus domestica* ssp. *syriaca*. Als Namenszusatz kann die Sorte angegeben sein, üblicherweise in einfachen Anführungszeichen, z. B. *Populus nigra* 'Italica'. Solche Sortennamen stehen für durch gezielte Auslese oder Kreuzung gewonnene Züchtungen, die von der Stammart mehr oder weniger abweichen. Sorten, auch Cultivare genannt, haben oft andere Blüten- oder Blattformen und -farben als die reine Art und können sich auch in der Wuchsform deutlich von jener unterscheiden.
Ein Kreuz zwischen Gattungs- und Artnamen steht für Kreuzungen (auch Hybriden oder Bastarde genannt) verschiedener Arten, z. B. bei *Populus × canescens*, der Grau-Pappel. Sie ist eine Kreuzung der Silber-Pappel (*P. alba*) mit der Zitterpappel (*P. tremula*).

Die Vielfalt ordnen

Ähnliche Gattungen lassen sich zu in einer Familie vereinen und diese wiederum in größere Verbände gruppieren. So entsteht eine Hierarchie verschiedener Gruppen, eine Systematik, die zu einem Überblick über die gewaltige Fülle der Pflanzen verhilft. Die größte Einheit ist in diesem Fall das Pflanzenreich, in Abgrenzung zu den Tieren, Pilzen und Einzellern. Seine Gliederung von oben nach unten sieht so aus:

Abteilung
(z. B. Samenpflanzen, *Spermatophyta*)
Unterabteilung
(z. B. Bedecktsamer, *Magnoliophytina*)
Klasse
(z. B. Zweikeimblättrige, *Dicotyledonae*)
Unterklasse
(z. B. Kätzchenblütige, *Hamamelididae*)
Ordnung
(z. B. Buchenartige, *Fagales*)
Familie
(z. B. Buchengewächse, *Fagaceae*)
Gattung
(z. B. Buche, *Fagus*)
Art
(z. B. Rot-Buche, *Fagus sylvatica*)

Diese Art und Weise, das Pflanzenreich zu gliedern, geht im wesentlichen auf den schwedischen Naturforscher Carl von Linné (1707–1778) zurück. Entscheidende Merkmale seiner Systematik waren Blütenbau und Ausgestaltung der Fortpflanzungsorgane. Linnés Nachfolger legten jedoch zunehmend Wert darauf, die natür-

Apfelbäume im Kulturland

Parkanlage mit einheimischen und eingeführten Gehölzen

liche Verwandtschaft zwischen den Pflanzen und ihre Entwicklungsgeschichte zu berücksichtigen. Entsprechend wurde das Ordnungssystem bis heute immer wieder überarbeitet und aktualisiert.

Seit einigen Jahren bahnt sich eine recht weit reichende Neuordnung an, insbesondere bei den Bedecktsamern. Denn molekularbiologische und genetische Untersuchungen offenbaren teils ganz andere Verwandtschaftsverhältnisse als lediglich die Betrachtung äußerer Merkmale. Derzeit ist diese Neuordnung noch stark im Umbruch und wird in der botanischen Literatur noch recht unterschiedlich berücksichtigt und gehandhabt.

Das vorliegende Buch orientiert sich deshalb an der herkömmlichen Systematik, die freilich in vielen Teilen auch nach neuesten Erkenntnissen nach wie vor gültig ist. Die Pflanzen sind nach Ordnungen und darunter wiederum nach Familien und Gattungen angeordnet, in der Reihenfolge, wie sie in der Systematik bis heute mehr oder weniger üblich ist. Dies ist beim Bestimmen unbekannter Bäume durchaus hilfreich: Denn gerade die Anordnung nach äußeren Merkmalen wie etwa der Ähnlichkeit der Blüten oder Blätter kommt einem hier sehr entgegen.

Die Auswahl der vorgestellten Pflanzen

Dieses Buch stellt zahlreiche in Mitteleuropa heimische Gehölze vor, außerdem fremdländische Zierbäume, die in unseren Breiten wachsen. Gerade die Vielfalt der importierten Arten und Zuchtformen macht es allerdings kaum möglich, alle in Mitteleuropa vorkommenden Bäume eingehend zu berücksichtigen. Die Auswahl der ausführlich beschriebenen und mit detaillierten Zeichnungen bebilderten Arten konzentriert sich deshalb auf jene, die in Wäldern, in der freien Landschaft, im städtischen Grün sowie in Gärten und Parks am häufigsten zu sehen sind. Dies kann natürlich je nach Region etwas unterschiedlich sein. Bei den vorgestellten Hauptarten sind jedoch auch verwandte Arten oder häufig zu sehende Sorten kurz beschrieben, so dass Sie dadurch gerade für das Bestimmen wichtige Informationen erhalten.

Ein eigener Abschnitt bietet Ihnen außerdem einen Überblick über häufig vorkommende Sträucher, die ebenfalls nach Familien angeordnet sind. Sie werden jeweils durch ein Foto vorgestellt, auf dem oft nur ein Teilaspekt der Merkmale dargestellt werden kann. Die Kurzbeschreibung hilft aber zusätzlich beim Identifizieren der jeweiligen Art.

Das Baumporträt – alle Infos auf einer Doppelseite

Der Hauptteil dieses Buches umfasst 119 ausführliche, doppelseitige Baumporträts. Neben dem deutschen und dem wissenschaftlichen Namen der Art ist stets auch die Familie angegeben (vgl. auch S. 4). Es folgen ausführliche Beschreibungen der wichtigsten Bestimmungsmerkmale, wie der Blätter oder Nadeln, der Blüten und der Früchte oder Zapfen. Diese werden jeweils durch eine Zeichnung ergänzt. An dieser Stelle wurde sehr bewusst kein Foto gewählt, da eine Zeichnung sehr viel genauer und detailreicher typische Merkmale nebeneinander darstellen kann. Auf einem Foto ist ein Merkmal zwar so abgebildet, wie es bei der fotografierten Pflanze individuell ausgebildet ist, dies muss aber nicht unbedingt typisch und repräsentativ für die Art sein. Sollen mehrere Merkmale gleichzeitig präsentiert werden, ist daher eine Zeichnung sehr viel zuverlässiger. Zusätzlich finden Sie im Text weitere Informationen, etwa über Herkunft und Vorkommen, Blüte- und Fruchtzeit, Bestäubungs- und Verbreitungsmechanismen und Nutzungsmöglichkeiten der Pflanze.

Außerdem ist der Baum mit einem großformatigen Foto vorgestellt, so wie man ihn in der Natur antreffen kann. Das Foto zeigt die mehr oder weniger typische Wuchsform und Gestalt (den „Habitus") der Art, ergänzt durch eine kurze Textinformation. Des weiteren ist ein Foto der Borke (umgangssprachlich meist „Rinde" genannt) abgebildet. Dieses wurde so ausgewählt, dass es eine möglichst charakteristische Borke präsentiert. Zur besseren Vergleichbarkeit wurde der abgebildete Bildausschnitt stets so gewählt, dass die Höhe exakt 25 Zentimeter des Stammes zeigt. Auch dieses Foto wird mit erläuterndem Text ergänzt.

Bei vielen Hauptarten gibt es Hinweise auf ähnliche oder nahe verwandte Arten, sofern sie bei uns häufiger zu sehen sind. Teils werden aber auch seltene, oft nur in Botanischen Gärten zu findende Exoten beschrieben, die eine Besonderheit darstellen. In vielen Fällen ergänzt die Zeichnung eines typischen Merkmals, etwa Blatt oder Frucht, die entsprechende Textinformation.

Zapfen und Zweige der Douglasie

Wie Sie dieses Buch benutzen

Oft bringt man beim Bestimmen eines Baumes schon ein gewisses Vorwissen mit. Beispielsweise lassen sich Eichen oder Ahorne häufig schon auf einen Blick anhand ihrer typischen Blätter erkennen. In solchen Fällen können Sie einfach die entsprechenden Seiten im Register suchen und die jeweilige Art durch Blättern und Vergleichen der Merkmale bestimmen. Manchmal stoßen Sie aber vielleicht auch auf unbekannte Bäume, bei denen Sie keine Idee haben, in welcher Richtung Sie suchen und vergleichen könnten. Hier hilft der Bestimmungsschlüssel auf S. 14ff weiter. Er führt zu den jeweiligen Gattungen, zumindest aber zu Gruppen von Gattungen mit sehr ähnlichen Schlüsselmerkmalen. Nach dieser Eingrenzung findet sich dann meist auch schnell durch Blättern im Buch die betreffende Art, wiederum durch Abgleich des unbekannten Baums mit den ausführlichen Porträts.

Glossar

Selbst bei größtem Bemühen sind einige Fachbegriffe unumgänglich. Im folgenden sollen die wichtigsten von ihnen kurz erläutert werden. Viele Begriffe sind auch auf der vorderen und hinteren Buchklappe mit prägnanten Zeichnungen erläutert.

♀	weiblich
♂	männlich
'Name'	Sorte mit bestimmtem Namen
sp.	Species (Art bzw. Arten)
ssp.	Subspecies (Unterart)
var.	Varietät

Achselbärtchen Haarbüschel auf den Blattunterseiten, die in den Verzweigungen der Blattnerven sitzen

Arillus Samenmantel; fleischig-saftig ausgebildete Hülle, die den Samen nicht vollständig umschließt

Art Gruppe von Individuen mit einheitlichen Merkmalen, die sich von anderen Gruppen deutlich unterscheiden lässt und untereinander Nachkommen mit denselben Merkmalen bildet

Bastard Individuum, dessen Eltern verschiedenen Arten oder Unterarten angehören (Artbastard); seltener: Gattungsbastard (Eltern aus verschiedenen Gattungen)

Beerenzapfen Sonderform des Zapfens der Nadelbäume

Bedecktsamer Gruppe der Samenpflanzen, bei denen die Samenanlagen von einem Fruchtknoten umhüllt werden; hierher gehören die meisten Laubbäume

Blattgrund Der dem Zweig am nächsten stehende Teil der Blattspreite, geht in den Blattstiel über

Blütenhülle Blütenblätter; entweder gegliedert in Kelch und Krone oder ungegliedert

Cupula Fruchtbecher, der die Nussfrüchte der Buchengewächse teilweise umhüllt

Deckschuppe Teil der Nacktsamerblüte; mit der Samenschuppe zumindest an der Basis verwachsen

Dornen Umbildungen von Blättern oder Seitenzweigen mit stechender Spitze

Einhäusig Blüten befinden sich auf einem Individuum, auch wenn sie getrenntgeschlechtig sind

Fertil Fruchtbar; Gegenteil von steril

Fiederblättchen Teilblatt eines aus mehreren Teilen bestehenden Blattes

Fruchtblatt Blütenorgan, in dem sich die Samenanlagen befinden; verwächst einzeln oder zu mehreren zum Fruchtknoten

Fruchtknoten Weiblicher Teil der Blüte; trägt im Innern die Samenanlagen, setzt sich im oberen Teil mit Griffel und Narbe fort

Gattung Gruppe von Arten mit ähnlichen Merkmalen, die sich aber nur in Ausnahmefällen untereinander kreuzen

Getrenntgeschlechtig Blüten mit rein weiblichen oder rein männlichen Blütenorganen

Griffel Fortsatz des Fruchtknotens, der im oberen Teil die Narbe trägt

Hochblatt Blatt unterhalb der Blüte, das sich von den Laubblättern, aber auch von der Blütenhülle in Form und Farbe unterscheidet

Hybride Siehe Bastard

Kätzchen Blütenstand aus meist einfachen Blüten mit reduzierter Hülle; meist rein weiblich oder rein männlich

Kelchblatt Äußerer Teil der Blütenhülle, meist grün

Konifere Nacktsamige Pflanze, deren Blüten Zapfenform haben („Zapfenträger")

Kronblatt Innerer Teil einer gegliederten Blütenhülle; oft auffällig gefärbt

Kurztrieb Meist stark gestauchter Seitentrieb, der spezialisiert nur Blätter oder Blüten trägt

Langtrieb Gewöhnliche Form des Zweigwachstums der Gehölze; durch die Anordnung der Langtriebe ergibt sich die jeweilige Verzweigungsform der Äste und der Krone

Mediterran Aus dem Mittelmeerraum stammend oder dort vorkommend

Mehrjährig Blätter oder andere Organe, die nicht nach einer Vegetationsperiode absterben; auch als „immergrün" bezeichnet

Nacktsamer Gruppe der Samenpflanzen, bei denen die Samenanlagen „nackt", also nicht vom Fruchtknoten umgeben sind
Narbe Fortsatz von Fruchtknoten und Griffel; bei der Bestäubung wird hier der Pollen empfangen
Nebenblätter Kleine, oft vergängliche Blätter, die am Blattgrund oder Blattstiel ansitzen
Nektar Zuckerhaltiger Saft, oft duftend; wird von Pflanzen zur Anlockung von Insekten in Drüsen gebildet und abgegeben
Nektardrüse Organ, in dem Nektar gebildet wird; häufig in Blüten oder an Blattstielen, teils auch haarförmig (Drüsenhaare)
Panaschiert Blattfärbung mit weißer oder gelber Zeichnung, z.B. als Flecken, Streifen oder helle Blattränder; Formen mit panaschierten Blättern wurden oft von Züchtern als Sorten oder Varietäten ausgelesen.
Phyllokladium Trieb, der meist flächig und blattähnlich ausgebreitet ist; ist grün und assimiliert; Blätter meist verkümmert
Pollen Männliche Fortpflanzungseinheit; wird in den Staubblättern gebildet und vom Wind oder von Insekten zur Narbe getragen
Samenanlage Teil der weiblichen Blütenorgane; trägt im Innern die Eizelle(n); liegt bei den Bedecktsamern im Fruchtknoten
Samenmantel Siehe Arillus
Samenschale Hülle um den eigentlichen Samen; meist häutig, kann aber auch fleischig oder verholzt sein
Samenschuppe Teil der weiblichen Blüte der Nacktsamer, der die Samenanlagen und später die Samen trägt
Sommergrün Blatt oder anderes Organ, das nach einer Vegetationsperiode abstirbt und abgeworfen wird.
Sorte Durch Züchtung, d.h. durch Auslese oder Kreuzung gewonnene Form, die sich von den Merkmalen einer Art abhebt
Spaltöffnungen Bohnenförmige Öffnungen der Blätter, mit denen Sauerstoff, Kohlendioxid und Wasserdampf aufgenommen und abgegeben werden können
Spindel Mittelachse eines geteilten Blattes, an dem die Fiederblättchen paarig oder unpaarig stehen
Spreite, Blattspreite Flächiger, ausgebreiteter Teil des Blattes
Stacheln Fortsätze der Blatt- oder Zweigoberfläche, spitz stechend, brechen ab, ohne Trieb oder Holz zu verletzen
Staubbeutel Teil der Staubblätter, in dem der Pollen gebildet wird
Staubblätter Männliche Blütenorgane; aus einem Stiel und dem Staubblatt bestehend
Steinzellen Zellen, die durch Verholzung sehr hart werden und im Fruchtfleisch oder anderen Geweben eingelagert werden können
Steril Unfruchtbar; sterile Blütenorgane (z.B. Staubblätter) sind oft verkümmert oder besonders gestaltet
Teilblättchen Siehe Fiederblättchen
Tragblatt Blatt, aus dessen Blattachsel eine Blüte oder ein Seitentrieb wächst
Trieb Teil des Zweigs, der den Zuwachs eines Jahres umfasst
Varietät Meist durch Züchtung, d.h. durch Auslese oder Kreuzung gewonnene Form, die sich von den Merkmalen einer Art abhebt
Zweihäusig Verteilung der eingeschlechtigen Blüten auf getrennte Individuen; es gibt männliche und weibliche Pflanzen

Bestimmungsschlüssel

Dieser Schlüssel soll dabei helfen, einen unbekannten Baum oder Strauch zu identifizieren. Er ist bewusst übersichtlich und möglichst einfach gestaltet und kann deshalb nicht gewährleisten, zielgerichtet zu nur einer Gattung oder Art hinzuführen. Zur sicheren Bestimmung einer Art ist es notwendig, alle in den Porträts in Text und Bild erläuterten Merkmale mit dem zu bestimmenden Individuum zu vergleichen. Ziel des folgenden Schlüssels ist also, den Weg dorthin zu erleichtern, d. h. die in Betracht kommenden Möglichkeiten einzuschränken, so dass zur Bestimmung der unbekannten Art nicht mühsam alle Porträts vom Anfang bis zum Ende dieses Buches durchgeblättert werden müssen.

Vollkommen wissenschaftliche Schlüssel sind wegen ihrer Ausführlichkeit und ihrem Detailreichtum sehr kompliziert. Sie sind auf der Basis von manchmal schwierigen Entscheidungsfragen aufgebaut. Zu einer sicheren Bestimmung bis zur Art werden dabei meist Blatt- und Zweigmaterial, zusätzlich möglichst auch Blüten oder Früchte benötigt. Viele Merkmale können aber nur mit einiger Erfahrung eindeutig zugeordnet werden und oft braucht man zur Bestimmung eine Lupe. Gerade der botanische Laie, der mit Freude und Interesse rasch und zielgerichtet zum Ziel kommen möchte, ist hier schnell überfordert und dementsprechend enttäuscht.

Das praktische Vorgehen beim vorliegenden Schlüssel dagegen ist sehr einfach: Es genügt, einen Zweig mit einigen Blättern oder Nadeln vorliegen zu haben; bei den Nadelgehölzen ist es zudem hilfreich, wenn auch einige Zapfen zur Verfügung stehen.

Sie beginnen in den Teilschlüsseln für Laub- oder Nadelgehölze jeweils bei der ersten Entscheidungsfrage (1a bis 1c), vergleichen die beschriebenen Merkmale mit dem vorliegenden Material und wählen diejenige Antwort aus, die am ehesten zutrifft. Diese Antwort führt Sie auf eine weitere Frage oder wie etwa beim Ginkgo gleich zur gesuchten Art. Schließlich gelangen Sie so an einen Endpunkt, der auf mehrere in Frage kommende Arten mit den entsprechenden Seitenzahlen verweist. An manchen Endpunkten werden Sie immer noch einige in Frage kommende Arten finden. Diese können Sie aber anhand von charakteristischen Blüten oder Früchten oder anderen Merkmalen, die in den Baumporträts vorgestellt werden, rasch und eindeutig mit dem zu bestimmenden Baum vergleichen.

Beginnen Sie am besten mit der Entscheidung, ob es sich um ein Laub- oder Nadelgehölz handelt. Sind die Blätter laubartig und flächig ausgebreitet, geht es mit dem Teilschlüssel 1 (S. 15) für die Laubgehölze weiter bzw. direkt zum Ginkgo. Liegen dagegen nadel- oder schuppenförmige Blätter vor, dann ist der Teilschlüssel 2 (S. 18) Ihr Startpunkt.

Teilschlüssel 1

Blätter flächig, laubartig, überwiegend sommergrün

1a) Blätter fächerförmig, teils zweilappig, mit parallelen, gegabelten Nerven ....  **Ginkgo, S. 198**

1b) Blätter nicht in Fiederblättchen aufgeteilt **2**

1c) Blätter in Fiederblättchen aufgeteilt **11**

2a) Blattrand glatt, weder gelappt, noch gezähnt oder gesägt **3**

2b) Blattrand gesägt oder gezähnt, zumindest mit einigen Zähnen versehen **6**

2c) Blattrand gelappt, eichenähnlich bei eiförmigen Blättern oder ahornähnlich handförmig .. **8**

3a) Blätter mehr oder weniger eiförmig .... 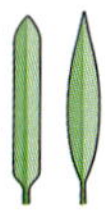 **4**

3b) Blätter schmal länglich oder langgestreckt eiförmig .... **Ölweide und Sanddorn, S. 150; Eukalyptus, S. 148**

3c) Blätter rundlich bis nierenförmig oder herzförmig  **Judasbaum, S. 154; Blauglockenbaum, S. 192; Trompetenbaum, S. 194; Flieder, S. 270**

4a) Blätter sommergrün, meist weich, allenfalls etwas derb **5**

4b) Blätter immergrün, ledrig oder hart .... **Buchsbaum, S. 30; Stein-Eiche, S. 36; Schneeball, S. 272**

5a) Blätter klein, überwiegend unter 8 cm lang, einzelne auch bis zu 10 cm lang ..... **Liguster, S. 270; Heckenkirsche, S. 272; Schneebeere, S. 274**

5b) Blätter meist 8-10 cm lang, seltener auch etwas länger .... **Rot-Buche, S. 32; Faulbaum, S. 186; Hartriegel, S. 144-146 und 268; Quitte, S. 116; Zwergmispel, S. 266; Osagedorn, S. 70**

5c) Blätter groß, überwiegend deutlich über 10 cm lang .... **Magnolien, S. 20; Eisenholz, S. 26; Mispel, S. 136; Tupelobaum, S. 142**

6a) Blätter mehr oder weniger eiförmig 7

6b) Blätter schmal länglich oder langgestreckt eiförmig .... **Esskastanie, S. 36; einige Weiden, S. 86–95 und 260–262; Berberitze, S. 258; Gagelstrauch, S. 258**

6c) Blätter rundlich bis nierenförmig oder herzförmig .... **Kuchenbaum, S. 24; Pappeln, S. 82–84; Linden, S. 96–100; Taubenbaum, S. 142; Lindenblättrige Birke, S. 50; Schwarzer Maulbeerbaum, S. 70**

7a) Blätter wechselständig, Blattgrund mehr oder weniger symmetrisch ...... **Südbuche, S. 34; Birken und Erlen, S. 46–50 und 260; Hainbuchengewächse, S. 52–56; Pappeln, S. 82–84; einige Weiden, S. 86–95 und 260–262; mehrere Vertreter der Rosengewächse, S. 102–136 und 262–264; Stechpalme, S. 184**

7b) Blätter wechselständig, Blattgrund auffällig asymmetrisch .... 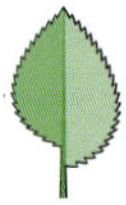 **Ulmen, S. 58–62; Zürgelbäume, S. 60; Zelkoven, S. 62**

7c) Blätter gegenständig ...... **Purgier-Kreuzdorn, S. 186; mehrere Ziersträucher S. 266–274**

8a) Blattgrundform eiförmig, am Rand in mehrere Lappen aufgeteilt oder fiederspaltig ....  9

8b) Blattgrundform handförmig, Lappen meist vorn zugespitzt  10

8c) ungewöhnliche 4-lappige Blattform, Lappen spitz und mit parallelem Rand ....  **Tulpenbaum, S. 22**

9a) Blätter abgesehen von der Lappung ganzrandig, evtl. mit einigen wenigen spitzen Zähnen .... **Eichen, S. 38–44**

9b) Blätter zusätzlich zur Lappung gesägt oder gezähnt .... **Mehlbeeren, S. 124–128; Weißdorne, S. 138–140**

10a) Blätter wechselständig .... **Amberbaum, S. 26; Platanen, S. 28; evtl. auch Maulbeerbäume, S. 68–70**

10b) Blätter gegenständig .... **Ahorne, S. 166–178; Schneeball, S. 272; evtl. auch Trompetenbäume, S. 194**

11a) Blätter wechselständig **12**

11b) Blätter gegenständig **16**

12a) Blattrand der Fiederblättchen glatt, ... **13**
allenfalls mit 1–4 großen, einzeln stehenden Zähnen an der Basis

12b) Blattrand gesägt oder gezähnt **15**

13a) Fiederblättchen zu dritt stehend ....  **Goldregen, S. 158**

13b) Blätter paarig  oder unpaarig gefiedert  **14**

14a) mit 3–11 Fiederblattpaaren, stets mit Endfieder .... **Walnuss, S. 72; Schnurbaum, S. 156; Robinien, S. 160; Blasenstrauch, S. 266**

14b) meist mehr als 11, teils bis zu 15 Fiederblattpaare, Endfieder zuweilen fehlend .... **Gleditschie, S. 152; Lack-Sumach, S. 180; Götterbaum, S. 182**

15a) mit 2–6 Fiederblattpaaren, mit Endfieder .... **Hickorynüsse, S. 74; Gelbholz, S. 156; Eschen, S. 188–190; Pimpernuss, S. 268; Mahonie, S. 258; Rosen, S. 264**

15b) meist mehr als 6, teils bis zu 15 Fiederblattpaaren, meist mit Endfieder .... **Schwarznuss, S. 72; Flügelnüsse, S. 76; Speierling und Eberesche, S. 130–132; Blasenesche, S. 162; Essigbaum, S. 180**

16a) Blätter handförmig in 5–7 Teilblättchen geteilt ....  **Rosskastanien, S. 164**

16b) Blätter unpaarig gefiedert .... **Eschen-Ahorn, S. 176; Holunder, S. 196**

Teilschlüssel 2

Blätter nadel- oder schuppenartig, meist immergrün

1a) Blätter schuppenförmig, mehr oder weniger am Zweig anliegend **2**

1b) Blätter nadelförmig, mehr oder weniger vom Zweig abstehend **5**

2a) Schuppen sehr groß (über 1 cm lang), ledrig-hart, dreieckig .... **Araukarie, S. 234**

2b) Schuppen kleiner als 1 cm, teils sehr feine Strukturen **3**

3a) Blätter wenigstens an der Basis schuppenartig, in 3 Reihen spiralig am Zweig ....  **Mammutbaum, S. 238**

3b) Schuppen 4-zeilig am Zweig angeordnet, meist 2 Reihen flächig und 2 Reihen seitenständig ....  **4**

3c) Schuppenartige Blätter spiralig bis wechselständig am Zweig, ohne Zapfen, mit weißen bis rosa Blüten (keine Konifere!) .... **Tamarisken, S. 78**

4a) Schuppen 4-zeilig am Zweig angeordnet, Zapfen kugelig, verholzt, mit schildförmigen Zapfenschuppen .... **Scheinzypressen und Zypressen, S. 244 und 246**

4b) Schuppen 4-zeilig am Zweig angeordnet, Zapfen kugelig, beerenartig weich, metallisch blau oder schwarzviolett, neben den Schuppenblättern teils auch mit in Wirteln stehenden Nadeln .... **Wacholder, S. 252; Sadebaum S. 276**

4c) Schuppen 4-zeilig am Zweig angeordnet, Zapfen länglich oder eiförmig, mit auffälligen gebogenen oder hakigen Fortsätzen .... **Hiba, Rauchzypresse, Lebensbäume, S. 248 und 250**

5a) Nadeln zu mehreren (mind. 2) in Büscheln an Kurztrieben stehend, teils daneben Nadeln einzeln an den Langtrieben **6**

5b) Nadeln in auffälligen, schirmartig ausgebreiteten Wirteln an den Triebspitzen oder um die Zweige herum angeordnet .... **Schirmtanne, S. 242**

5c) Nadeln einzeln mehr oder weniger dicht an den Zweigen stehend, allseits abstehend oder zweiseitig gescheitelt **8**

6a) Nadeln zu 2, 3 oder zu 5 ....  **Kiefern, S. 224–232**
an den Kurztrieben stehend

6b) Nadeln zu mindestens 10 ....  **Zedern, S. 218; Lärchen, S. 220 und 222**
an den Kurztrieben stehend

7a) Nadeln in Wirteln zu 3 stehend, ...  **Wacholder, S. 276 und 252**
teilweise daneben auch Schuppenblätter
vorkommend

7b) Nadeln sommergrün, weich, 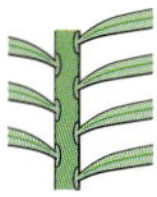 .... **Urweltmammutbaum, S. 240;**
zweiseitig ausgerichtet **Sumpfzypresse, S. 242**

7c) Nadeln immergrün, spiralig, wechsel- oder gegenständig an den Zweigen stehend **8**

8a) Nadeln spiralig am Zweig ansitzend, ... **Sicheltanne, S. 236; Zimmertanne, S. 234;**
an der Basis schuppenähnlich überlappend, **evtl. Mammutbaum, S. 238**
die vorderen Teile nadelförmig abstehend

8b) Nadeln an der Basis nicht schuppenartig, ... **9**
mit einer stielähnlichen Struktur am Zweig angeheftet

8c) Nadeln am Zweig sitzend bis herablaufend, ... **Küstenmammutbaum, S. 238;**
ohne stielähnliche Struktur **Spießtanne, S. 236**

9a) Nadeln stehen mit scheibenförmigem, ... **Tannen, S. 200–206**
grünem Polster am Zweig,
entnadelte Zweige tragen rundliche Blattnarben
und sind fast glatt, Zapfen stehen aufrecht
und lösen sich bei Reife in die Zapfenschuppen auf

9b) Nadeln stehen an der Basis an einem höckrigen, ... 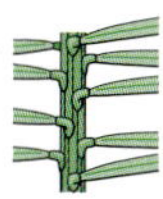 .... **Fichten, S. 210–214**
verholzten Nadelpolster, Zweige sind längs gefurcht
und durch die Nadelpolster im entnadelten Zustand
sehr rau, Zapfen hängen und fallen als Ganzes ab

9c) Nadeln haben einen kurzen Stiel an der Basis, ... **10**
entnadelte Zweige sind allenfalls mäßig rau

10a) Stielchen der Nadeln an den Zweigen .... 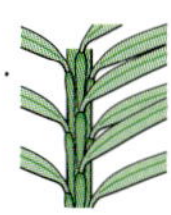 **Hemlocktannen, S. 216;**
mehr (Hemlocktanne) oder weniger (Douglasie) **Douglasien, S. 208**
am Zweig anliegend, Ansatzstellen stehen
am Zweig nur wenig vor

10b) Stielchen der Nadeln am Zweig herablaufend, ...  .... **Eiben, S. 256;**
ohne eindeutige Ansatzstelle, **Kopf- und Nusseibe, S. 254**
Nadeln weich und ledrig, Samen fleischig umhüllt

Tulpen-Magnolie

Magnolia × soulangiana · Magnoliengewächse (Magnoliaceae)

Blätter

Sommergrün; wechselständig; bis zu 18 cm lang, verkehrt-eiförmig, vorn zugespitzt; oberseits meist matt dunkelgrün und unterseits filzig-behaart.

Blüten

Im Knospenzustand von 2 pelzig-behaarten Hochblättern geschützt; tulpenartig und aufrecht stehend, sich meist nur glockenartig öffnend. Blütenblätter je nach Sorte (fast) weiß bis dunkelrosa; um die kegelförmig gestreckte Blütenachse im Innern stehen zahlreiche einzelne Staubblätter und eine Vielzahl einzelner Fruchtknoten, jeweils in spiraliger Anordnung.

Früchte

Zahlreiche spiralig angeordnete Einzelfrüchte bilden bei Magnolien eine Sammelfrucht, die bei vielen Zierformen nur selten ausgebildet wird. Die reifen Balgfrüchte öffnen sich an der Bauchnaht und geben einen Samen mit einer fleischigen Samenschale frei, der oft noch zunächst an einem fädigen Stiel hängt.

Vorkommen Heutzutage sind Magnolien in Mitteleuropa nur noch als stellenweise häufige Zierelemente anzutreffen. Fossilfunde belegen aber, dass die Gattung noch im Tertiär auch hier heimisch und weit verbreitet war. Die Tulpen-Magnolie und ihre zahlreichen Sorten entstanden ursprünglich aus einer Kreuzung zweier aus China stammender Arten (Yulan-M., *M. denudata × M. liliiflora*, Purpur-M.). Magnolien sind beliebte Ziergehölze, die jedoch wegen ihrer Frostempfindlichkeit einen geschützten Standort benötigen. Die Sorten werden in den meisten Fällen auf eine robuste Unterlage veredelt.

Wissenswertes Blütezeit ist April bis Mai, die Bestäubung erfolgt durch Käfer; das Laub treibt erst nach Beginn der Blüte aus. Die Blühperiode ist oft relativ lang und nicht selten kommt es im Sommer oder Frühherbst zu einer zweiten (schwächeren) Blüte. Magnolien gelten als sehr ursprüngliche Blütenpflanzen, die schon früh in der Evolution aufgetreten sind und ihre Merkmale bis heute nahezu unverändert bewahrt haben.

Ähnliche Arten

Von den über dreißig Magnolienarten ist besonders noch die aus Japan stammende **Stern-Magnolie** *(Magnolia stellata)* zu erwähnen, mit reinweißen sternförmig ausgebreiteten Blüten und strauchförmigem Wuchs (siehe Abb.).
Aus Nordamerika stammt die **Gurken-Magnolie** *(M. acuminata)* mit ihren grünlichen Blüten und glänzenden Blättern und auch die aus Japan stammenden **Kobushi-Magnolie** *(M. kobus)* und **Siebolds Magnolie** *(M. sieboldii)* sind in Mitteleuropa häufig als Schmuck- und Zierbaum zu finden.
Im Mittelmeer-Raum und auf den Britischen Inseln ist die gelblich blühende **Immergrüne Magnolie** *(M. grandiflora)* beliebt.

Meist als kleine oder mittelgroße Bäume oder Großsträucher mit Höhen von 5–10 m anzutreffen. Häufig verzweigen sich Tulpen-Magnolien bereits dicht über dem Grund und bekommen dadurch ein lockeres, strauchartiges Aussehen. Im unbelaubten Zustand fallen die großen, aufrecht stehenden Knospen auf.

Die Borke
ist meist grünlich-grau bis graubraun und relativ glatt; bei älteren Exemplaren wird sie mit feinen Wölbungen rauer. Die Veredelungsstelle ist meist gut erkennbar.

Tulpenbaum

Liriodendron tulipifera · Magnoliengewächse (Magnoliaceae)

Blätter

Charakteristische, gelappte Blattform, bei der die Längsseiten der meist 4 zugespitzten Lappen fast parallel verlaufen. Der vordere Blattrand ist nur leicht nach innen gewinkelt oder gerade verlaufend, oberseits glänzend grün, unterseits matter blaugrün. Bis zu 18 cm lang und breit, lang gestielt, an der Stielbasis mit 2 länglichen Nebenblättern.

Blüten

Einzeln stehend; im Durchmesser bis zu 5 cm, mit 3 kelchähnlichen, hellgrünen, zurückgeschlagenen Hochblättern und 6 cremeweiß bis grünlich gelben Blütenblättern, die am Grund intensiv orange gefärbt sind. Spiralig sitzend zahlreiche fleischige Staubblätter und ebenso zahlreiche Fruchtknoten an einer kegelförmig verlängerten Achse.

Früchte

Sammelfrucht aus zahlreichen, bis zu 3,5 cm langen geflügelten Nüsschen, die an der verholzten Achse spiralig ansitzen; erinnert an einen Nadelbaumzapfen.

Vorkommen Stammt ursprünglich aus dem östlichen und südöstlichen Nordamerika, wo die Art zu den größten Laubholzarten gehört. In Mitteleuropa sind in Parks und botanischen Gärten teils sehr alte Exemplare anzutreffen. In den letzten Jahren wird der Tulpenbaum recht häufig als Straßenbaum und in städtischem Grün angepflanzt.

Wissenswertes Blütezeit ist April und Mai, die Bestäubung erfolgt durch Käfer. Die im September bis November reifenden Flügelnüsschen werden vom Wind verbreitet.

Fossilien belegen, dass Tulpenbäume im Tertiär auch in Mitteleuropa verbreitet waren. Durch die Verdrängung während der Eiszeit – wie bei anderen Arten auch – besitzt die Gattung heute zwei Arten mit weit voneinander getrennten Arealen in Nordamerika und Ostasien.

Wie die Magnolien (S. 20) ist der Tulpenbaum eine sehr ursprüngliche Pflanze, mit der entwicklungsgeschichtliche Zusammenhänge verdeutlicht werden können. Die frühesten bedecktsamigen Samenpflanzen waren vermutlich Bäume oder Sträucher mit wechselständigen, mehrjährigen Laubblättern und käferbestäubten Blüten, die eine große Zahl wenig spezialisierter Blüten- und Staubblätter sowie zahlreiche einzelne Fruchtknoten in spiraliger Anordnung besaßen. Gerade die Magnolien und der Tulpenbaum kommen dieser Beschreibung sehr nahe.

Das Holz des Tulpenbaumes gilt (vor allem in Nordamerika) als wertvoll („Gelbpappel") und wird für Kleinmöbel und Schnitzereien verwendet. Von den amerikanischen Ureinwohnern wurde es zum Bau von Einbäumen genutzt.

Wuchs bei jüngeren Bäumen meist licht säulenförmig mit lockerer Beastung; wird später etwas breiter; bis zu 40 m Höhe (in Nordamerika bis zu 60 m). Im Sommer dicht belaubt; wirkt dadurch im Gegensatz zur unbelaubten Wintergestalt sehr massiv.

Die Borke
ist graubraun bis braunorange und mit einem Netz feiner, sich kreuzförmig überschneidender Leisten überzogen. An den Zweigen meist glatt; junge Zweige bereift und unbehaart.

Katsurabaum, Kuchenbaum

Cercidiphyllum japonicum · Kuchenbaumgewächse (Cercidiphyllaceae)

Blätter

Rundlich bis breit eiförmig, am Grund herzförmig und vorn zugespitzt, mit feinen, abgerundeten Zähnen am Blattrand; bis zu 12 cm lang und bis zu 6 cm breit; lang rötlich gestielt, an Langtrieben gegenständige Blattstellung, an Kurztrieben oft einzeln stehend oder zu wenigen wechselständig; sommergrün.

Blüten

Zweihäusig verteilt; stets vor den Blättern zu mehreren in den Blattachseln erscheinend. ♂ nur aus 8–13 rosaroten Staubblättern bestehend, ohne Blütenhülle. ♀ ebenfalls ohne Hülle, aus nur einem Fruchtknoten bestehend mit 3–5 rosaroten, gewellten, bis zu 5 mm langen Narbenfortsätzen.

Früchte

Die glänzend hellgrünen, gekrümmten Balgfrüchte stehen zu mehreren und wirken daher oft wie eine Kralle. Reif braun werdend, öffnen sie sich an der Bauchnaht und geben dann zahlreiche flache, geflügelte Samen frei.

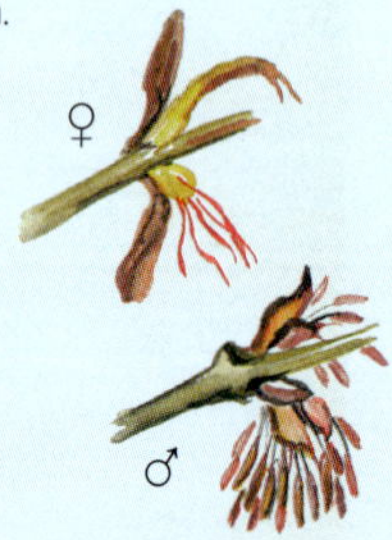

Vorkommen Ursprungsgebiet ist Ostasien, wobei sich japanische und chinesische Varietäten unterscheiden lassen. In Mitteleuropa wegen seiner aparten Exotik geschätzt, wenn er auch nicht häufig ist. Dieser Baum ist in Parks, Sammlungen und zuweilen auch in Gärten zu finden, wo er seit dem Ende des 19. Jahrhunderts kultiviert wird.

Wissenswertes Blüte im April, Bestäubung und Verbreitung der geflügelten Samen durch den Wind.

Neben der besonderen Attraktivität seiner Blüten und Blätter in seiner japanischen Heimat auch wegen seines leichten Holzes geschätzt, das zum Bau von Kleinmöbeln und zur Herstellung von Go-Spielbrettern verwendet wird.

Der Name Kuchenbaum stammt vom eigentümlichen Geruch des Laubes vor und nach dem Laubfall im Herbst: Besonders bei feuchter Witterung verbreitet es einen Geruch nach frischem Gebäck, Karamell oder Lebkuchen. Beim Trocknen der Blätter verliert sich dieser Geruch aber allmählich.

Entwicklungsgeschichtlich ist der Katsura als einziger Vertreter seiner Familie nur schwierig einzuordnen. Viele seiner Merkmale sind sehr ursprünglich und weisen darauf hin, dass die Gattung bereits früh in der Entwicklungsgeschichte auftrat. Die Merkmale erinnern sowohl an die Magnolien als auch an die Zaubernussgewächse. So erfährt die Familie im System der Blütenpflanzen auch immer wieder eine Neueinordnung und Umgruppierung, die wohl erst durch hinreichend belegte molekularbiologische Daten in der Zukunft ihren Abschluss findet.

Jung mit kugeliger Wuchsform, später länglich-kegelförmiger Wuchs, meist mit deutlicher Spitze. Äste dicht, regelmäßig und aufstrebend. Zuweilen mehrstämmig und dann strauchig wirkend. In Asien bis zu 20 m hoch, in Europa selten höher als 12 m.

Die Borke
ist hellgrau bis graubraun und zunächst relativ glatt. Bei älteren Exemplaren wird sie längsrissig. Die Zweige sind oft oberseits auffallend dunkler als auf der Unterseite.

Amerikanischer Amberbaum

Liquidambar styraciflua · Zaubernussgewächse (Hamamelidaceae)

Blätter

Sommergrün; wechselständig, langgestielt, handförmig gelappt aus 5–7 Lappen mit ausgezogenen Spitzen und fein gesägtem Blattrand. Bis zu 15 cm lang, oberseits glänzend grün, unterseits heller, mit Haarbüscheln in den Achseln der Blattadern.

Blüten

Einhäusig, aber getrenntgeschlechtig; zahlreiche ♂ Einzelblüten aus nur 1 Staubblatt bilden gestielte, grüne, kugelige Blütenstände, die zu mehreren stehen; ♀ Blütenstände kugelig, gelbgrün; aus zahlreichen, dicht sitzenden Fruchtknoten ohne Blütenhülle (aber mit einem winzigen Tragblatt) zusammengesetzt; einzeln lang gestielt, aber häufig zu mehreren stehend.

Früchte

Lang gestielte, kugelige, stachelig wirkende Fruchtstände aus zahlreichen, verholzten, am Grund miteinander verwachsenen Kapseln. Jede der zweiklappigen Kapseln entlässt 1–2 geflügelte Samen; die Fruchtstände verbleiben über den Winter am Baum.

Vorkommen Stammt aus dem östlichen und südöstlichen Nordamerika, wo er als Forstbaum intensiv genutzt wird. In Mitteleuropa als Baum mit hohem Zierwert zunehmend in Parks und Gärten angepflanzt. Obwohl er überall frosthart ist, gedeiht er in milden Lagen deutlich besser.

Wissenswertes Blütezeit im Mai, Fruchtreife im August und September. Bestäubung und Verbreitung der Samen durch den Wind.
Der Amberbaum liefert ein zähes, wohlriechendes Harz, das in der Vergangenheit auch bei der Herstellung von Kaugummi verwendet wurde. Heute dient es vereinzelt noch als Rohstoff für Parfüme und Klebstoffe.
Das Harz des aus Kleinasien stammenden Orientalischen Amberbaumes *(Liquidambar orientalis)* wird im Nahen Osten auch heute noch für die Herstellung von Räucherstäbchen eingesetzt.
Amberbäume liefern ein Holz, das für Konstruktionen und in der Möbelindustrie geschätzt wird. Das Splintholz ist weiß bis rosa getönt, während das Kernholz rotbraun ist und besonders wertvolle Furniere ergibt, die als „Red Gum" im Handel sind.

Ähnliche Arten

Die aus dem Kaukasus und Nordiran stammende **Parrotie**, auch **Eisenholzbaum** *(Parrotia persica)*, erreicht bei uns nur selten Baumform, ist aber ein häufiger Zierstrauch. Die bis zu 20 cm langen Blätter sind verkehrt-eiförmig haben einen gewellten bis eingekerbten Blattrand und eine attraktive, leuchtend rote Herbstfärbung. Blüten zu mehreren stehend, mit auffälligen roten Staubblättern und schuppigen, braunen Hochblättern; die graubraunen Kapselfrüchte bestehen aus zwei bis vier spitzen Klappen.

In seiner Heimat ein bis zu 25 m hoher, bei uns meist kleiner bleibender Baum mit jung schmal zylindrischer bis kegelförmiger Krone, die später breit-ausladend wird; die Äste sind meist waagerecht angeordnet, der Stamm ist oft schon in niedriger Höhe verzweigt.

Die Borke
ist graubraun, anfangs glatt, reißt aber später in eckige Felder auf und bildet dicke Längsleisten. Erinnert an Reptilienhaut, was zum amerikanischen Namen „Alligator-Baum" führte.

Ahornblättrige Platane, Bastard-Platane

Platanus × hispanica · Platanengewächse (Platanaceae)

Blätter

Sommergrün; wechselständig, langgestielt, bis zu 20 cm lang; handförmig gelappt aus 3–5 Hauptlappen, diese zugespitzt und mit mehreren gröberen, spitzen Zähnen. Einschnitte der Lappen bis maximal zur Hälfte. Blätter zunächst fein filzig behaart, später oberseits völlig kahl und glänzend grün, unterseits heller und höchstens auf den Blattadern behaart.

Blüten

Einhäusig, aber getrenntgeschlechtig. ♂ in gestielten, grünen, kugeligen, meist zu 2–3 hängenden Blütenständen; diese setzen sich aus zahlreichen Einzelblüten mit je 3–4 Staubblättern zusammen; ♀ Blütenstände kugelig, karminrot überlaufen, aus zahlreichen, dichtsitzenden Blüten mit je 5–9 einzeln stehenden Fruchtknoten zusammengesetzt; meist zu 2–3 an langen Stielen hängend.

Früchte

Langgestielte, kugelige, durch die bleibenden Griffel stachelig wirkende Fruchtstände mit bis zu 4 cm Durchmesser. Zusammengesetzt aus zahlreichen, am Grund mit borstigen Haarbüscheln besetzten Nüsschen.

Vorkommen Stammt vermutlich aus Südwesteuropa, wo diese Platane wohl züchterisch entstand; natürliche, ursprüngliche Vorkommen sind nicht bekannt. Wahrscheinlich ist dieser häufige Straßen- und Parkbaum eine Kreuzung der Morgenländischen mit der Amerikanischen Platane. Dafür spricht, dass einige Merkmale (z. B. die Anzahl der Fruchtstände) exakt zwischen denen der Eltern liegen. Vermutungen, sie nur als Varietät der Amerikanischen Platane anzusehen, können aber nicht zweifelsfrei ausgeschlossen werden.

Wissenswertes Die Blütezeit ist Mai, die Fruchtreife erfolgt im September und Oktober; die Fruchtstände verbleiben oft über den Winter am Baum. Bestäubung und Verbreitung der behaarten Nüsschen erfolgt durch den Wind. Raschwüchsige Art, die sehr tolerant gegen Luftverunreinigungen, städtisches Klima und auch Schnittmaßnahmen ist. Daher im städtischen Umfeld weit verbreitet, insbesondere als Straßen- und Alleebaum.

Das Holz wird gelegentlich im Möbelbau und für Furniere verwendet. Das feste, dunkelbraune Kernholz ist Rohstoff für hochwertige Massivholzmöbel, das sehr helle Splintholz wird gerne und häufig für Intarsienarbeiten verwendet.

Ähnliche Arten

Die **Morgenländische Platane** *(Platanus orientalis)* stammt aus Kleinasien und vom Balkan und ist in Mitteleuropa relativ selten. Sie hat tiefer gelappte, über die Hälfte des Blattes eingeschnittene Blätter (siehe Abb.) und ihre Fruchtstände befinden sich zu dritt bis siebt an langen, hängenden Stielen. Die Borke ist rauer, mit kleineren, meist einheitlich braunen Platten.

Die **Amerikanische** oder **Westliche Platane** *(Platanus occidentalis)* ist in Mitteleuropa sehr selten. Ihre Blätter sind meist eher drei- als fünflappig und ihre Fruchtstände hängen meist einzeln.

Gerader, bis zu 35 m hoher Baum mit regelmäßiger, breit ausladender Krone und geradem, oft sehr umfangreichem, teils mehrteiligem Stamm. Äste älterer Bäume kuppelartig überhängend.

Die Borke
ist eine typische Schuppenborke, bei der sich verschieden große, dünne Platten mit unterschiedlichen Farben von hellbeige bis dunkel-graugrün ablösen.

Buchsbaum

Buxus sempervirens · Buchsbaumgewächse (Buxaceae)

Blätter

Mehrjährig; gegenständig; kurzgestielt, eiförmig bis länglich, bis zu 3 cm lang. Blattrand ganzrandig und oft (vor allem im vorderen Teil) umgeschlagen. Ledrig derb, oberseits glänzend dunkelgrün, unterseits heller und matt.

Blüten

Einhäusig, aber getrenntgeschlechtig. ♂ aus 4 unscheinbaren gelbgrünen Blütenhüllblättern und 4 pfeilförmigen Staubblättern; ♀ mit 4–8 hellgelben Blütenblättern, Fruchtknoten mit drei Nektardrüsen. Blütenstände in den Blattachseln an den Triebspitzen gehäuft, bestehen aus 1 ♀ und 5–6 ♂ Blüten.

Früchte

Kugelige bis eiförmige, dreifächrige Kapsel mit 3 spitzen Hörnchen. Grün, später graubraun, bis zu 8 mm lang; die Öffnungsnaht verläuft durch die Hörnchen, offene Kapsel daher mit 6 Spitzen. Samen dreikantig, schwarz, glänzend, bis zu 6 mm lang.

Vorkommen In Mittel- und Südeuropa weit verbreitet, aber meist nur zerstreut in Laubmischwäldern und auf steinigem Untergrund. Wärme liebend, trockenheits- aber auch frostresistent, bis in die Bergstufe vorkommend, vor allem auch im mediterranen Raum. Sehr häufig in Gärten, Parks und städtischen Anpflanzungen. Baumförmige Exemplare sind selbst am Naturstandort ausgesprochen selten und dann oft mehrstämmig.

Wissenswertes Blütezeit ist März und April, die Bestäubung der pollen- und nektarreichen Blüten erfolgt durch Fliegen und Bienen. Fruchtreife im August und September, die Samen fallen zu Boden und werden von Ameisen verbreitet, die durch die Duftstoffe einer Samendrüse angelockt werden.

Das Holz des langsamwüchsigen, bis zu 500 Jahre alt werdenden Buchsbaums ist schwer, elastisch und gleichzeitig hart und wird für Drechslerarbeiten, Werkzeuge, Druckstöcke, Musikinstrumente (Flöten) und Pfeifenköpfe verwendet. Früher wurden kleine Kästchen aus Buchsbaumholz gemacht. Die englische „box" und die französische „boite" lassen sich von „buxus" herleiten.

In Gartenanlagen wird der Buchsbaum schon seit der Antike für Beeteinfassungen eingesetzt. In der seit der Renaissance perfektionierten Gartenkunst sind geometrische Elemente aus Buchsbaum – der sich durch Schnitt nahezu jede Form aufzwingen lässt – nicht wegzudenken.

Die ganze Pflanze ist durch Cyclobuxine und andere Alkaloide giftig. Dennoch wurde sie früher als fiebersenkendes Mittel u. a. auch bei Malaria medizinisch genutzt. Noch heute wird sie homöopathisch bei Rheuma eingesetzt.

Als Baum bis zu 8 m hoch mit offener, unregelmäßiger Krone; baumförmige Exemplare sind auch natürlich vorkommend rar und haben meist wenigstens zwei Hauptstämme. Angepflanzte Individuen sind in den meisten Fällen durch Schnittmaßnahmen strauchförmig.

Die Borke
ist graubraun, in kleine vieleckige Felder zerrissen, und wirkt runzelig. Der Stamm trägt oft tiefe Furchen, an deren Wölbungen die Borke längsrissig wird.

Rot-Buche, Gemeine Buche

Fagus sylvatica · Buchengewächse (Fagaceae)

Blätter

Sommergrün; wechselständig; kurz gestielt, bis zu 10 cm lang, eiförmig mit stumpfer Spitze, Blattrand wellig, nahezu ganzrandig, fein seidenhaarig, mit feinen Spitzen an den Enden der Blattadern; oberseits glatt, unterseits an den Blattadern behaart.

Blüten

Einhäusig, aber getrenntgeschlechtig; ♂ zahlreich in gestielten, hängenden Blütenständen; Einzelblüten mit zottig behaarter Hülle und bis zu 15 lang gestielten Staubblättern. ♀ Blütenstände aufrecht und kurz gestielt, aus 2 Einzelblüten, diese von einem filzigen Fruchtbecher (Cupula) umgeben.

Früchte

Bucheckern sind bis zu 2 cm lange, dreikantige, glänzend braune, einsamige Nüsse. Zu zweit in einem Fruchtstand, der von der verholzten, mit feinen Stacheln besetzten, sich vierklappig öffnenden Cupula gebildet wird.

Vorkommen Charakterbaum Mitteleuropas, das ohne menschlichen Einfluss überwiegend von Rot-Buchenwäldern bedeckt wäre. Natürliche Verbreitung von Südskandinavien bis Sizilien und von Nordportugal bis an die ukrainische Schwarzmeerküste. In Südeuropa nur in höheren Lagen. Bevorzugt feuchtes Klima und gedeiht auf Kalk und sauren Böden.

Wissenswertes Blütezeit ist April und Mai; Windbestäubung. Fruchtreife im September und Oktober, die Verbreitung der Nussfrüchte erfolgt durch Vögel und Eichhörnchen.
Die ölhaltigen Samen wurden früher zur Schweinemast und in Notzeiten auch vom Menschen als Nahrungsergänzung verwendet, sie sind in größeren Mengen allerdings wenig bekömmlich.
Das Holz der Buche ist fest und tragfähig, aber wenig elastisch. Es wird für Möbel, Parkett, Spielzeug und Eisenbahnschwellen genutzt, auch als Brennholz wird es geschätzt. Sein rötlicher Ton – insbesondere auch im Vergleich mit der Hainbuche (Seite 52) – war für den Baum namensgebend.
Rot-Buchen erreichen mächtige Stammdicken und meist ein Alter von etwa 150 Jahren. Einzelne Exemplare können aber auch 300 Jahre alt werden.

Ähnliche Arten

In Parks und großen Gärten werden häufig Kulturvarietäten gepflanzt. Besonders beliebt sind die **Blut-Buchen** *(Fagus sylvatica* 'Purpurea'); hier überlagern rote Farbstoffe das Blattgrün (siehe Abb.). Auch Trauerformen ('Pendula') oder Kombinationen beider Eigenschaften sind nicht selten.

Im Osten wird die Rot-Buche von der **Orientalischen Buche** *(Fagus orientalis)* abgelöst, die seltener auch in Mitteleuropa in Parks anzutreffen ist. Sie hat verkehrt-eiförmige Blätter und eine auffällig gefurchte Borke.

Bis zu 35 m hoher, stattlicher Baum mit reich verzweigter, ausladender, oft kuppelartiger Krone. Jung und im dichten Bestand schlanker. Bleibt durch Schattenverträglichkeit oft einige Jahre mit spärlichem Wuchs im Unterholz anderer Bäume.

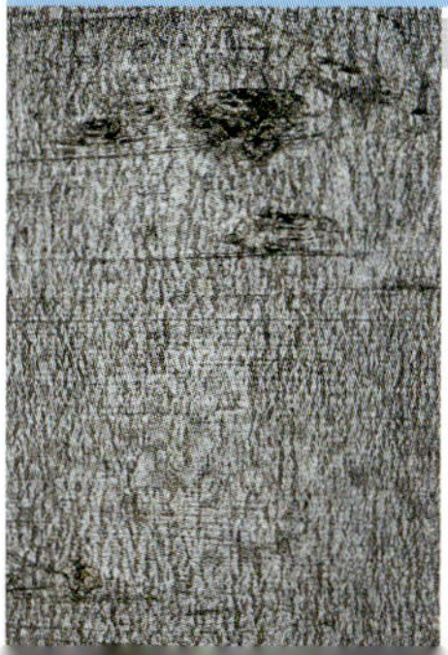

Die Borke
ist silber- bis bleigrau, relativ dünn und glatt, zuweilen etwas aufgeraut oder wellig, aber nie rissig. Junge Zweige sind rötlich braun und mit Korkwarzen besetzt.

Südbuche, Scheinbuche

Nothofagus antarctica · Buchengewächse (Fagaceae)

Blätter

Sommergrün; wechselständig; sehr kurz gestielt. Eiförmig, nur bis zu 3 cm lang, vorne abgerundet, unregelmäßig gekerbt, dazwischen fein gezähnt, Blattrand oft wellig. Oberseits glänzend grün, unterseits matter.

Blüten

Einhäusig, aber getrenntgeschlechtig. ♂ zu 1–3 in den Blattachseln sitzend, sehr kurz gestielt, mit grüner, pergamentartiger Hülle und lang gestielten, gelben Staubblättern. ♀ Blütenstände dreiblütig in schuppigem Fruchtbecher (Cupula), Narben rot.

Früchte

Fruchtstand ähnlich der Rot-Buche (S. 32), aber wesentlich kleiner (bis zu 6 mm lang). Die vierklappige Cupula ist außen mit ganzrandigen, rotbraunen Schuppen besetzt und enthält 3 Nussfrüchte.

Vorkommen Die Südbuchen vertreten die echten Buchen auf der Südhalbkugel (Australien, Neuseeland und Südamerika). Die hier vorgestellte Art kommt von Chile bis Feuerland vor und wird in Mitteleuropa in den letzten Jahren zunehmend als Ziergehölz gepflanzt.

Wissenswertes Blütezeit ist im Mai, die Bestäubung erfolgt durch den Wind. Fruchtreife im September und Oktober.

Die Südbuchen haben – wie auch die echten Buchen – ein charakteristisches Verzweigungsmuster der Äste und Zweige. Von den beiden endständigen Knospen wird in der Regel eine als Ruheknospe angelegt, während die andere austreibt. Da dies abwechselnd links bzw. rechts geschieht, erhalten die Zweige eine auffällige Zickzackgestalt.

Die meisten Südbuchen sind im mitteleuropäischen Klima nicht winterhart, nur die beschriebene Art gedeiht hier einigermaßen. Auf den Britischen Inseln wird noch eine große Zahl weiterer Arten der Gattung als Zierbaum, aber auch auf forstlichen Versuchsflächen angepflanzt. Streng genommen müsste man die hier vorgestellte Art als Antarktische Scheinbuche bezeichnen, um sie von anderen Arten zu unterscheiden, die aber bislang noch keine deutschen Namen erhalten haben.

Die Antarktische Scheinbuche zeigt in Patagonien, wo sie „Nire" genannt wird, einen sehr vielgestaltigen Wuchs – von der bodendeckenden Kleinstrauchform bis hin zum kräftigen Baum, der großflächige Südbuchenwälder bildet. Allerdings wird durch die stets gewundene und selten kräftige Stämme bildende Wuchsform eine Nutzung des Holzes für die meisten Anwendungen unattraktiv und einzig die Verwendung als Brennholz ist bekannt.

In Südamerika bis zu 35 m, in Mitteleuropa meist nicht über 10 m; unregelmäßige, lichte Krone mit gedrehten, aufwärts strebenden Ästen. Sehr vielgestaltig, oft mehrstämmig oder auch strauchig. Bildet Stockausschläge und Wurzelbrut.

Die Borke
ist jung rotbraun und glatt, mit quer verlaufenden Korkwarzenbändern (erinnert etwas an Kirschen), später fein längsrissig mit hellgrauer Plattenstruktur.

Ess-Kastanie, Edel-Kastanie

Castanea sativa · Buchengewächse (Fagaceae)

Blätter

Sommergrün; wechselständig; kurz gestielt, bis zu 30 cm lang, länglich-lanzettlich, vorn zugespitzt, Blattrand gezähnt mit fein ausgezogenen Spitzen; ledrig; oberseits glänzend dunkelgrün, unterseits heller grün.

Blüten

Einhäusig, aber getrenntgeschlechtig. ♂ zahlreich in aufrechten, bis zu 15 cm langen, zu mehreren stehenden Kätzchen. Einzelblüten mit unscheinbarer gelbgrüner Hülle und bis zu 12 weißen Staubblättern, mit Nektardrüsen und unangenehmem, fischigem Geruch. An der Basis der ♂ sitzen die ♀ Blütenstände zu 1–5 aufrecht; jeweils 3 rötlich überlaufene Einzelblüten sind von der Anlage eines Fruchtbechers (Cupula) umgeben.

Früchte

Die Maronen genannten Nussfrüchte sind glatt, meist in rotbraunen Tönen gestreift und werden zu dritt von der dicht stacheligen, erst grünen, später braunen, sich vierklappig öffnenden Cupula umgeben.

Vorkommen Hauptverbreitungsgebiet ist das westliche und südliche Europa: Spanien, Frankreich und Italien, im Osten über die Türkei bis zum Kaukasus. In Deutschland nur in wenigen wärmebegünstigten Gebieten (Oberrheingebiet, an Mosel und Saar) als Waldbaum. Häufig angepflanzt in Parks und großen Gärten.
Wissenswertes Blütezeit ist Juni und Juli; die Bestäubung erfolgt durch Insekten (Käfer, Fliegen, Hummeln), daneben findet auch Windbestäubung statt. Fruchtreife im Oktober, die Verbreitung erfolgt durch Eichhörnchen und andere Nager, teils auch durch Vögel (Krähen, Eichelhäher). Die wohlschmeckenden Maronen oder Esskastanien können in vielfältiger Weise verwendet werden: geröstet, als Füllung oder Beilage zu Fleischgerichten und gemahlen als Mehl für Backwaren und Süßspeisen. Das Holz wird im Schiffsbau, für Weinfässer und Möbel-Furniere verwendet.
Man vermutet, dass die Wiederansiedlung der Edel-Kastanie nach der Eiszeit nördlich der Alpen (v. a. in Frankreich und Deutschland) nicht spontan erfolgte, sondern durch die Römer gefördert wurde. Sie wurde ebenso wie einige andere Kulturpflanzen, die die Römer in ihre Provinzen mitbrachten, hier eingebürgert.

Ähnliche Arten

Zur Gattung der Eichen (S. 38 ff.) gehört die **Stein-Eiche** *(Quercus ilex)*, eine immergrüne, mediterrane Art, die bei uns nur selten in wärmebegünstigten Lagen als Zierbaum zu finden ist. Ihre bis zu 10 cm langen Blätter sind variabel, können in der Form an die Ess-Kastanie erinnern, obwohl sie auch ganzrandig sein können. Die Eicheln sind spitz, bis zu 3 cm lang und werden zur Hälfte vom Fruchtbecher umgeben.

Bis zu 30 m hoher, stattlicher Baum mit breit ausladender, kugeliger bis säulenförmiger Krone. Frei stehende Exemplare zeigen zuweilen etagenartige Gliederungen der Krone.

Die Borke
ist anfangs glatt und grau bis rotbraun, später dunkel-graubraun, mit netzartigen Leisten, Rissen und Furchen. Zweige meist rotbraun.

Stiel-Eiche

Quercus robur · Buchengewächse (Fagaceae)

Blätter

Sommergrün; wechselständig; bis zu 12 cm lang, verkehrt eiförmig, vorne abgerundet, am Grund geöhrt, kurz (bis zu 7 mm) gestielt; abgerundet gelappt in 5–6 Lappen auf jeder Seite, Blattrand oft wellig gebuchtet; oberseits matt dunkelgrün, unterseits heller, auf den Adern behaart.

Früchte

Die Eicheln sind bis zu 3,5 cm lange, länglich bis tonnenförmige, zunächst grüne, später braune, einsamige Nüsse. Der Fruchtbecher umfasst sie zu etwa einem Drittel und ist bräunlich grün mit rautenförmigen Höckern. Der lange Stiel ist namensgebendes Merkmal.

Blüten

Einhäusig, aber getrenntgeschlechtig. ♂ in hängenden Kätzchen, diese zu mehreren an der Basis junger Triebe, Einzelblüten mit unscheinbarer, gelbgrüner Hülle und bis zu 10 gelben Staubblättern. ♀ Blütenstände lang (bis zu 6 cm) gestielt mit bis zu 5 (meist nur 2–3) rötlichen, sitzenden Einzelblüten; jede von der Anlage eines Fruchtbechers (Cupula) umgeben.

Vorkommen In Europa von Nordportugal, Frankreich und den Britischen Inseln im Westen bis zur Wolga im Osten verbreitet; im Norden bis Südskandinavien, in Südeuropa zerstreuter in Italien, auf dem Balkan, östlich bis in die Türkei und in den Kaukasus. Besetzt eher feuchtere Standorte und gilt als die „Eiche der Tallagen“, gerade wenn man sie mit der Trauben-Eiche (S. 40) vergleicht.

Wissenswertes Blütezeit ist April und Mai; die Bestäubung erfolgt durch den Wind. Fruchtreife im September und Oktober, die Verbreitung der Nussfrüchte erfolgt durch Vögel und Eichhörnchen.

Eichen werden mit über 1000 Jahren älter als andere Laubbäume. Durch das Analysieren der Jahresringe des Holzes, die abhängig von den jeweiligen klimatischen Verhältnissen jeweils charakteristisch unterschiedlich breit sind, können weit zurückreichende Chronologien aufgestellt werden. Durch den Vergleich von Jahresringen z. B. mit dem Holz aus alten Gebäuden oder archäologischen Funden können diese exakt datiert werden.

Das Holz wird für Fässer, im Schiffsbau und für Eisenbahnschwellen genutzt, außerdem für Möbel und Furniere. Eichen sind reich an Gerbstoffen (vgl. S. 40).

Ähnliche Arten

Die **Ungarische Eiche** *(Quercus frainetto)* stammt aus Südosteuropa und hat große, bis zu 20 cm lange, tief gelappte Blätter, die meist in der Mitte oder im vorderen Teil am breitesten sind. Ihre Oberseite ist glänzend grün, fühlt sich aber rau an, da sie von Sternhaaren besetzt ist. Die Eicheln sind bis zu 2 cm lang. In Parks recht häufig. Im Italienischen heißt der Baum „farnetto“. Hieraus entstand durch einen Übertragungsfehler der wissenschaftliche Name „frainetto“.

Stattlicher, oft breit ausladender Baum mit kugeliger bis breit zylindrischer Krone, bis zu 45 m hoch. Charakteristisch ist die eigenwillige, knorrige Anordnung der Hauptäste, die vor allem im unbelaubten Zustand auffällt.

Die Borke
ist hellgrau bis gräulich braun und bereits bei jungen Bäumen tief gefurcht und in längliche Leisten zerrissen.

Trauben-Eiche

Quercus petraea · Buchengewächse (Fagaceae)

Blätter

Sommergrün; wechselständig; bis zu 12 cm lang, länglich-eiförmig, meist an beiden Enden verschmälert; am Grund am bis zu 2,5 cm langen Blattstiel herablaufend; abgerundet gelappt in 5–9 schmalen Lappen auf jeder Seite, weniger stark eingebuchtet als die Stiel-Eiche; oberseits matt dunkelgrün, unterseits graugrün mit behaarten Adern und Achselbärtchen.

Früchte

Die Eicheln sind bis zu 3 cm lang, länglich bis tonnenförmig, zunächst grün, später braun. Der Fruchtbecher umfasst sie zu etwa einem Viertel und ist bräunlich grün mit warzigen Höckern. Die Eicheln sitzen nahezu ungestielt zu mehreren „traubig" zusammen.

Blüten

Einhäusig, aber getrenntgeschlechtig. ♂ in hängenden Kätzchen, ähnlich der Stiel-Eiche (S. 38), aber Kätzchen etwas länger und Blüten nicht so dicht stehend. ♀ Blütenstände sehr kurz (bis zu 1,5 cm) oder ungestielt mit 2–6 rötlichen Einzelblüten; jede von der Anlage eines Fruchtbechers (Cupula) umgeben.

Vorkommen In Europa weit verbreitet, Gesamtgebiet ähnlich dem der Stiel-Eiche. Im Osten aber nur bis zur russischen Grenze; auf dem Balkan und in der Türkei stärker als die Stiel-Eiche vertreten. Besetzt steinigere, trockenere Standorte und hat ein gewisses Wärmebedürfnis; sie ist daher eher in den niederen und vor allem in den mittleren Lagen in Mischwaldbeständen zu finden.

Wissenswertes Blütezeit ist April und Mai; die Bestäubung erfolgt durch den Wind. Fruchtreife im September und Oktober, die Verbreitung der Nussfrüchte erfolgt durch Vögel und Eichhörnchen.

Früher war die gerbstoffreiche Borke der Eichen ein wichtiger Rohstoff für Gerbereien (Lederverarbeitung). Besonders jüngere Eichen liefern hohe Gerbstoffgehalte, das als „Abfall" anfallende Holz wurde als Brennstoff genutzt. Eichenholz wird für Fässer, im Schiffsbau und für Eisenbahnschwellen genutzt, außerdem für Möbel und Furniere.

Besonders gerbstoffreich sind die von Gallwespen und anderen Insekten hervorgerufenen Gallen, die den Brutraum für die Larven der Tiere bilden und meist auf der Blattunterseite sitzen. Aus ihnen wurde früher mit Eisenvitriol die Eisengallustinte hergestellt.

Ähnliche Arten

Die **Flaum-Eiche** *(Quercus pubescens)* ist die charakteristische Eiche der Trockenwälder Südosteuropas und Kleinasiens. In Deutschland kommt sie nur an sehr wärmebegünstigten Orten (z. B. Kaiserstuhl) vor, selten auch in Parks. Ihre Blätter ähneln der Trauben-Eiche, sind aber unterseits dicht flaumig behaart, ebenso die jungen Triebe. Die Eicheln sind meist sitzend, schmal langgestreckt und zu einem Drittel vom Fruchtbecher umgeben. Im gemeinsamen Verbreitungsgebiet Bastardbildung mit der Trauben-Eiche.

Bis zu 40 m hoher, stattlicher Baum mit zylindrischer Krone; wird oft im oberen Bereich breiter. Die Hauptäste sind meist relativ gerade und aufwärtsweisend, und nicht so knorrig und gewunden wie bei der Stiel-Eiche.

Die Borke
ist grau-braun und meist tief gefurcht und in längliche Leisten zerrissen. Bei jungen Bäumen oft noch deutlich glatter.

Rot-Eiche, Amerikanische Eiche

Quercus rubra · Buchengewächse (Fagaceae)

Blätter

Sommergrün; wechselständig; bis zu 20 cm lang, Blattstiel bis zu 4 cm, Blattumriss länglich-eiförmig, zugespitzt, mit beidseits 2–5 spitzen Lappen, jeder Lappen mit 1–3 fein ausgezogenen Spitzen; die dazwischen liegenden Buchten maximal bis zur Hälfte der Spreitenhälfte reichend. Oberseits dunkelgrün, eher matt, unterseits wenig heller, kahl, mit spärlichen Achselbärtchen. Auffällige scharlachrote Herbstfärbung, bei älteren Bäumen weniger intensiv.

Früchte

Die Eicheln sind einzeln gestielt und bis zu 3 cm lang, rundlich bis tonnenförmig mit aufgesetzter Spitze; zunächst grünlich, oft grauweiß überlaufen, später braun. Der Fruchtbecher ist sehr flach; Fruchtreife erst im zweiten Jahr.

Blüten

Einhäusig, aber getrenntgeschlechtig. ♂ in hängenden Kätzchen, ähnlich den einheimischen Eichen. ♀ etwa 1 cm lang gestielt, einzeln oder zu zweit stehend, jede bereits mit einem deutlichen kleinen Fruchtbecher (Cupula) umgeben. (ohne Abb.)

Vorkommen Aus dem östlichen Nordamerika stammender, in Mitteleuropa häufig anzutreffender Baum in Gärten und Parks; auch als Forstbaum verwendet.

Wissenswertes Blütezeit ist Mai; die Bestäubung erfolgt durch den Wind. Fruchtreife im September und Oktober des zweiten Jahres, die Verbreitung der Eicheln erfolgt durch Vögel und Nagetiere.

Das Holz der Rot-Eiche besitzt große Poren und arbeitet stark; es dichtet nur bedingt. Für Möbel, Furniere und Parkette wird es aber wegen seiner schönen Maserung dennoch geschätzt. Holzwaffen für asiatische Kampfsportarten werden häufig aus diesem Holz gefertigt.

Zusammen mit noch einigen weiteren nordamerikanischen Arten bildet die Rot-Eiche innerhalb der Gattung Quercus eine eigenständige Untergruppe, die als gemeinsame Kennzeichen spitz gelappte Blätter und das Reifen der Eicheln erst im zweiten Jahr haben.

Ähnliche Arten

In Parks finden sich gelegentlich noch zwei weitere Eichen aus dem östlichen Nordamerika mit ebenfalls roter Herbstfärbung, aber deutlich tiefer eingebuchteten Blättern als die Rot-Eiche: die **Sumpf-Eiche** *(Quercus palustris)* besetzt in ihrer Heimat meist feuchtere Standorte. Bei uns seltener auch als Forstbaum genutzt. Blätter beidseits mit zwei bis vier mehrspitzigen Lappen, die oft fast waagerecht abstehen; ober- und unterseits glänzend dunkelgrün, unterseits mit dichten grauen Achselbärten.

Die **Scharlach-Eiche** *(Quercus coccinea)* ist der Rot-Eiche recht ähnlich. Blätter meist mit beidseits drei bis vier mehrspitzigen Lappen (siehe Abb.), oft etwas asymmetrisch, unterseits stets heller und matt, mit weniger dichten, braunen Achselbärtchen.

Jung schmal kegelförmig, später breit ausladend pyramidenförmig, teils mit kuppelartig überhängenden Ästen; bis zu 35 m hoch. Der Hauptstamm verzweigt sich häufig schon in relativ niedriger Höhe. Dieses Merkmal kann auch zur Unterscheidung von der Sumpf-Eiche herangezogen werden.

Die Borke
ist hellgrau bis silbrig, bleibt lange relativ glatt, wird später dunkelgrau, mit breiten Leisten und Längsrissen.

Zerr-Eiche

Quercus cerris · Buchengewächse (Fagaceae)

Blätter

Sommergrün; wechselständig; bis zu 11 cm lang, länglich-eiförmig, meist an beiden Enden verschmälert, kurz gestielt mit auffälligen fadenförmigen Nebenblättern an der Basis, Blatt gelappt in beidseits 4–9 schmalen, vorwärtsweisenden, vorn abgerundeten (seltener auch zugespitzten) Lappen, Buchten dazwischen spitz zulaufend; oberseits dunkelgrün und anfangs durch Sternhaare rau, unterseits weich flaumhaarig.

Früchte

Die Eicheln sind bis zu 2,5 cm lang, kugelig bis tonnenförmig mit aufgesetzter Spitze; zunächst gelbgrün, später braun, erst im zweiten Jahr reifend. Zu etwa zwei Dritteln von der mit langen, spitzen, umgeschlagenen Schuppen besetzten Cupula umgeben.

Blüten

Einhäusig, aber getrenntgeschlechtig. ♂ in hängenden Kätzchen, wenigblütiger als die einheimischen Eichen, Einzelblüten mit nur 4 Staubblättern. ♀ sitzend oder kurzgestielt, meist einzeln, seltener zu 2–4 stehend, jede von einem fein spitzschuppigen Fruchtbecher (Cupula) umgeben. (ohne Abb.)

Vorkommen Aus Südosteuropa stammend, in Mitteleuropa zuweilen als Parkbaum, wegen seiner Widerstandskraft gegen Abgase und städtische Klimate zunehmend auch als Straßenbaum eingesetzt.

Wissenswertes Blütezeit ist April; die Bestäubung erfolgt durch den Wind. Fruchtreife im September und Oktober des zweiten Jahres, die Verbreitung der Nussfrüchte erfolgt durch Vögel und Eichhörnchen.

Das Holz ist hart, aber wenig elastisch und reißt daher schnell. Im Gegensatz zu den einheimischen Eichen kaum genutzt, allenfalls als hochwertiges Brennholz.

Die Zerr-Eiche ist robust bei Rückschnitt und treibt kräftig wieder aus, dabei bildet sie besonders große, tief gelappte Blätter. In Südosteuropa wurde sie früher häufig im so genannten Niederwaldbetrieb genutzt, wie dies bei uns mit Eichen, Hainbuchen u. a. auch üblich war. Dabei wurden regelmäßig ganze Bestände regenerationsfähiger Arten geschnitten. Genutzt wurde das Holz (als Brennholz) und auch das Laub (zur Viehfütterung).

Ähnliche Arten

Die **Wintergrüne** oder **Turners Eiche** *(Quercus × hispanica* 'Turneri'*)* ist ein Bastard umstrittenen Ursprungs mit eher kleinerem Wuchs von bis zu 20 m Höhe. Als Eltern werden die Stein-Eiche (S. 36) und die Stiel-Eiche (S. 38) einerseits, andererseits die oben vorgestellte Zerr-Eiche und die Kork-Eiche *(Quercus suber)* diskutiert. Im 18. Jahrhundert in Turners Baumschule in England entstanden, wird sie aber trotz ihrer Attraktivität und robusten Eigenschaften nur selten angepflanzt. Blätter mehrjährig, bis zu 12 cm lang und an der Basis am Blattstiel herablaufend, oberseits glänzend dunkelgrün, unterseits heller, zumindest auf den Blattadern behaart. Die Eicheln sind langgestielt, ähnlich denen der Stiel-Eiche.

Aufrechter, oft breiter Baum von bis zu 35 m Höhe mit rundlicher bis eiförmiger Krone; im belaubten Zustand meist relativ dicht, zuweilen aber auch lückig-zerrissen. Meist mit geradem Stamm, der sich erst spät verzweigt. Äste zweigen oft von einer Verzweigungsstelle strahlenartig ab.

Die Borke
ist grau-braun und bereits an jungen Bäumen gefurcht, längsrissig und in Leisten und Platten abblätternd.

Schwarz-Erle

Alnus glutinosa · Birkengewächse (Betulaceae)

Blätter

Sommergrün; wechselständig; gestielt, bis zu 10 cm lang, am Grund keilförmig, vorn breit, abgerundet oder zur Mittelader hin eingekerbt; Blattrand grob doppelt gesägt und oft wellig; oberseits kahl, zuweilen klebrig, unterseits mit gelblichen Achselbärtchen.

Blüten

Einhäusig, aber getrenntgeschlechtig; vor dem Laubaustrieb erscheinend. ♂ Kätzchen zu 2–3, geschlossen rötlich, aufgeblüht gelb-braun, 6–8 cm lang. ♀ Kätzchen zu 3–5, gestielt, geschlossen purpurn, blühend grünlich, bis zu 1 cm lang.

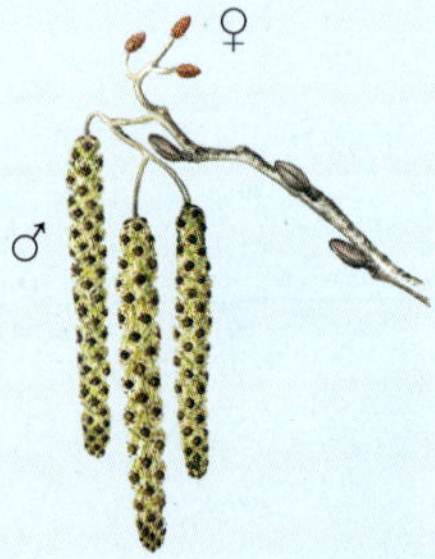

Früchte

Aus den ♀ Kätzchen entstehen auffällige, zapfenartige Fruchtstände; jung grün, später verholzend und bei Samenreife aufspreizend, dann schwarz-braun, eiförmig, bis zu 2,5 cm lang, über den Winter am Baum verbleibend.

Vorkommen In nahezu ganz Europa, außer Südostspanien und Nordskandinavien, im Osten bis Sibirien. Charakterbaum feuchter Standorte: in Auen und Bruchwäldern und entlang von Gewässern weit verbreitet. Seltener als Ziergehölz, auch hier ist ein feuchter Standort Bedingung.

Wissenswertes Blütezeit ist März und April, die Bestäubung erfolgt durch den Wind. Samenreife ist im September und Oktober, die Verbreitung der schwimmfähigen Nussfrüchtchen erfolgt durch Wind und Wasser; diese sind nur kurzfristig keimfähig und benötigen sofort feuchte Umgebung.

Erlen bilden mit ihren Wurzeln Lebensgemeinschaften mit stickstoffbindenden Pilzen, was ihnen oft Vorteile gegenüber Standortkonkurrenten verschafft. Das Holz der Schwarz-Erle verfärbt sich orange bis rötlich, weshalb sie zuweilen auch Rot-Erle genannt wird; dieser Name sollte allerdings der nordamerikanischen Oregon-Erle *(Alnus rubra)* mit rot behaarten Blattunterseiten vorbehalten sein, die man bei uns aber nur sehr selten in Parks findet.

Ähnliche Arten

Die **Grau-Erle** *(Alnus incana)* hat ihre Hauptverbreitung in Nord- und Mitteleuropa, besetzt meist feuchte Standorte höherer Lagen und bevorzugt kalkige Böden. Ihre Blätter sind vorn zugespitzt und deutlich doppelt gesägt (siehe Abb.); die Fruchtstände stehen zu viert bis acht zusammen und sind nur sehr kurz gestielt oder sitzend. Ihre Borke ist glatt, hellgrau und mit vielen Korkwarzen besetzt.

In alpinen Lagen kommt die strauchige **Grün-Erle** vor (S. 260).

Die südeuropäische **Herzblättrige** oder **Italienische Erle** *(Alnus cordata)* hat herzförmige, gezähnte Blätter und wird zuweilen in Parks und als Stadtbaum angepflanzt.

Einstämmig oder häufig auch mehrstämmig mit rundlicher bis ovaler Krone, die reich verzweigt und dann auch breit werden kann. Gebogene oder sogar gewundene Stämme sind nicht selten, sie zeigen oft auch Reaktionen auf vom Wasser hervorgerufene Bewegungen des Grundes.

Die Borke
ist graubraun, meist in viereckige bis längliche Felder zerrissen, bei alten Bäumen dunkel schwarzbraun.

Hänge-Birke, Sand-Birke, Weiß-Birke

Betula pendula · Birkengewächse (Betulaceae)

Blätter

Sommergrün; wechselständig; bis zu 7 cm lang, Blattstiel bis zu 3 cm, Blattform eiförmig bis rhombisch, mitunter auch dreieckig, mit feiner Spitze; Blattrand doppelt gesägt; oberseits kräftig grün, unterseits heller, beidseits unbehaart.

Früchte

Vor- und Tragblätter der ♀ Blüten verwachsen zu dreispitzigen Fruchtschuppen; sie bilden die walzenförmigen, bis zu 4 cm langen Fruchtkätzchen, die bei der Samenreife bräunlich und trocken werden und sich auflösen. Nüsschen beidseits breit häutig geflügelt, bis zu 3 mm lang.

Blüten

Einhäusig, aber getrenntgeschlechtig; vor dem Laubaustrieb erscheinend. ♂ Kätzchen zu 1–3, bereits im Vorjahr erscheinend, geschlossen rotbraun, aufgeblüht gelb-braun, bis zu 10 cm lang. ♀ Kätzchen als Knospe überwinternd, zur Blüte aufrecht stehend, meist einzeln, grün bis rötlich, bis zu 4 cm lang.

Vorkommen In nahezu ganz Europa, außer dem äußersten Norden Skandinaviens, im Osten bis Sibirien. Lichtbedürftige Pionierbaumart, die als erste gehölzfreie Flächen besiedelt. Konkurrenzschwach, kann sich daher langfristig nur auf Extremstandorten mit sandigem oder nährstoffarmem Untergrund etablieren. In Südeuropa nur in Gebirgslagen.

Wissenswertes Blütezeit ist März bis Mai, die Bestäubung erfolgt durch den Wind. Samenreife ist im August und September, die Verbreitung der geflügelten Nüsse erfolgt durch den Wind, wobei der Samen häufig auch über recht weite Entfernungen verdriftet wird. Das helle Holz wird für Möbel, Leitern und Haushaltsgeräte verwendet. Beliebtes Schnitz- und Brennholz.

Die widerstandsfähigen, zähen Zweige sind von einer rotbraunen, mit warzigen Drüsen besetzten Borke umgeben, was den weiterhin verwendeten Namen Warzen-Birke erklärt. Aus ihnen werden Reisigbesen gebunden.

Extrakte aus den Blättern und dem Blutungssaft des Stammes werden zu (volks-)medizinischen Zwecken verwendet. Aus der Borke wurde früher Pech („Birkenteer") hergestellt, der zur Konservierung von Holz und Leder eingesetzt wurde.

Ähnliche Arten

Von den zahlreichen nordamerikanischen Birkenarten finden sich zwei in Mitteleuropa zuweilen in Parks und Sammlungen. Die **Papier-Birke** *(Betula papyrifera)* hat beidseits behaarte Blätter, die meist nur einfach gesägt sind, und eine pastellrosa bis beige sich in papierartigen Streifen ablösende Borke. Die **Schwarz-Birke** *(Betula nigra)* hat eine namensgebende, braunschwarze, sich in breiten Bahnen ablösende Borke. Ihre doppelt gesägten Blätter sind unterseits silbrig-weiß (siehe Abb.).

Bis zu 25 m hoher, aufrechter Baum mit im Umriss meist länglich-rundlicher bis eiförmiger Krone, die durch hängende Zweige ein weithin sichtbares charakteristisches Bild zeigt. Der Stamm ist zuweilen geneigt oder gekrümmt, die Haupttäste sind waagrecht abstehend, im oberen Kronenbereich aufsteigend.

Die Borke
ist leuchtend weiß und löst sich in papierartigen Querstreifen ab („Ringelborke"); ist bei alten Bäumen in Felder zerrissen.

Moor-Birke

Betula pubescens · Birkengewächse (Betulaceae)

Blätter

Sommergrün; wechselständig; bis zu 5 cm lang, Blattstiel bis zu 2,5 cm, Blattform eiförmig bis rhombisch, nur kurz zugespitzt; Blattrand einfach, seltener doppelt gesägt; junge Blätter oberseits behaart, später kahl, unterseits zumindest mit Achselbärten, oft flächig behaart, ebenso wie die jungen Zweige.

Blüten

Einhäusig, aber getrenntgeschlechtig; vor dem Laubaustrieb erscheinend. ♂ Kätzchen bereits im Vorjahr erscheinend, geschlossen braun, aufgeblüht gelb-braun, bis zu 8 cm lang. ♀ Kätzchen als Knospe überwinternd, zur Blüte steil aufrecht stehend, meist einzeln, grün bis rötlich, bis zu 4 cm lang.

Früchte

Fruchtstände braun, trocken, hängend, wie bei allen Birken sich bei der Samenreife auflösend; aus Fruchtschuppen, diese mit 3 abgerundeten, vorwärts weisenden Lappen. Nussfrüchte bis zu 2,5 mm lang, beidseitig breit geflügelt. (ohne Abb.)

Vorkommen Im nördlichen Europa, auch auf Island und in Nordskandinavien, im Osten bis Ostsibirien; die südliche Verbreitungsgrenze verläuft in den Alpen und Karpaten, zerstreute Vorkommen in den Pyrenäen und im nördlichen Apennin. Besetzt nährstoffarme Standorte, auch mit Staunässe, in Bruchwäldern und Mooren, im Süden des Verbreitungsgebiets vor allem in höheren Lagen.

Wissenswertes Blütezeit ist April bis Mai, die Bestäubung erfolgt durch den Wind. Samenreife ist im August und September, die Verbreitung der geflügelten Nüsse erfolgt wie bei allen Birken durch den Wind. Typischer Baum der nordeuropäischen und sibirischen Tundren, außerdem in Zwischen- und Hochmooren. Nach der Eiszeit wichtige Pionierart bei der Wiederbesiedlung Mitteleuropas. An Extremstandorten oft nur strauchig. In Mitteleuropa sind noch zwei weitere Birkenarten heimisch, beide nur mit niedrigem Strauchwuchs. Die Zwerg-Birke *(Betula nana)* hat runde, gekerbte Blätter mit bis zu 12 mm Durchmesser; die Strauch-Birke *(Betula humilis)* hat etwas größere eiförmige Blätter und gestauchte Kätzchen. Beide sind Arten der Alpen und Voralpen bzw. Nordeuropas an meist moorigen Standorten.

Ähnliche Arten

Die aus Japan stammende **Lindenblättrige** oder **Maximowicz-Birke** *(Betula maximowicziana)* ist auf den ersten Blick anhand ihrer Blätter nicht als Birke zu erkennen. Diese sind herzförmig und bis zu 12 cm lang, der Blattrand ist mit fein ausgezogenen Zähnen erster und zweiter Ordnung besetzt und am Grund zuweilen asymmetrisch. Weibliche Kätzchen in Gruppen zu zweit bis fünft stehend; die Ringelborke ist weiß, oft grünlich überlaufen. Sehr attraktiver, stattlicher Baum, der leider relativ selten in Parks und Botanischen Gärten anzutreffen ist.

Bis zu 25 m hoher, aufrechter Baum mit überwiegend schlanker, länglich-eiförmiger Krone, Zweige meist nicht überhängend wie bei der Hänge-Birke. Äste oft breit aufwärtsstrebend, dadurch entstehen zuweilen auch zerrissene oder mehrteilige Kronen.

Die Borke
ist leuchtend weiß mit quer verlaufenden Korkwarzenbändern; meist auch bei älteren Bäumen nicht (wie bei der Hänge-Birke, S. 48) in grauschwarze Felder aufreißend.

Hainbuche, Weißbuche

Carpinus betulus · Birkengewächse (Betulaceae)

Blätter

Sommergrün; wechselständig; bis zu 10 cm lang, kurz gestielt, Blattform eiförmig, vorn zugespitzt, an der Basis abgerundet, seltener etwas unsymmetrisch; Blattadern eingesenkt, Blatt daher „wellpappenähnlich“; Blattrand doppelt gesägt; beiderseits frisch grün und jung fein behaart, später nur unterseits auf den Blattadern mit Haaren, im Herbst leuchtend gelb.

Früchte

Nussfrüchte grünlich, später braun, bis zu 1 cm lang; Vorblatt dreilappig, blassgrün bis pergamentartig, Mittellappen bis zu 4 cm lang, ganzrandig oder schwach gesägt; bei Samenreife braun, den Nüssen als Flugorgan dienend.

Blüten

Einhäusig, aber getrenntgeschlechtig; mit dem Laubaustrieb erscheinend. ♂ Kätzchen walzenförmig zu 1–3 an blattlosen Kurztrieben, ungestielt und schlaff hängend, gelb-braun, bis zu 5 cm lang. ♀ Kätzchen locker endständig am Langtrieb, Einzelblüten unscheinbar grün mit rötlichen Narben, jeweils mit einem auffälligen, dreilappigen Vorblatt.

Vorkommen Der Verbreitungsschwerpunkt liegt im zentralen Europa, von Frankreich bis zur Ukraine und von Südschweden bis Süditalien und dem Balkan. Im Südosten bis zum Kaukasus und Nordiran zu finden. Baum der Auwälder, der Waldränder und der Eichen-Hainbuchen-Wälder. Beliebter Garten- und Parkbaum, oft auch als Hecke.

Wissenswertes Blütezeit ist April bis Mai, die Bestäubung erfolgt durch den Wind. Fruchtreife ist im September und Oktober, ihre Verbreitung erfolgt durch den Wind oder durch Tiere. Das helle Holz („Weißbuche“) ist hart und schwer, im Begriff „hanebüchen“ findet sich seine Derbheit und Widerstandsfähigkeit. Es wird für Werkzeugschäfte und Möbel, früher auch für Räder, Zahnräder und Webstühle verwendet. Außerdem wird es als Material für Musikinstrumente (Klaviere) oder auch als Brennholz geschätzt.
Die Hainbuche verträgt Rückschnitte gut und hat ein enormes Regenerationsvermögen. Dies wurde früher in der Niederwaldwirtschaft (vgl. S. 44) ausgenutzt. Auch die Nutzung als Hecke hat seit Alters her Tradition: Der im süddeutschen Sprachraum verwendete Name Hagenbuche bezieht sich auf das mittelhochdeutsche „hag“ (Einzäunung).

Ähnliche Arten

Die **Orientalische Hainbuche** *(Carpinus orientalis)* stammt aus Südosteuropa und Kleinasien und wächst strauchförmig oder als kleinerer Baum mit bis zu 12 m Höhe. In ihrer ganzen Erscheinung ist sie der Gewöhnlichen Hainbuche recht ähnlich. Ihre Blätter sind ebenfalls länglich-eiförmig, aber etwas kleiner und nur bis zu 6 cm lang; sie sind scharf doppelt gesägt und haben sehr eng stehende Blattnerven. Die Vorblätter der Nussfrüchte sind eiförmig, vorn zugespitzt und grob gesägt und haben die gleiche Farbe wie die Laubblätter. In Mitteleuropa nur selten kultiviert und nur zuweilen in Parks, Sammlungen und Botanischen Gärten anzutreffen.

Bis zu 25 m hoher, aufrechter Baum mit rundlicher, meist harmonisch geformter Krone. Freistehend oft breit werdend und dann auch meist bis zum Boden reichend beastet; jung meist schlank und schmal.

Die Borke
ist grau und glatt, mit feineren, netzartigen Linien und Rissen, kaum aufreißend oder abblätternd.

Europäische Hopfenbuche

Ostrya carpinifolia · Birkengewächse (Betulaceae)

Blätter

Sommergrün; wechselständig; bis zu 12 cm lang, Blattstiel bis zu 1,5 cm lang, Blattform eiförmig, vorn zugespitzt, Blattrand doppelt gesägt, Spitzen fein ausgezogen; oberseits dunkelgrün, jung fein behaart, später verkahlend, unterseits etwas heller grün, Blattadern behaart und mit hellbraunen Achselbärten. Mit hinfälligen, fädigen Nebenblättern.

Früchte

Nussfrüchte bis zu 1 cm lang, mit Längsrippen und borstigen Haaren an der Spitze; jeweils mit auffälligem, hellbeige-braunem, pergamentartigem, sackförmigem Flugorgan, das aus den verwachsenen Trag- und Vorblättern besteht. Die Fruchtstände wirken hopfenartig, durch die helle Farbe im auffälligen Kontrast zum Laub.

Blüten

Einhäusig, aber getrenntgeschlechtig; mit dem Laubaustrieb erscheinend. ♂ Kätzchen zu 3–5 endständig an der Triebspitze, ungestielt, hängend, gelb-braun, bis zu 12 cm lang. ♀ Kätzchen nur kurzzeitig aufrecht, bald hängend, bis zu 5 cm lang, Einzelblüten mit je einem Tragblatt und 2 eiförmigen Vorblättern (ohne Abb.).

Vorkommen Im südlichen Europa, von Südfrankreich über die südliche Schweiz und Österreich bis zum Balkan, im Kaukasus, Kleinasien und im Nahen Osten (Syrien). In Mitteleuropa in wärmebegünstigten Lagen winterhart und daher in Parks und Sammlungen häufiger anzutreffen. Attraktiver Zierbaum, der besonders durch seine hopfenartigen, sich hell vom Laub abhebenden Fruchtstände auffällt und deshalb gerne gepflanzt wird.

Wissenswertes Blütezeit ist April bis Juni, die Bestäubung erfolgt durch den Wind. Fruchtreife ist im September und Oktober, die Verbreitung der Früchte und Samen mithilfe der ballonartigen Flugorgane übernimmt der Wind. Die Verwendung des Holzes ist ähnlich wie bei der Hainbuche (S. 52): Es wird wegen seiner Härte und Schwere für Werkzeuge und deren Schäfte geschätzt. Durch die hohe Dichte besitzt es auch einen ausgezeichneten Heizwert und wurde früher in der Köhlerei zur Holzkohlegewinnung verwendet. Das Regenerationsvermögen nach Rückschnitt ist ähnlich gut wie bei der Hainbuche, weshalb die Art in ihrer Heimat jahrhundertelang auch in der Niederwaldwirtschaft genutzt wurde.

In Südosteuropa ist die Hopfenbuche ein wichtiges Mischwaldelement, dessen natürliches Vorkommen aber durch eine lange Kultur nur eingeschränkt nachvollzogen werden kann.

Bis zu 20 m hoher, oft mehrstämmiger Baum mit kegelförmiger bis rundlicher Krone. Freistehende Bäume oft ähnlich wie bei der Hainbuche bis zum Boden beastet. Im Bestand mit hohem, geradem Stamm. In Mitteleuropa oft nur strauchförmig.

Die Borke
ist dunkel-graubraun, mit feinen Längs- und Querrissen. Sie blättert dann in feinen Schuppen und Streifen ab, zuweilen auch in rundlichen Strukturen.

Baum-Hasel, Türkische Hasel

Corylus colurna · Birkengewächse (Betulaceae)

Blätter

Sommergrün; wechselständig; bis zu 12 cm lang, Blattstiel bis zu 3 cm, Blattform rundlich, mit ausgezogener Spitze, zuweilen auch mit mehreren spitzen Lappen; Blattrand doppelt gesägt; oberseits kräftig grün, unterseits heller, auf den Blattadern behaart.

Blüten

Einhäusig, aber getrenntgeschlechtig; vor dem Laubaustrieb erscheinend. ♂ Kätzchen zu 1–3, bereits im Vorjahr erscheinend, geschlossen grün, aufgeblüht gelb-braun, bis zu 12 cm lang. ♀ Blüten als Knospe überwinternd, zu zweit aufrecht stehend, größtenteils von blassgrünem Vorblatt umgeben, mit herausragenden karminroten Narben.

Früchte

Nussfrüchte meist zu zweit stehend, bis zu 2 cm lang; erst grün, dann braun; dickschalig, von aus dem Vorblatt entstehender, in zahlreiche Lappen und Zipfel zerteilter Fruchthülle umgeben, diese durch Drüsen klebrig; sich nur schwer von der Nuss lösend.

Vorkommen Heimat sind die Bergwälder Südosteuropas und Kleinasiens, in Mitteleuropa ist die Baum-Hasel inzwischen aber recht häufig zu finden. Sie ist verbreitet in Parks und Gärten anzutreffen und auch als Straßenbaum wegen seiner Robustheit gegenüber Abgasen zunehmend beliebter; sie wird daher vor allem in den letzten Jahren immer häufiger in unseren Städten angepflanzt.

Wissenswertes Blütezeit ist März bis April, die Bestäubung erfolgt durch den Wind. Fruchtreife ist im September, die Verbreitung der Nüsse erfolgt durch Vögel, Eichhörnchen und andere Nagetiere.

Die Baum-Hasel liefert wie die einheimische, auf S. 260 vorgestellte Gewöhnliche Hasel *(Corylus avellana)* wohlschmeckende Nüsse, die als Backzutat und Nahrungsmittel geschätzt werden. Die meisten der für diesen Zweck im Handel angebotenen Haselnüsse stammen aber von der unten vorgestellten Lamberts-Hasel. Aus der Familie der Birkengewächse werden die Haselarten und die Hainbuchen in einigen Publikationen in die Familie der Haselgewächse (Corylaceae) ausgegliedert. Den Autoren dieses Buches erscheint diese Ausgliederung nicht zwingend, weshalb sie die herkömmliche Einordnung beibehalten.

Ähnliche Arten

Die **Lamberts-Hasel** *(Corylus maxima)* stammt aus Südosteuropa und Westasien und wird wegen der Nüsse bereits seit dem 17. Jahrhundert in Mitteleuropa angepflanzt. Sie hat meist einen strauchförmigen Wuchs, erreicht aber Höhen von bis zu 5 m. Ihre Blätter erinnern in der Form an die Blätter der Gemeinen Hasel und sind ebenfalls beidseitig behaart. Die Nüsse sind von einer glatten, tütenförmigen, nur schwach geschlitzten, samtig-behaarten Hülle umgeben und stehen zu zweit bis zu sechst zusammen.

Bis zu 20 m hoher, aufrechter Baum mit breit kegelförmiger oder eiförmig zugespitzter Krone. Oft sind die Äste in quirlähnlichen Etagen angeordnet und streben meist sehr gerade schräg aufwärts.

Die Borke
ist hell-graubraun bis rötlich, rau und längsrissig; löst sich in länglichen Schuppen ab.

Flatter-Ulme

Ulmus laevis · Ulmengewächse (Ulmaceae)

Blätter

Sommergrün; wechselständig; bis zu 12 cm lang, Blattstiel bis zu 6 mm, länglich bis (verkehrt-) eiförmig, vorne kurz zugespitzt, mit asymmetrischem Blattgrund; Blattrand doppelt gesägt; oberseits matt dunkelgrün, unterseits graugrün, dicht und weich behaart.

Blüten

Einhäusig, zwittrig; früh vor dem Laubaustrieb erscheinend, in dichten Büscheln aus zahlreichen, bis zu 15 mm lang gestielten Einzelblüten; diese mit glockig verwachsener, rötlich grüner Blütenhülle und dunkel rotbraunen Staubblättern.

Früchte

Aus jeder Blüte entsteht eine langgestielte, einsamige, geflügelte Nuss. Flügelnuss bis 12 mm lang, hängend, Flügel silbrig grün, am Rand bewimpert, vorne mit Spalt, der den Samen aber nicht erreicht.

Vorkommen Von der Mitte Frankreichs bis zum Ural im Osten, südlich bis zum Balkan, in Skandinavien und Finnland und in Südwesteuropa fehlend, zerstreute Vorkommen in den Pyrenäen und im Kaukasus.
Zerstreut in Auwäldern und auf sandig-lehmigen Böden. Nicht selten als Straßenbaum und in Parks angepflanzt.

Wissenswertes Blütezeit ist Februar und März, die Bestäubung erfolgt durch den Wind, dennoch findet Besuch durch Pollen sammelnde Insekten statt. Fruchtreife ist im Mai und Juni, ihre Verbreitung erfolgt durch den Wind. Das Holz der Ulmen ist zäh und biegbar, weshalb es gern für Stühle und andere Sitzmöbel verwendet wird. Allerdings gilt das Holz der Flatter-Ulme im Vergleich zu dem der Berg-Ulme (S. 60) und der Feld-Ulme (S. 62) als nicht so wertvoll.
Gegenüber dem „Ulmensterben" (vgl. S. 60) ist die Flatter-Ulme weniger anfällig, da sie über eine teilweise eigene Resistenz verfügt und aufgrund bestimmter Inhaltsstoffe der Borke von den Ulmensplintkäfern gemieden wird.
Der Name Flatter-Ulme nimmt auf, dass das Laub bereits bei leichten Winden zu rascheln beginnt; dies wird durch die Anatomie des Blattstieles begünstigt.

Ähnliche Arten

Die aus dem Osten Nordamerikas stammende **Amerikanische Ulme** *(Ulmus americana)* ist der Flatter-Ulme vom Blattschnitt her sehr ähnlich, ist aber auf der Blattoberseite zerstreut mit rauen Haaren besetzt. Am besten ist sie anhand der Flügelfrüchte zu unterscheiden, bei denen der Spalt bis zum Samen reicht. In Europa früher häufiger angepflanzt, aber sehr empfindlich gegen das Ulmensterben und daher selten geworden. Für sie wird auch der Name Weiß-Ulme verwendet, der aber zu Verwechslungen mit dem Weiß-Rüster (S. 60) führen kann.

Aufrechter, bis zu 30 m hoher Baum mit länglicher, aber gleichzeitig lockerer und breiter Krone. Mit auffälligen, büscheligen Stockausschlägen an der Basis. Diese können auch gut zur Unterscheidung von der Berg- und Feldulme herangezogen werden.

Die Borke
ist graubraun und wirkt trotz eines breiten, längsrissigen Leistenmusters mit dazwischen liegenden Furchen relativ glatt.

Berg-Ulme, Weiß-Rüster

Ulmus glabra · Ulmengewächse (Ulmaceae)

Blätter

Sommergrün; wechselständig; bis zu 16 cm lang, Blattstiel bis zu 5 mm, breit rundlich bis verkehrt-eiförmig, vorne zugespitzt, häufig vorn dreilappig und dann dreispitzig, Blattgrund und Spreite asymmetrisch; Blattrand doppelt gesägt; oberseits matt dunkelgrün, sehr rau, unterseits heller, Nerven fein weißhaarig, mit Achselbärtchen.

Blüten

Einhäusig, zwittrig; bereits im Vorjahr erscheinend, früh vor dem Laubaustrieb blühend; in dichten Büscheln, aus zahlreichen, kurz gestielten Einzelblüten, diese mit verwachsener, rotvioletter Blütenhülle und weit herausragenden, karminroten Staubblättern.

Früchte

Kurzgestielte, einsamige, geflügelte Nüsse; in Büscheln. Einzelne Flügelnuss, rund bis eiförmig, bis zu 24 mm lang, ringsum geflügelt, Flügel hellgrün, am Rand glatt, vorn gespalten und oft in 2 feine, braun werdende Spitzen auslaufend, meist einander anliegend; Samen zentral stehend, braun.

Vorkommen Von den Pyrenäen bis zum Ural im Osten, auf den Britischen Inseln, in Südskandinavien und in Italien und Südosteuropa bis zum Balkan, in Westfrankreich und weiten Teilen der Iberischen Halbinsel fehlend. Ist in Schlucht- und Hangwäldern verbreitet, im Tiefland fehlend. Häufig als Parkbaum und Ziergehölz zu finden.

Wissenswertes Blütezeit ist Februar bis April, die Bestäubung erfolgt durch den Wind. Die Fruchtreife ist im Mai und Juni, ihre Verbreitung erfolgt ebenfalls durch den Wind.

Die Berg-Ulme ist gegenüber dem Ulmensterben, einer Pilzkrankheit, die durch die Ulmensplintkäfer übertragen wird, nur mäßig widerstandsfähig. Insgesamt nimmt der Ulmenbestand deshalb in den letzten Jahrzehnten stetig ab.

Das Holz der Ulmen ist ansprechend und kontrastreich gemasert und wird als Möbel- und Furnierholz geschätzt. Der Name „Rüster" wurde ursprünglich nur für das im Möbelbau verwendete Holz benutzt und erst später auf den ganzen Baum übertragen.

Ähnliche Arten

Die **Trauer-Ulme** (*Ulmus glabra* 'Pendula') ist eine Varietät mit herabhängenden Ästen, die vor allem bei frei stehenden Parkbäumen sehr attraktiv wirkt.

Die **Englische Ulme** *(Ulmus procera)* besitzt kleinere, bis zu 9 cm lange, eher rundliche, vorn zugespitzte Blätter mit einer rau behaarten Blattoberfläche und dem für die Ulmen typischen asymmetrischen Blattgrund und einem deutlichen Blattstiel. Die hohen, stattlichen Bäume mit oft verkehrt-eiförmiger Krone und aufstrebenden Ästen sind wegen der Anfälligkeit für das Ulmensterben aus unseren Parks nahezu verschwunden. Ihre Herkunft von den Britischen Inseln gilt als umstritten, möglicherweise wurde sie dorthin bereits früh aus Südeuropa eingeführt. Da die Samen dieser Art ungewöhnlicherweise oft unfruchtbar bleiben, ist die genetische Vielfalt der britischen Bestände eher gering.

Aufrechter, bis zu 40 m hoher Baum mit oft mehrteiliger, länglicher oder verkehrt-eiförmiger Krone. Freistehend oft weit ausgebreitet und dann breit rundlich bis kuppelartig.

Die Borke
ist graubraun, längsrissig gefurcht und gefeldert; sie wirkt dennoch relativ glatt.

Feld-Ulme, Rot-Rüster

Ulmus minor · Ulmengewächse (Ulmaceae)

Blätter

Sommergrün; wechselständig; meist bis zu 10 cm, seltener auch bis zu 16 cm lang, Blattstiel bis zu 15 mm lang, meist behaart; Blattform variabel, meist länglich bis verkehrt-eiförmig, vorne zugespitzt, Blattgrund und Spreite asymmetrisch; Blattrand doppelt gesägt, zuweilen auch nur gekerbt; oberseits glänzend dunkelgrün, unterseits heller, mit dichten, weißen, samtigen Achselbärtchen.

Blüten

Einhäusig, zwittrig; bereits im Vorjahr erscheinend, früh vor dem Laubaustrieb blühend; in dichten Büscheln, aus zahlreichen, nur kurz gestielten Einzelblüten, diese mit verwachsener, grünlicher Blütenhülle und weit herausragenden, rotbraunen Staubblättern.

Früchte

In Büscheln stehend, kurzgestielte, einsamige, geflügelte Nüsse; einzelne Flügelnuss rundlich bis verkehrt eiförmig, bis zu 20 mm lang, ringsum geflügelt; Flügel graugrün, am Rand glatt, vorn gespalten oder eingekerbt; Samen im oberen Drittel stehend, braun.

Vorkommen Nahezu ganz Europa bis zum Kaukasus, in Skandinavien und im Norden der Britischen Inseln fehlend; in Kleinasien und bis in den Nordiran.
Baum der Flusstäler, Auenwälder und des Tieflandes, in der Kulturlandschaft oft strauchige Gehölzgruppen bildend. Auch als Parkbaum und in Siedlungen (Dorfulme, Gerichtsulme).
Wissenswertes Blütezeit ist März und April, die Bestäubung erfolgt durch den Wind. Fruchtreife ist im Mai und Juni, ihre Verbreitung erfolgt ebenfalls durch den Wind.
Die Feld-Ulme wird vom Ulmensterben (vgl. S. 60) am stärksten betroffen und daher sind inzwischen die meisten alten Dorf- und Gerichtsulmen verschwunden. Als strauchiges Feldgehölz weniger gefährdet, da der Befall durch die Ulmensplintkäfer erst bei entsprechender Stammdicke und stärkerer Borkenbildung erfolgt.
Feld-Ulmen bilden an ihren Zweigen oft charakteristische, flügelartige Korkleisten aus.
In der Literatur findet sich häufig noch der Name *Ulmus carpinifolia* für die Feld-Ulme; eine exakte Abgrenzung ist schwierig. Unter dem hier verwendeten und heute gültigen Namen werden mehrere Formen mit bislang umstrittener Stellung zusammengefasst.

Ähnliche Arten

Die **Holländische Ulme** *(Ulmus × hollandica)* ist ein Bastard aus der Berg-Ulme (S. 60) mit der Feld-Ulme. Als Park- und Straßenbaum ist sie nicht selten, wenn auch vom Ulmensterben stark betroffen. Ihre Merkmale liegen zwischen den Eltern, oft zeigen die Blätter den breiten Umriss der Berg-Ulme und unterseits die wolligen Achselbärtchen der Feld-Ulme. Die Blüten und Früchte sind oft auffallend groß; häufige Bildung von Ausläufern, Stockausschlägen und Wurzelbrut.

Aufrechter, bis zu 40 m hoher Baum mit reich verzweigter, länglicher bis eiförmiger Krone, die oft etwas zerrissen wirkt. Auch Strauchformen sind nicht selten. Die Äste stehen waagerecht und sehen auffällig gedrungen aus.

Die Borke
ist graubraun, in Felder, Leisten und längliche Platten zerrissen; sie wirkt rau.

Südlicher Zürgelbaum

Celtis australis · Ulmengewächse (Ulmaceae)

Blätter

Sommergrün; wechselständig; bis zu 15 cm lang mit etwa 1,5 cm langem Blattstiel; länglich bis langgestreckt eiförmig, mit fein ausgezogener Spitze, Blattgrund kaum asymmetrisch, Blattrand gesägt, die einzelnen Zähne mit feinen Spitzen, an der Blattbasis nahezu ganzrandig, dort stets 3 Blattnerven abgehend; oberseits matt dunkelgrün mit zerstreuter rauer Behaarung, unterseits heller grün, weiß samtig behaart.

Blüten

Einhäusig; an jungen Zweigen eingeschlechtige ♂ Blüten in Büscheln, überwiegend aber zwittrige; einzeln in den Blattachseln stehend; erscheinen mit dem jungen Laub und sind wie dieses zart gelbgrün bis blaugrün und fein behaart, langgestielt, Blütenhülle bräunlich überlaufen, 4-6-zählig mit ebenso vielen, kurzen Staubblättern; Fruchtknoten meist wenigstens doppelt so lang wie die restliche Blüte, flaschenförmig, bis zu 1,4 cm lang, mit weißer, gegabelter, federartiger Narbe.

Früchte

Bis zu 1,4 cm lange, einzeln in den Blattachseln stehende, lang gestielte, runde bis eiförmige Steinfrüchte, zunächst gelblichweiß, später über Orangetöne violett-braun werdend; essbar, schmecken süß.

Vorkommen Heimat ist der Kaukasus und Kleinasien sowie der Mittelmeerraum, wo die Art offenbar auch schon früh angepflanzt wurde. Insbesondere in Italien und Südfrankreich häufiger als Straßenbaum oder auch in Heckenpflanzungen anzutreffen. In Mitteleuropa meist nicht völlig frosthart und daher nur in wärmebegünstigten Gegenden zu finden. Dort wird der Baum als Zierelement in Parks und Gärten und seltener ebenfalls als Straßenbaum angepflanzt. Fossilfunde zeigen, dass die Gattung *Celtis* im Tertiär auch in Mitteleuropa häufig war.

Wissenswertes Blütezeit ist von März bis Anfang Mai, die Fruchtreife ist im September, die Verbreitung erfolgt durch Vögel.
Der deutsche Name Zürgelbaum stammt aus Südtirol, wo die Früchte „Zürgeln" heißen und gerne zu Süßspeisen und in Backwaren verwendet werden.
Das Holz des Zürgelbaums ist hart, aber elastisch. Es wurde für Musikinstrumente, Wagenräder, Ruder, Angelruten und Peitschenstiele verwendet, weshalb er in manchen Gegenden Südeuropas auch „Peitschenbaum" genannt wird.

Ähnliche Arten

Der **Amerikanische** oder **Westliche Zürgelbaum** *(Celtis occidentalis)* hat sein ursprüngliches Verbreitungsgebiet vom Osten bis zum Mittleren Westen der USA. In Mitteleuropa ist er zwar winterhart, aber dennoch selten anzutreffen. Er hat breitere und derbere Blätter als der Südliche Zürgelbaum. Diese sind oberseits unbehaart und glänzend und unterseits meist nur auf den Blattadern behaart. Der Blattrand ist sehr unregelmäßig gesägt und in Teilabschnitten auch annähernd ganzrandig; die Steinfrüchte schmecken fad süßlich und sind essbar. Auffällig ist die hellgraue Borke, die unregelmäßig und mit einer knolligen Struktur bedeckt ist. Das Holz wird in der Möbelschreinerei verwendet.

Junge Bäume schlank und schmal mit aufstrebenden Hauptästen, mit zunehmendem Alter immer breiter und ausladender werdend, Äste dann nahezu horizontal und oft etwas überhängend. Krone meist relativ locker und dadurch luftig und durchscheinend wirkend. In winterkalten Gegenden oft strauchiger Wuchs durch Zurückfrieren.

Die Borke
ist hellgrau und meist sehr glatt, sie erinnert an die der Rot-Buche (S. 32). Nur bei sehr alten Bäumen mit länglichen Furchen und dann auch abblätternd.

Kaukasische Zelkove

Zelkova carpinifolia · Ulmengewächse (Ulmaceae)

Blätter

Sommergrün; wechselständig; bis zu 9 cm lang, Blattstiel bis zu 3 mm lang; Blattgrund höchstens schwach asymmetrisch, länglich bis eiförmig, mit abgestumpfter Spitze; Blattrand gesägt, die einzelnen Zähne vorn abgestumpft; oberseits dunkelgrün, zerstreut behaart und rau, unterseits heller, auf den Blattadern behaart.

Blüten

Einhäusig, meist eingeschlechtig, seltener zwittrig; in den Blattachseln in kleinen Büscheln stehend, mit unscheinbarer, grünlicher Blütenhülle. ♂ eher am Grund der diesjährigen Triebe stehend, mit 2–5 bis zu 8 mm langen, gelbgrünen Staubblättern; ♀ Blüten etwas kleiner, stehen näher an der Triebspitze. (ohne Abb.)

Früchte

Bis zu 6 mm lange, in den Blattachseln stehende, kurzgestielte, runde bis eiförmige, meist asymmetrische Steinfrüchte, meist mit 4 Längsleisten; unreif grün, später bräunlich.

Vorkommen Heimat ist der Kaukasus bis in den Nordiran und die Osttürkei. In Mitteleuropa ein in Parks und Sammlungen zuweilen angepflanzter Baum, der wegen seiner auffälligen Wuchsform und der attraktiven orange-roten Herbstfärbung geschätzt wird.

Wissenswertes Blütezeit ist April und Mai, die Fruchtreife ist im September und Oktober, die Verbreitung erfolgt durch Vögel.

Die Kaukasische Zelkove findet man nicht nur als Parkbaum, sondern häufig auch als Bonsai, von deren Liebhabern die Art als „Chinesische Ulme" bezeichnet wird. Zelkoven sind zwar anfällig gegen die Pilzkrankheit, die das Ulmensterben verursacht, die übertragenden Ulmensplintkäfer befallen aber diese Gattung nur bei hohem Konkurrenzdruck, so dass ein tatsächlicher Befall selten ist.

Der lateinische Artname „*carpinifolia*" bedeutet „hainbuchen-blättrig" und verweist auf die insgesamt recht ähnlich wirkende Erscheinung der Zelkoven mit unserer einheimischen Hainbuche (S. 52).

Zelkoven bilden gerne Wurzelbrut und schlagen nach Rückschnitt kräftig und rasch wieder aus. In Südeuropa sind sie daher recht häufige Stadtbäume und ebenso auch als Heckenpflanze anzutreffen.

Ähnliche Arten

Die aus Ostasien stammende **Japanische Zelkove** *(Zelkova serrata)* trägt bis zu 12 cm lange, beidseits behaarte Blätter, die in eine lang gezogene Spitze auslaufen und deren Blattzähne spitz und nahezu dreieckig sind. Die achselständigen Früchte sind meist breiter als lang und oft herzförmig. Sie wird etwa genauso häufig wie die obige Art bei uns angepflanzt und ist durch eine noch spektakulärere Herbstfärbung besonders attraktiv. In Anlehnung an den japanischen Namen („Ke-ya-ki") wird sie zuweilen auch Keakibaum oder Keaki-Zelkove genannt.

Auffällige, oft mehrstämmige Wuchsform mit von einer Verzweigungsstelle ausgehenden zahlreichen, fast senkrechten Hauptästen, dadurch besenartig wirkend; bis zu 25 m, seltener bis zu 35 m hoch.

Die Borke
ist graubraun bis grünlich und schuppt sich in vieleckigen bis rundlichen kleinen Platten, dort dann häufig leuchtend orangebraun.

Weißer Maulbeerbaum

Morus alba · Maulbeerbaumgewächse (Moraceae)

Blätter

Sommergrün; wechselständig; Blattstiel bis zu 2,5 cm lang und behaart; Blätter herz- bis eiförmig, an Langtrieben häufig auch 3(–5)-lappig und bis zu 20 cm lang; Blattrand grob und oft unregelmäßig gezähnt; oberseits hellgrün, glänzend und höchstens spärlich behaart, unterseits nur auf den Hauptblattadern behaart.

Blüten

Einhäusig, seltener auch zweihäusig, eingeschlechtig; ♂ gelblich-weiß, in gestielten, hängenden, bis zu 7 cm langen Kätzchen (ohne Abb.); ♀ Blütenstände eher aufrecht, gestauchter und nur bis zu 2 cm lang, mit grünlicher, fleischiger Blütenhülle und jeweils 2 weißen, federähnlichen Narben.

♀

Blattvariante

Früchte

Brombeerartig wirkender Fruchtstand mit ungewöhnlicher Entstehung: Blütenhüllen werden fleischig-saftig und verwachsen zu einer Sammelfrucht, die einzelne Nüsschen enthält; bis zu 3 cm lang, gelblich weiß bis rosa; essbar, süßlich, aber fade.

Vorkommen Stammt aus Ostasien (China, Mandschurei und Korea) und wurde ab dem 16. Jahrhundert in Süd- und Westeuropa, im 19. und frühen 20. Jahrhundert auch in Mitteleuropa nicht selten zur Seidenraupenzucht angepflanzt. Zuweilen auch als Alleebaum anzutreffen. Bei uns weitgehend winterhart.

Wissenswertes Blütezeit ist Mai und Juni, die Bestäubung erfolgt durch den Wind; die Fruchtreife ist von Juli bis September, die Verbreitung erfolgt vor allem durch Vögel.

Das Laub der Weißen Maulbeere wird bei der Seidenraupenzucht in großen Mengen zur Fütterung der Schmetterlingsraupen des Seidenspinners benötigt, weshalb die hierzu angepflanzten Bäume häufig stark beschnitten wurden, um die Verzweigung und damit die Blatternte zu fördern. In Deutschland wurden entsprechende Zuchtversuche insbesondere durch Friedrich den Großen von Preußen und auch zur Zeit des Zweiten Weltkrieges unternommen; die Weißen Maulbeerbäume in Parks und Alleen stammen häufig noch aus dieser Zeit.

Wie fast alle Vertreter der Familie besitzen die Maulbeerbäume einen weißen, klebrigen Milchsaft, der bei Verletzungen austritt und die Wunde verschließt.

Zu derselben Familie gehören auch die Echte Feige *(Ficus carica)* und unsere beliebten Zimmerpflanzen Birkenfeige *(Ficus benjamini)* und Gummibaum *(Ficus elastica)*. In den Tropen kommen zahlreiche Lianen und auch so genannte „Würger-Feigen" vor.

Aufrechter, rundlicher Wuchs, bis zu 15 m Höhe. Breite Kronen wirken oft zerrissen. Bei Nachzucht aus Stecklingen wirken auch junge Bäume oft alt und knorrig.

Die Borke
ist rotbraun bis graubraun und zeigt bogige Längsstrukturen und Risse, ist insgesamt aber relativ glatt. Verletzungen bilden oft quer verlaufende, beulige Strukturen.

Schwarzer Maulbeerbaum

Morus nigra · Maulbeerbaumgewächse (Moraceae)

Blätter

Sommergrün; wechselständig; Blattstiel bis zu 2,5 cm lang und behaart; Blätter breit herz- bis eiförmig, teilweise auch asymmetrisch 2-5-lappig und bis zu 18 cm lang; Blattrand grob gezähnt; oberseits mattgrün, rauhaarig, unterseits heller und weichhaarig.

Blüten

Einhäusig, seltener auch zweihäusig, eingeschlechtig; ♂ hellgrün bis weiß, in gestielten, abstehenden bis hängenden, lockeren, bis zu 4 cm langen Kätzchen (ohne Abb.); ♀ Blütenstände eher aufrecht, gestaucht und nur bis zu 2 cm lang, mit grünlicher, fleischiger Blütenhülle und jeweils 2 weißen, federähnlichen Narben.

Früchte

Brombeerartig wirkende Sammelfrucht, die aus den fleischig-saftig werdenden, miteinander verwachsenden Blütenhüllen entsteht und im Innern viele einzelne Nüsschen enthält; Fruchtstand bis zu 3,5 cm lang, rotviolett bis tiefschwarz, zunächst sauer, reif süß und aromatisch, intensiv färbend.

♀

Vorkommen Stammt vermutlich aus Zentralasien; Wildvorkommen können heute nicht mehr lokalisiert werden. Wurde im Mittelmeerraum bereits seit der Antike kultiviert und ist in wintermilden Lagen seit dem Mittelalter auch in Mitteleuropa anzutreffen. Alte Bäume sind besonders in Gärten von Herrenhäusern und Klöstern anzutreffen. Seltener sind sie auch in Sammlungen und Parks zu finden.

Wissenswertes Blütezeit ist Mai und Juni, die Bestäubung erfolgt durch den Wind; die Fruchtreife ist von Juli bis September, die Verbreitung übernehmen vor allem Vögel, aber auch verschiedene Kleinsäugerarten. Die Schwarze Maulbeere liefert ein wohlschmeckendes, vitaminreiches Obst, das allerdings schnell verdirbt. Es wird daher nur selten als Frischobst im Handel angeboten. Saft, Sirup oder Gelee ist wegen des aromatischen Geschmacks und auch zum Einfärben von Lebensmitteln vor allem im mediterranen Raum verbreitet. In früheren Jahrhunderten intensivierte man mit Schwarzen Maulbeeren die Farbe des Rotweines.

Auf alten Gutshöfen und in Pfarrgärten findet man oft sehr alte Maulbeerbäume, wo sie seit dem Mittelalter als exotische Frischobstlieferanten kultiviert wurden.

Ähnliche Arten

Ebenfalls zur Familie der Maulbeerbaumgewächse gehört die als Rarität in Sammlungen anzutreffende, aus Nordamerika stammende **Milchorange** oder der **Osagedorn** *(Maclura pomifera)*. In den Achseln der eiförmigen, glattrandigen, vorn zugespitzten und bis zu 8 cm langen Blättern sitzt jeweils ein spitzer, stechender, bis zu 3 cm langer Dorn. Die runzligen, ungenießbaren, grün-gelblichen Sammelfrüchte erinnern äußerlich an eine unreife Orange und enthalten zahlreiche, etwa 1 cm lange Nüsse.

Meist rundlich-breiter Wuchs bei 12–15 m Höhe. Nicht selten auch mehrstämmig oder strauchartig. Hauptäste oft knorrig gewunden. Neigt zur Stammfäule und zu Hohlstämmen.

Die Borke
ist orange bis rotbraun mit Längsrissen und tiefen Furchen. Aus Verletzungen entstehen oft dicke und knollige Vernarbungen.

Echte Walnuss

Juglans regia ssp. *regia* · Walnussgewächse (Juglandaceae)

Blätter

Sommergrün; wechselständig; unpaarig gefiedert mit 5–9 Teilblättchen. Teilblättchen 6–12 cm lang, eiförmig, fast ganzrandig, dunkelgrün, kahl, derb. Beim Zerreiben würzig riechend; Zweige glänzend olivgrün, kahl, dick, innen mit gekammertem Mark.

Blüten

Einhäusig, getrenntgeschlechtig; ♂ in hängenden, braungrünen Kätzchen; ♀ klein, grün, einzeln oder in wenigblütigen Ähren.

Früchte

Kugelig, mit 4–5 cm Durchmesser; bei Wildformen kleiner; mit glatter, grüner Schale, die einen gefurchten Steinkern mit 2 wulstigen Kanten umschließt.

Vorkommen Die Urform der heute angebauten Walnuss stammt aus Asien und Südosteuropa. Sie wurde schon früh auf großfrüchtige Formen ausgelesen; die Römer brachten sie nach Mitteleuropa. Hier wuchs bereits schon früher eine kleinfrüchtigere, frosthärtere Wildform derselben Art. Bei Exemplaren, die man heute wild wachsend in Weinbaugebieten, in Auwäldern oder an Waldrändern wärmerer Regionen antrifft, handelt es sich jedoch wahrscheinlich um Nachkommen früher angepflanzter Bäume südlicher Herkunft.

Wissenswertes Die Blüten erscheinen im Mai. Nach Windbestäubung entwickeln sich die Früchte, die ab September ihre Reife durch die braun und rissig werdende Schale anzeigen. Botanisch gesehen sind es Steinfrüchte (siehe auch hintere Klappe). Die „Nuss" stellt den Steinkern dar. Nach Knacken seiner holzigen Hülle erscheint der fettreiche Embryo mit seinen wulstig gefurchten Speicherblättern.
Die Römer kultivierten diese recht wärmebedürftige Obstart vor allem in ihrer gallischen Provinz, also im späteren Frankreich. Da die Deutschen die Franzosen früher als „Welsche" bezeichneten, nannte man den Baum bzw. seine Frucht „Welschnuss", woraus sich der Name „Walnuss" entwickelte.

Ähnliche Arten

Zuweilen sieht man in Parks die aus Nordamerika stammende **Schwarze Walnuss** *(Juglans nigra)*. Sie ähnelt unserer europäischen Walnuss, hat aber wesentlich größere gefiederte Blätter, mit bis über zwanzig Teilblättchen und oft ohne Endblättchen. Unterschiede zeigen sich auch in der weichen Behaarung der Blattunterseiten und der jungen Zweige. Die großen, rundlichen Früchte sind rauschalig, braun bis schwarzbraun und enthalten eine schwarze, tief gefurchte „Nuss" (Steinkern). Sie schmecken süß und finden in Amerika Verwendung für Backwaren und Speiseeis.

Stattlicher Baum mit locker aufgebauter, rundlicher bis eiförmiger Krone, die im Alter weit ausladend werden kann; erreicht meist Höhen von 15–25 m. Die Äste sind oft knorrig gedreht und reich verzweigt.

Die Borke
bleibt lange grau und glatt; ist im Alter schwärzlich und längsrissig und dann oft von einem Netz grober Leisten überzogen.

Schuppenrinden-Hickorynuss

Carya ovata · Walnussgewächse (Juglandaceae)

Blätter

Sommergrün; wechselständig; 20–35 cm lang, unpaarig gefiedert, mit meist 5 länglich eiförmigen, am Rand gesägten und dicht gewimperten Teilblättchen, unteres Blattpaar deutlich kleiner; hellgrün, mit goldgelber Herbstfärbung. Zweige grau, kahl, Mark innen nicht gekammert.

Blüten

Einhäusig, getrenntgeschlechtig; ♂ Blütenkätzchen hängend, bis zu 12 cm lang, bräunlich grün, zu 3 an einem gemeinsamen Stiel; ♀ Blüten in kurzen, unscheinbaren, grünen Ähren (ohne Abb.).

Früchte

Kugelig, durch 4 Längsfurchen leicht kantig wirkend, 3–5 cm Durchmesser, grün, bei Reife hell bräunlich, mit rundlichem bis 4-kantigem, hellem Steinkern.

Vorkommen Die in Nordamerika beheimatete Schuppenrinden-Hickorynuss sieht man in wärmeren Gegenden Mitteleuropas zuweilen in Parks und Botanischen Gärten.

Wissenswertes Der Baum blüht im Mai, nach Bestäubung durch den Wind bilden sich im Lauf des Sommers die Steinfrüchte, deren süß schmeckende Samen ebenso wie die der Walnuss (S. 72) als „Nüsse“ verzehrt werden. In Mitteleuropa schätzt man die Schuppenrinden-Hickorynuss vor allem wegen ihrer prächtigen, leuchtend gelben, lange anhaltenden Herbstfärbung und der dekorativ abblätternden Borke. Die Gattung *Carya* ist in Nordamerika und Kanada mit etwa 20 Arten verbreitet. Man nutzt dort das Holz verschiedener Hickory-Arten. Es ist ausgesprochen hart, aber zugleich elastisch, weshalb es sich z. B. hervorragend für Werkzeugstiele eignet. Das feine Aroma, das beim Verbrennen des Holzes entsteht, wird gerne beim Räuchern von Lebensmitteln und zur Herstellung von Grillsaucen verwendet.
Zur selben Gattung gehört auch die Pekannuss *(Carya illinoiensis)*, die in den USA kommerziell zur Fruchtgewinnung angebaut und zur Herstellung von Gebäck und Speiseeis verwendet wird. Man findet die Nüsse heute auch bei uns zunehmend im Lebensmittelhandel.

Ähnliche Arten

Seltener trifft man in Mitteleuropa die **Bittere Hickorynuss** oder **Bitternuss** *(Carya cordiformis)* an. Sie ist der oben beschriebenen Art recht ähnlich, ihre Blätter setzen sich jedoch meist aus sieben bis neun Teilblättchen zusammen, wobei das untere Blättchenpaar wiederum deutlich kleiner bleibt. Im Herbst verfärben sich die Blätter gelb, doch weitaus weniger eindrucksvoll als bei der Schuppenrinden-Hickorynuss. Die Samen schmecken, wie der Name besagt, ausgesprochen bitter.

Besitzt eine rundliche bis eiförmige Krone, die im Alter häufig breit ausladend oder sogar mehrteilig wird; der Baum wird bei uns 20–25 m hoch, in Nordamerika bis zu 40 m.

Die Borke
ist graubraun und reißt frühzeitig in Längsrichtung auf. Dabei entstehen schindelartige Schuppen, deren Enden sich aufwölben, bevor sie sich ablösen.

Kaukasische Flügelnuss

Pterocarya fraxinifolia · Walnussgewächse (Juglandaceae)

Blätter

Sommergrün; wechselständig; 20–50 cm lang, unpaarig gefiedert, bis zu 27 Teilblättchen, Endblättchen manchmal fehlend; Teilblättchen 5–12 cm lang, schmal länglich, gesägt, oberseits glänzend dunkelgrün, unterseits heller. Blattspindel zwischen den Blättchen geflügelt, gelbe Herbstfärbung. Zweige braun bis rotbraun, glatt, innen mit gekammertem Mark.

Früchte

Mit 2 halbkreisförmigen, flachen Flügeln (Flügelnuss), bis zu 2 cm groß, graugelb, in 20–45 cm langen Fruchtständen.

Blüten

Einhäusig, getrenntgeschlechtig; ♂ Blütenkätzchen einzeln, hängend, 5–12 cm lang, gelbgrün; ♀ Blüten grünlich, zu vielen in hängenden Ähren. (ohne Abb.)

Vorkommen Die Kaukasische Flügelnuss ist in Gebirgsregionen des Kaukasus bis zum nördlichen Iran beheimatet. Dort wächst sie besonders entlang von Flüssen und bildet häufig Dickichte, da sie aus ihren Ausläufern reichlich Schösslinge treiben kann. In Mitteleuropa wird sie als malerischer Parkbaum gepflanzt, bevorzugt an Bachläufen oder großen Teichen. Sie verträgt noch etwas trockenere Standorte sowie Stadtklima und ist zuweilen auch als Straßen- oder Alleenbaum zu sehen.

Wissenswertes Die Blüten der Kaukasischen Flügelnuss erscheinen im April bis Mai, zusammen mit den Blättern. Nach Windbestäubung bilden sich im Sommer die namengebenden Flügelfrüchte. Der botanische Artname *fraxinifolia* bezieht sich auf die Gestalt der Blätter, die an Eschen *(Fraxinus*, S. 188) erinnern.

Der auf feuchten Standorten schnellwüchsige Baum liefert ein recht gutes Holz, das wegen seiner schönen Maserung vor allem für Furniere genutzt wird („Kaukasischer Nussbaum"). Er wird in Mitteleuropa gelegentlich als Forstbaum gepflanzt, bisher aber nur zu Versuchszwecken. Auch die Gattung *Pterocarya* gehört zu jenen Bäumen, die – wie Fossilfunde belegen – noch im Tertiär auch in Mitteleuropa in sommergrünen Laubmischwäldern vorkam.

Ähnliche Arten

Zuweilen sieht man in Parks auch die aus Ostasien stammende **Chinesische Flügelnuss** *(Pterocarya stenoptera)*. Sie ist in Wuchs und Erscheinungsbild der Kaukasischen Flügelnuss recht ähnlich, bildet aber keine Schösslinge am Stammfuß. Häufig haben die gefiederten Blätter kein Endblättchen. Die Teilblättchen zeigen unterseits deutliche Achselbärte, die Flügelleisten an den Blattspindeln sind meist breit und am Rand gesägt, die Flügel der Früchte sind lanzettlich und nach vorn gerichtet.

Meist stattlicher, 10–20 m hoher Baum; häufig mehrstämmig, mit im unteren Teil waagrecht abgehenden, weiter oben aufstrebenden Ästen und rundlicher Krone. Treibt oft reichlich Schösslinge aus Ausläufern.

Die Borke
ist dunkel- bis schwarzgrau, mit längs verlaufenden Rissen und Furchen. Ältere Bäume zeigen oft ein netzartiges Leistenmuster und auffällige Beulen.

Kleinblütige Tamariske, Frühlings-Tamariske

Tamarix parviflora · Tamariskengewächse (Tamaricaceae)

Blätter

Sommergrün; wechselständig bis spiralig stehend, sich teilweise überdeckend; schuppenartig klein, ungestielt sitzend, bis zu 4 mm lang und 1 mm breit, schmal länglich und vorn zugespitzt, graugrün; unverholzte feine Triebe werden im Winter mit den Schuppenblättern abgeworfen.

Blüten

Einhäusig, zwittrig; diese mit 4 grünen Kelch- und 4 weißen bis rosa, bis zu 2 mm langen Kronblättern sowie 4 purpurfarbenen Staubblättern.

Früchte

In bis zu 3 cm langen traubigen Fruchtständen stehende Kapselfrüchte, diese bis zu 5 mm lang und länglich-kegelförmig; die Frucht öffnet sich mit 3 Klappen und gibt zahlreiche Samen mit Haarschopf frei. (ohne Abb.)

Vorkommen Stammt ursprünglich aus dem östlichen Mittelmeerraum. Als Ziergehölz mittlerweile über nahezu ganz Süd- und Mitteleuropa verbreitet. Häufig in Parks und Gärten, zuweilen auch als Pioniergehölz zur Befestigung von Rainen und als Windschutzbepflanzung an der Küste.

Wissenswertes Blütezeit ist April und Mai, die Bestäubung erfolgt durch Bienen und andere Hautflügler; die Fruchtreife ist von Juni bis September, die Verbreitung erfolgt vor allem durch den Wind, über Fluss- und Bachläufe oder entlang der Küste an den Spülsäumen auch durch Meerwasser. Nahezu alle Tamarisken zeichnen sich durch eine mehr oder weniger ausgeprägte Salztoleranz aus, die ihnen durch die regulierte Salzausscheidung über die Blätter ermöglicht wird. Auch Trockenperioden werden in der Regel gut überstanden, da durch die reduzierten Blattoberflächen wenig Verdunstung erfolgt. Ihr Name geht wohl auf den galizischen Fluss Tambre zurück, der bereits vorrömisch „Tamaris" genannt wurde.

Ein in Mitteleuropa inzwischen selten gewordener Vertreter der Tamariskengewächse ist der Rispelstrauch *(Myricaria germanica)*, der an Flüssen auf Schotterbänken wächst.

Ähnliche Arten

Die ebenfalls ursprünglich aus Südosteuropa stammende **Viermännige Tamariske** *(Tamarix tetrandra)* lässt sich von der obigen Art am besten anhand der über 2 mm langen Blütenkronblätter und die fast schwarze Borke unterscheiden. Sie zeigt eine besonders hohe Salzverträglichkeit.

Die **Französische Tamariske** *(Tamarix gallica)* hat ihre ursprüngliche Heimat in Südwesteuropa, ist aber inzwischen sehr weit verbreitet. Ihre Blüten sind meist dunkler purpur-rosa und besitzen fünf Staubblätter (siehe Abb.). Die Schuppenblätter sind meist deutlich blaugrün gefärbt.

Bis zu 5 m hoher Strauch oder ein- bis mehrstämmiger Baum mit dichtverzweigtem, aufwärts weisendem Astwerk mit überhängenden Triebspitzen.

Die Borke
ist rotbraun bis graupurpurn und meist glatt, bei alten Exemplaren in Felder aufgerissen.

Silber-Pappel

Populus alba · Weidengewächse (Salicaceae)

Blätter

Sommergrün; wechselständig; an Langtrieben 6–12 cm lang, 3- bis 5-lappig, am Rand gekerbt, oberseits glänzend dunkelgrün, unterseits weiß- bis graufilzig. An Kurztrieben rundlich eiförmig, Rand wellig und gezähnt, unterseits graufilzig; gelbe, seltener auch orange Herbstfärbung. Junge Zweige weißfilzig, dann grau behaart, schließlich glänzend braun.

Früchte

In hellbraunen Fruchtkätzchen mit kleinen Kapselfrüchten, darin zahlreiche Samen mit Haarschöpfen. Beim Aufspringen wollig grau. (ohne Abb.)

Blüten

Zweihäusig; in hängenden Kätzchen, vor dem Blattaustrieb erscheinend. ♂ und ♀ Kätzchen 4–8 cm lang, gelbgrün, anfangs mit rötlichen Staubbeuteln bzw. Narben, Kätzchenschuppen zottig bewimpert.

Vorkommen Das natürliche Areal erstreckt sich bis nach Asien und Nordafrika. In Mitteleuropa war diese mäßig frostharte Art ursprünglich vor allem im Süden und Osten verbreitet, wurde aber auch andernorts vielfach gepflanzt. Sie wächst zerstreut in Auwäldern und an Waldlichtungen, oft mit Eschen und Ulmen. Zu nasse Standorte sagen ihr nicht zu, man findet sie in der Regel nur außerhalb des Überschwemmungsbereichs. Sie toleriert selbst trockene Böden, wächst dort aber oft nur strauchartig.

Wissenswertes Bereits die Winterknospen zeigen die charakteristische Behaarung und sind dicht weißfilzig. Die Blütenkätzchen erscheinen im März und April, die Bestäubung erfolgt wie bei allen Pappeln durch den Wind. Jener verbreitet auch die mit Haarschöpfen versehenen Samen, die gegen Ende Mai reifen. Die Silber-Pappel bildet nicht nur ein sehr weit reichendes, flaches Wurzelwerk aus, sondern auch zahlreiche Ausläufer. So eignet sie sich z. B. sehr gut zur Befestigung von Ufern, feuchten Hängen und Dünen. Als Zier- und Straßenbaum wird gern *Populus alba* 'Nivea' gepflanzt. Das ist eine Form, deren Blätter gewissermaßen im Jugendstadium verharren und unterseits oft kreideweiß befilzt sind.

Ähnliche Arten

Zur Gattung *Populus* zählen 35 Arten, neben der Silber-Pappel sind auch Zitter-Pappel *(P. tremula;* S. 82) und Schwarz-Pappel *(P. nigra;* S. 84) in Europa heimisch. In Regionen, in denen sowohl Silber- als auch Zitter-Pappeln vorkommen, tritt häufig ein Bastard dieser Arten auf, die **Grau-Pappel** *(Populus × canescens)*. Sie ähnelt der Silber-Pappel, besitzt jedoch nur schwach gelappte Blätter. Ihre Knospen, Jungtriebe und Blattunterseiten sind dünner und eher grau behaart. Dieser Baum wird häufig zur Bodenbefestigung und als Windschutzpflanzung eingesetzt.

Baum mit anfangs kegelförmiger, im Alter dann breiter, runder Krone, 15–30 m hoch. Am unteren Stamm oft mit Ausschlägen und Schösslingen im Wurzelbereich.

Die Borke
bleibt lange weißlich bis hellbraun und glatt; wird später grauschwarz und längsrissig. Oft mit charakteristischen kreuz- bis rautenförmigen Rissen.

Zitter-Pappel, Espe, Aspe

Populus tremula · Weidengewächse (Salicaceae)

Blätter

Sommergrün; wechselständig; mit 4–8 cm langen, seitlich zusammengedrückten Blattstielen. Blätter rundlich bis breit eiförmig, 3–8 cm lang, buchtig gezähnt. Oberseits frischgrün, unterseits blaugrün, kahl. An kräftigen Langtrieben auch bis zu 15 cm lang und herzförmig zugespitzt; gelbe bis orange Herbstfärbung. Junge Zweige unbehaart, erst glänzend braun, später grau.

Blüten

Zweihäusig; in 5–10 cm langen Kätzchen, vor dem Blattaustrieb erscheinend, übergeneigt bis hängend. ♂ Kätzchen grauzottig, ♀ grünlich, anfangs mit rötlichen Staubbeuteln bzw. Narben.

Früchte

In grünen Fruchtkätzchen zahlreiche Kapselfrüchte, die weißwollig behaarte Samen entlassen.

Vorkommen Die Zitter-Pappel ist in Europa, Westasien und Nordafrika verbreitet und kommt in Mitteleuropa häufig vor, im Tiefland wie in Gebirgslagen bis zu 1300 m Höhe. Sie mag es zwar luftfeucht und kommt auch mit nassen Böden zurecht, ist aber weniger an feuchte Standorte gebunden als die anderen heimischen Pappeln. Man trifft sie in lichten Mischwäldern an, etwa zusammen mit Birke und Eiche, an Waldrändern und Hängen oder auch auf felsigem Gelände und Ödland. Sie wird als Pioniergehölz und als Zierbaum gepflanzt.

Wissenswertes Im März und April entfalten sich die Blütenkätzchen, nach Bestäubung durch den Wind werden die ♀ Blüten zu Fruchtkätzchen, die im Mai reifen. Dass die Blätter der Zitter-Pappel sprichwörtlich „zittern wie Espenlaub" liegt an den langen, seitlich zusammengedrückten Blattstielen: Ein leiser Windhauch genügt, um sie in Bewegung zu versetzen. Eine Vielzahl von Insekten nutzt die Zitter-Pappel als Nährgehölz, manche haben sich sogar auf sie spezialisiert. Sie gilt deshalb als ökologisch besonders wertvoll. Ihre geringen Bodenansprüche, ihr schneller Wuchs und die kräftige Wurzel- und Ausläuferbildung machen sie zu einer wichtigen Gehölzart für Schutzpflanzungen und Wiederbegrünungen.

Ähnliche Arten

Die aus Ostasien stammende **Großblatt-Pappel** *(Populus lasiocarpa)* trifft man vor allem in Parks an. Der 10–14 m hoch werdende Baum bildet mit teils fast waagrecht stehenden Ästen eine breitrunde Krone und trägt eindrucksvolle, bis zu 30 cm lange, herzförmige Blätter mit gesägtem Rand.
Die 5–10 cm langen Blattstiele sind rot gefärbt, ebenso die Mitteladern der Blätter. Sie wirkt oft wie eine in allen Teilen zu groß gewachsene Staude oder gar Zimmerpflanze und zeigt sich nur selten als kräftiger, wüchsiger Baum.

Baum mit breit kegelförmiger Krone und schlankem Stamm, 10–30 m hoch. Die Äste stehen oft sehr locker, im unteren Teil waagerecht, im oberen dagegen steil aufstrebend.

Die Borke
ist zunächst gelb- bis grüngrau und bleibt lange glatt. Im Alter grauschwarz und längsrissig.

Schwarz-Pappel

Populus nigra · Weidengewächse (Salicaceae)

Blätter

Sommergrün; wechselständig; 5–10 cm lang und breit, meist lang gestielt. Blattform sehr variabel, dreieckig bis rautenförmig, lang zugespitzt, Blattbasis gestutzt oder abgerundet, am Rand kerbig gesägt. Beidseits grün und unbehaart; gelbe Herbstfärbung. Zweige gelblich hellbraun, knotig.

Blüten

Zweihäusig; in 5–8 cm langen, hängenden Kätzchen, vor dem Blattaustrieb erscheinend. ♂ Kätzchen rot, ♀ grünlich. Die Winterknospen sind länglich oval, stark zugespitzt, braun, deutlich klebrig und duften angenehm.

Früchte

Fruchtkätzchen mit zahlreichen Kapselfrüchten und weißwollig behaarten Samen. (ohne Abb.)

Vorkommen Südengland, Zentralasien und Nordafrika markieren die Eckpunkte des ausgedehnten natürlichen Areals. In Mitteleuropa ist sie häufig, wozu allerdings auch vielfaches Pflanzen und Verwildern beigetragen haben. Man findet sie vom Tiefland bis ins Alpenvorland, hauptsächlich entlang von Flüssen, aber auch an Seen und Altwasserarmen. In Auwäldern wächst die Schwarz-Pappel oft zusammen mit Weiden. Sie erträgt zeitweilige Überschwemmung ebenso wie Trockenheit.

Wissenswertes Die Blütenkätzchen erscheinen im März und April, die grünlich braunen Fruchtkätzchen reifen im Juni.
Aus ihren ausgedehnten Ausläufern treibt die Schwarz-Pappel stellenweise so reichlich Schösslinge, dass regelrechte Dickichte entstehen. Man hat sie des öfteren auch als Alleen- und Straßenbaum gepflanzt, doch es zeigte sich, dass die Äste und Zweige nach etwa dreißig Standjahren brüchig werden und die Windbruchgefahr dann rapide zunimmt.

Ähnliche Arten

Pyramiden-, Säulen- oder **Italienische Pappel** *(Populus nigra* 'Italica') heißt eine bis zu 30 m hohe Form der Schwarz-Pappel, die eine schlanke, weit unten am Stamm ansetzende Säulenkrone aufweist. Sie bildet nur ♂ Blütenkätzchen aus.
Durch Kreuzung der Schwarz-Pappel mit einer kanadischen Art entstand die **Bastard-Schwarz-Pappel** oder **Kanada-Pappel** *(P. × canadensis)*. Der bis zu 30 m hohe Baum entwickelt eine breit kegelförmige, geschlossene Krone, die Blätter sind mehr oder weniger dreieckig (siehe Abb.).
Die um 20 m hoch wachsende **Balsam-Pappel** *(P. balsamifera* var. *balsamifera)* stammt aus Nordamerika und wird gelegentlich als Landschafts- und Parkbaum gepflanzt. Ihre bis zu 12 cm langen Blätter sind eiförmig bis breit eiförmig und unterseits weißlich. Die hängenden Kätzchen erreichen bis zu 12 cm Länge.

Breitkroniger Baum mit kräftigen Ästen, 15–30 m hoch. Oft tief bis zum Boden beastet und zuweilen auch mit mehrteilig zerrissener Krone.

Die Borke
ist jung hellgrau und glatt, später schwärzlich und längsrissig.

Silber-Weide

Salix alba var. *alba* · Weidengewächse (Salicaceae)

Blätter

Sommergrün; wechselständig; 5–10 cm lang, schmal lanzettlich mit schlanker Spitze, zur Basis hin verschmälert. Ränder fein und dicht gesägt. Anfangs beidseits silbrig weiß behaart, später nur noch unterseits; Wirkung insgesamt grau- bis blaugrün, mit weißlicher Unterseite. Junge Zweige zunächst seidig behaart, später kahl und olivbraun.

Blüten

Zweihäusig verteilt; in Kätzchen, 4–6 cm lang, die ♂ zylindrisch, blassgelb, die ♀ schmäler und grünlich.

Früchte

Graufilzige Fruchtkätzchen mit kleinen Kapselfrüchten, darin zahlreiche Samen mit feinen Haarschöpfen. (ohne Abb.)

Vorkommen Die Silber-Weide ist in weiten Teilen Europas und Westasiens heimisch und wurde zudem vielfach gepflanzt. In Mitteleuropa ist sie die häufigste Weidenart und ein Charaktergehölz der Auwälder, wo sie mit Erlen, Pappeln und anderen Weiden wächst. Sie gedeiht noch im Überschwemmungsbereich von Flüssen und Seen, bevorzugt auf kalkhaltigen Ton- und Schlickböden.

Wissenswertes Die Blütenkätzchen erscheinen im April und Mai mit dem Blattaustrieb und werden durch Insekten bestäubt. Ab Mai reifen die Fruchtkätzchen, die Samen werden durch den Wind verbreitet.

Neben der Korb-Weide (*Salix viminalis;* S. 92) gehörte die Silber-Weide früher zu den bevorzugten Kopfweiden für die Flechterei. In neuerer Zeit pflanzt man sie gern als Pioniergehölz und zur Uferbefestigung, ebenso als Ziergehölz. Eine Varietät ist die Dotter-Weide *(S. alba* var. *vitellina)* mit gelben bis rötlichen Zweigen. Bei der Varietät *Salix alba* var. *sericea* bleiben auch die erwachsenen Blätter oberseits silbrig behaart.

Ähnliche Arten

Die Gattung *Salix* umfasst etwa 400 Arten, dreißig davon sind in Mitteleuropa heimisch. Sie lassen sich oft nur schwer voneinander unterscheiden, nicht zuletzt, weil es leicht zu Spontankreuzungen zwischen ihnen kommt. Gerade auch **Bruch-Weide** *(Salix fragilis)* und Silber-Weide bastardisieren häufig miteinander. Die Bruch-Weide kommt in denselben Lebensräumen vor, allerdings nur auf kalkarmen Standorten. Ein wichtiges Unterscheidungsmerkmal sind die jungen Zweige, die bei der Bruch-Weide leicht mit hörbarem Knacken abbrechen, deshalb auch der Name Knack-Weide. Außerdem sind bei ihr Blätter und junge Zweige unbehaart.

Wächst meist als kurzstämmiger Baum mit breiter, rundlicher Krone, teils auch strauchartig, 8–20 m hoch; größte heimische Weidenart.

Die Borke
ist anfangs weißgrau, später grau bis grauschwarz und längsrissig.

Sal-Weide

Salix caprea · Weidengewächse (Salicaceae)

Blätter

Sommergrün; wechselständig; 6–10 cm lang. Form sehr variabel, von schmal länglich bis rundlich eiförmig, oft mit Nebenblättern. Ganzrandig oder am Rand gewellt oder gezähnt. Mehr oder weniger runzlig. Oberseits graugrün, unterseits dicht graufilzig; teils gelbe Herbstfärbung. Junge Zweige zunächst grau behaart, später kahl und glänzend rotbraun.

Blüten

Zweihäusig; in Kätzchen, lange vor dem Blattaustrieb erscheinend, 3–5 cm lang, meist aufrecht; ♂ Kätzchen eiförmig, gelblich, anfangs silbrig, dicht pelzig; die ♀ schmäler, grünlich, strecken sich beim Aufblühen (ohne Abb.).

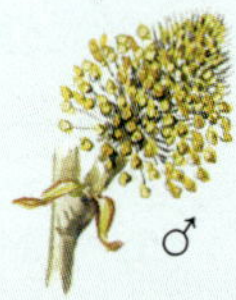

♂

Früchte

In Fruchtkätzchen aus zahlreichen grünlichen Kapselfrüchtchen, die grauwollig behaarte Samen entlassen.

Vorkommen Die Sal-Weide, deren natürliches Areal bis nach Nordostasien reicht, ist in Mittel- und Westeuropa weit verbreitet, vom Tiefland bis in 1800 m Höhe. Sie wurde und wird häufig gepflanzt, oft trifft man auch ausgewilderte Nachkommen früher gepflanzter Exemplare an. Anders als die übrigen großen Weiden kommt sie auch an trockeneren Standorten vor, selbst auf sandigen und steinigen Böden. Sie bevorzugt allerdings lockere, frische Lehmböden und wächst gern an sonnigen Waldrändern, auf Lichtungen und Kahlschlägen, in Steinbrüchen und Kiesgruben. Sie kann somit auch als die vielseitigste Weide bezeichnet werden.

Wissenswertes Die Blütenkätzchen erscheinen im März bis Mai. Ihre frühe und reiche Blüte macht die Sal-Weide zu einer wertvollen Bienenweide. Die Fruchtkätzchen reifen ab Mai und bringen sehr reichlich Samen hervor, die durch den Wind verbreitet werden.

Die attraktiven männlichen Blütenkätzchen sind als dekorative „Palmkätzchen" zu Ostern begehrt, Zweige sollten jedoch nur von gärtnerisch kultivierten Weiden geschnitten werden. Gern gepflanzt wird die Sorte 'Pendula' mit lang herabhängenden Trieben. An Ufern oder Böschungen pflanzt man die Sal-Weide als Pioniergehölz zur Bodenbefestigung.

Ähnliche Arten

Die **Großblättrige Weide** *(Salix appendiculata)* wächst als 2–6 m hoher Strauch, seltener als Baum, vorwiegend im Gebirge bis auf 1900 m Höhe sowie im Alpenvorland. Kennzeichnend sind die namensgebend großen, 5–18 cm langen, meist stark runzligen Blätter mit tief eingesenkten Adern. Da die Art häufig mit der Sal-Weide bastardisiert, sind die Blätter jedoch oft nicht ganz so eindeutig ausgeprägt, sondern sehr vielgestaltig. Die etwa 3 cm großen Blütenkätzchen erscheinen erst ab April, kurz vor oder mit dem Laubaustrieb.

Wächst als aufrechter Strauch oder als Baum mit häufig schiefem, früh hohl werdendem Stamm; 2–10 m hoch. Die Äste sind meist kräftig und bei älteren Exemplaren reich verzweigt.

Die Borke
ist grau bis braunschwarz und längsrissig. Auffällig sind kreuz- bis rautenförmige Risse, die oft in ganzen Reihen stehen.

Reif-Weide

Salix daphnoides var. *daphnoides* · Weidengewächse (Salicaceae)

Blätter

Sommergrün; wechselständig; 4–12 cm lang, lanzettlich, spitz, am Rand gesägt. Oberseits glänzend dunkelgrün, kahl, unterseits blaugrün; oft gelbe Herbstfärbung. Junge Zweige blau bis weißlich bereift (abwischbare Wachsschicht), später glänzend, rotbraun, steif.

Blüten

Zweihäusig; ♀ und ♂ in Kätzchen, lange vor dem Blattaustrieb erscheinend; ♂ Kätzchen bis zu 5 cm lang, anfangs silbrig seidenhaarig, später gelblich.

Früchte

In langen, gebogenen Fruchtkätzchen aus zahlreichen Kapselfrüchtchen, mit grauwollig behaarten Samen. (ohne Abb.)

Vorkommen Die Reif-Weide ist in Mitteleuropa verbreitet, nicht selten auch mit gepflanzten oder verwilderten Exemplaren. Verbreitungsschwerpunkte sind Gebirgsregionen bis auf 1300 m Höhe, das Alpenvorland und die Donauregion. Eng an boden- und luftfeuchte Standorte gebunden, wächst sie oft im Überschwemmungsbereich von Flüssen, bevorzugt auf kalkreichen Schotter-, Kies- und Sandböden.

Wissenswertes Die Blütenkätzchen erscheinen zeitig im März bis Mai. Wie die der Sal-Weide (*Salix caprea*; S. 88) sind sie wertvolle frühe Nektarlieferanten für Bienen und aufgrund ihrer Attraktivität als „Palmkätzchen“ beliebt; die Fruchtreife erfolgt ab Juni.
Das Wurzelsystem ist wie bei allen Weiden flach und weitreichend, breitet sich rasch aus und verträgt Überflutung ebenso wie Überschüttung mit Erde. Viele Weiden eignen sich hervorragend, um als Pioniergehölze feuchte Standorte zu besiedeln und diese auf diese Weise zu stabilisieren.

Ähnliche Arten

Zwei weitere Weiden bevorzugen anders als die Reif-Weide humusreiche Standorte, die auch torfig sein können, und wachsen vor allem in Au- und Bruchwäldern.
Die **Lorbeer-Weide** (*S. pentandra*), ein 3–15 m hoher Strauch oder Baum, fällt durch ihre bis zu 15 cm großen, meist breit lanzettlichen, oberseits glänzend dunkelgrünen Blätter mit gelber Mittelrippe auf, ebenso durch die großen, gelben, duftenden ♂ Kätzchen im Mai und Juni.
Ebenfalls auffällig gelb sind die oft gekrümmten Kätzchen (siehe Abb.) der **Mandel-Weide** (*S. triandra* ssp. *triandra*), die bereits im April und Mai erscheinen. Die Art wächst meist als 2–4 m hoher Strauch, charakteristisch sind ihre beidseits frischgrünen, bis zu 15 cm langen, lanzettlichen Blätter.

Wächst meist als 4–10 m hoher Baum mit ovaler Krone, seltener als Großstrauch. Die blauweiß mit Wachs bereiften Zweige prägen die ganze Gestalt.

Die Borke
ist grau, bleibt lange glatt, später insbesondere an der Stammbasis gefurcht.

Korb-Weide, Hanf-Weide

Salix viminalis · Weidengewächse (Salicaceae)

Blätter

Sommergrün; wechselständig; bis zu 15 cm lang, schmal lanzettlich, lang zugespitzt. Ganzrandig, Ränder nach unten gerollt. Oberseits matt dunkelgrün, unterseits seidig silbergrau behaart.
Junge Zweige zunächst mit dichter, grauer Behaarung, später kahl, grün oder gelblich graubraun. Elastisch, schmal und lang.

Blüten

Zweihäusig; in Kätzchen, vor dem Blattaustrieb erscheinend, 2–4 cm lang. ♂ Kätzchen länglich walzenförmig, erst seidig grau, dann gelb; ♀ Kätzchen grün.

Früchte

In aufrechten Fruchtkätzchen aus zahlreichen Kapselfrüchten, mit grauwollig behaarten Samen. (ohne Abb.)

Vorkommen Über fast ganz Europa bis nach Sibirien. Sie kommt vor allem im Tiefland vor, aber auch in Gebirgstälern bis etwa 800 m Höhe. Man findet sie oft an sonnigen Plätzen in Auwäldern und -gebüschen, an Fluss- und Bachufern, auch im Überschwemmungsbereich, sowie auf Feuchtwiesen.

Wissenswertes Die Blütenkätzchen erscheinen im März und April, wobei sich die ♀ Blüten nach der Bestäubung durch Bienen und andere Insekten ab Mai zu den Fruchtkätzchen entwickeln. Traditionell wurden verschiedene Weidenarten mit elastischen Trieben zur Gewinnung von Flechtware für Körbe und Ähnliches genutzt. Doch die Korb-Weide mit ihren biegsamen, schmalen, aber stabilen Zweigen ist „die" Flechtweide schlechthin. Solche Nutzweiden wurden regelmäßig zwischen etwa 1,5 und 3 m Höhe radikal gekappt, um die reiche Neubildung langer, unverzweigter Ruten zu fördern. Mit der Zeit verdickte dadurch der Schnittbereich an der Stammspitze kopfartig, deshalb auch die Bezeichnung „Kopfweiden".

Ähnliche Arten

Aus einer Kreuzung der Korb-Weide mit der Grau-Weide (*Salix cinerea*; S. 260) ging die **Kübler-Weide** *(Salix × smithiana)* hervor, ebenfalls eine geschätzte Flechtweide. Ihre lanzettlichen, ganzrandigen Blätter sind 6–12 cm lang und unterseits graufilzig.
Mit ihren langen, schmalen Blättern sieht die **Lavendel-Weide** *(S. elaeagnos)* der Korb-Weide auf den ersten Blick recht ähnlich. Ihre Blätter sind jedoch stets leicht gesägt und unterseits filzig weiß bis grau. Die Kätzchen erscheinen ab April an kurzen, bereits beblätterten Zweigen (siehe Abb.). Die im Süden Europas beheimatete Lavendel-Weide wird bei uns gelegentlich als Zierstrauch oder Pioniergehölz auf feuchten Schotter- und Sandflächen gepflanzt.

Wächst als 2–10 m hoher Strauch oder Baum. Als Kopfweide oft schiefstämmig, wird innen früh hohl.

Die Borke
ist grau, längsrissig, mit breiten hervorstehenden Leisten.

Trauer-Weide

Salix babylonica · Weidengewächse (Salicaceae)

Blätter

Sommergrün; wechselständig; 8–16 cm lang, schmal lanzettlich, lang zugespitzt, am Rand fein gesägt. Oberseits glänzend frisch- bis gelbgrün, unterseits graugrün, kahl; gelbe Herbstfärbung. Zweige olivgrün bis gelbgrün, schlank und lang, herabhängend.

Blüten

Zweihäusig verteilt; ♀ und ♂ in Kätzchen, kurz vor oder mit dem Blattaustrieb erscheinend, 3–5 cm lang; ♂ Kätzchen bogig oder hängend, recht dünn.

Früchte

Fruchtkätzchen aus zahlreichen Kapselfrüchtchen, mit wolligen graubraun behaarten Samen. (ohne Abb.)

Vorkommen Die Trauer-Weide ist in China beheimatet. Sie wurde im frühen 19. Jahrhundert in Frankreich eingeführt. Seitdem pflanzt man sie in verschiedenen Hybriden und Sorten als auffälliges Ziergehölz. Sie braucht idealerweise nährstoffreiche, frische Böden und einen sonnigen Platz. Die reine Art ist recht frostempfindlich.

Wissenswertes Die Blütenkätzchen erscheinen im April und Mai, die Fruchtkätzchen im Mai und Juni.

Bei den „trauernden" Hängeformen der Weiden herrscht eine gewisse Namensverwirrung, nicht zuletzt, weil es mehrere kaum unterscheidbare Hybriden gibt. Die wohl häufigste Hängeweide ist die Goldene Trauer-Weide *(Salix × chrysocoma)*, eine Kreuzung der Trauer-Weide *(S. babylonica)* mit der Dotter-Weide *(S. alba* var. *vitellina*, S. 86). Diese Form ist auch als *S. alba* 'Tristis' bekannt. Sie hat gelbe bis rötliche Zweige, die Blattunterseiten sind mehr oder weniger behaart.

Ähnliche Arten

Die **Wisconsin-Trauer-Weide** *(S. × pendulina)* ist eine hängewüchsige Hybride zwischen *S. babylonica* und *S. fragilis*, der Bruch-Weide (S. 86) und wird vorwiegend mit der strauchigen Sorte 'Elegantissima' gepflanzt. Von der Bruch-Weide hat sie die etwas brüchigen Zweige, die Blattränder sind scharf gesägt.

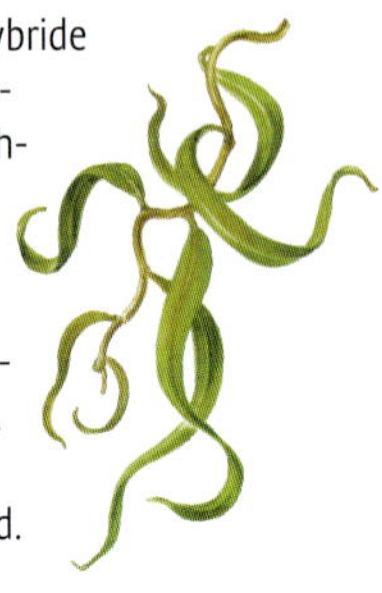

In Ostasien ist die Stammform der **Korkenzieher-Weide** *(S. matsudana* 'Tortuosa') beheimatet. Dieses beliebte, 4–8 m hohe Ziergehölz hat korkenzieherartig gewundene bzw. verdrehte Äste, Zweige und Blätter (siehe Abb.). Ebenfalls gedrehte, aber zugleich auch herabhängende Zweige zeigt *Salix × sepulcralis* 'Erythroflexuosa', die auch **Locken-Weide** genannt wird. Sie wird nur etwa 5 m hoch, die Zweige sind gelb bis rötlich.

10–20 m hoher Baum mit rundlicher, oft breit ausladender Krone und kaskadenartig herabhängenden Zweigen.

Die Borke
ist graubraun und unregelmäßig gefurcht.

Sommer-Linde

Tilia platyphyllos · Lindengewächse (Tiliaceae)

Blätter

Sommergrün; wechselständig; bis zu 15 cm lang, lang gestielt, Blattform rundlich bis herzförmig, vorn mit plötzlicher, ausgezogener Spitze, Grund häufig etwas unsymmetrisch; Rand gesägt; oberseits dunkelgrün, fein behaart, aber später verkahlend, unterseits heller grün, spärlich weich behaart, vor allem auf den Blattadern, mit dichten Achselbärten, diese weiß bis hellbraun.

Blüten

Zwittrig; in stets hängenden Blütenständen zu 2–5, meist zu 3, mit einem gelbgrünen, länglichen, glattrandigen Tragblatt, an dessen Mitte die Hauptachse des Blütenstands abzweigt. Einzelblüten gelb-grün, aus jeweils 5 freien Kelch- und Kronblättern und 25–30 fertilen Staubblättern.

Früchte

Nüsse zu 2–5 in einem Fruchtstand mit dem inzwischen trocken-bräunlichen Tragblatt, das als Flugorgan dient. Einzelfrüchte ei- bis birnenförmig, bis zu 1 cm lang, schwach behaart und deutlich 3–5-kantig.

Vorkommen Die Sommer-Linde hat ursprünglich eine mittel- und südeuropäische Verbreitung. Die nördliche Grenze des Areals verläuft quer durch England, Belgien, Deutschland, Polen und die Ukraine. Im Süden ist sie von Spanien bis in die Osttürkei verbreitet, außerdem im Kaukasus. Sie bildet mit anderen Arten Mischwälder an Berg- und Berghang-Standorten. Außerdem ist sie in ganz Europa ein häufiger Park-, Straßen- und Stadtbaum.

Wissenswertes Blütezeit ist Juni, die Bestäubung erfolgt durch Bienen und andere Insekten. Fruchtreife ist im September, die Verbreitung erfolgt mithilfe des Flugorgans in trudelnd-kreisenden Bewegungen durch den Wind.
Die Sommer-Linde soll über 1000 Jahre alt werden und ist die typische „Dorflinde", die als Versammlungs- und Gerichtsort früher zentrale Bedeutung hatte.
Das Holz ist weich und elastisch und wird vor allem als Schnitzholz wertgeschätzt. Die Blüten(-stände) werden insbesondere für Tees verwendet, außerdem sind sie eine wichtige Bienenweide für die Imkerei. Aus dem Bast (der Faserschicht unter der Borke) wird der reißfeste Lindenbast gewonnen, der insbesondere früher gärtnerisch zum Anbinden von jungen Trieben Verwendung fand.

Ähnliche Arten

Die **Holländische Linde** *(Tilia × vulgaris)* ist ein Bastard aus der Sommer-Linde mit der Winter-Linde (S. 98). Im gemeinsamen Verbreitungsgebiet der beiden Arten entsteht er häufig spontan. Durch ihren rascheren Wuchs und eine hohe, stattliche Wuchsform, werden Holländische Linden oft als Straßen- und Alleebäume gepflanzt. Die Merkmale dieses Baums liegen in fast allen Kriterien zwischen denen der Eltern, am auffälligsten sind die meist leuchtend reinweißen Achselbärte an den Unterseiten der Blätter. Die Kapselfrüchte sind länglich bis eiförmig und 8-10 mm lang. Die Kanten sind meist nur sehr undeutlich ausgeprägt und die Behaarung ist etwas spärlicher als bei der Sommer-Linde.

Bis zu 40 m hoher, stattlicher Baum mit runder, oft auch hoch und schlank werdender Krone. Astwerk meist sehr dicht, zuweilen kuppelartig überhängend.

Die Borke
ist grau bis schwarzbraun und wirkt meist trotz netzartiger Strukturen und Längsrissen relativ glatt.

Winter-Linde

Tilia cordata · Lindengewächse (Tiliaceae)

Blätter

Sommergrün; wechselständig; maximal 10 cm lang, aber meist kleiner, lang gestielt, Blattform herzförmig, vorn mit plötzlicher, ausgezogener Spitze, Grund zuweilen etwas unsymmetrisch; Rand gesägt; oberseits dunkelgrün, glatt und glänzend, unterseits matt blaugrün, auf den Blattadern behaart und mit dichten Achselbärten, diese rotbraun.

Blüten

Zwittrig; in nach allen Seiten, auch aufrecht abstehenden Blütenständen zu 5–7, seltener bis zu 12; Hauptachse des Blütenstands bis zur Hälfte mit einem gelbgrünen, länglichen, glattrandigen Tragblatt verwachsen, dessen freier Teil oft nahezu rechtwinklig absteht. Einzelblüten weißlich gelb, aus jeweils 5 freien Kelch- und Kronblättern und bis zu 30 fertilen Staubblättern.

Früchte

Nüsse zu 5–7 in einem Fruchtstand mit einem trocken-bräunlichen, als Flugorgan dienenden Tragblatt. Einzelfrüchte annähernd kugelig mit kleiner aufgesetzter Spitze, nur bis zu 6 mm lang, kahl und ohne Leisten oder Kanten.

Vorkommen Die Winter-Linde ist ein Baum der wärmeliebenden Mittelgebirgs-Mischwälder Mittel- und Nordeuropas. Die südliche Verbreitungsgrenze verläuft quer durch Spanien, Italien und den Balkan, im Norden liegt sie in Mittelschweden und Finnland. Im Osten nur zerstreut bis zum Ural, ein wichtiges Areal ist im Kaukasus. Sie ist außerdem wie die anderen europäischen Linden ein in ganz Europa häufiger Park- und Straßenbaum.

Wissenswertes Blütezeit ist Juni und Juli, stets etwas später als die Sommer-Linde (S. 96), die Bestäubung erfolgt durch Bienen und andere Insekten. Fruchtreife ist im September, die Verbreitung der Früchte und Samen übernimmt wie bei allen Linden der Wind.

Die Winter-Linde ist im Vergleich zu Sommer- und Silber-Linde (S. 100) etwas empfindlicher gegen Abgase und Lufttrockenheit und wird daher in Städten inzwischen weniger gern als Straßenbaum verwendet. Das Holz wird ähnlich dem der Sommer-Linde in Drechslerei, Bildhauerei und zum Schnitzen geschätzt. Auch feine Zeichenholzkohle wird daraus hergestellt. Linden werden häufig von Honigtau absondernden Blattläusen befallen, was auf Wegen und geparkten Autos zu lästigen, schmierigen Belägen führt.

Ähnliche Arten

Die **Krim-Linde** *(Tilia × euchlora)* ist ein Bastard aus der Sommer-Linde mit der Kaukasischen Linde *(Tilia dasistyla)*.
Sie ist ein nur etwa 15–20 m hoch werdender Baum mit oft etwas hängenden Zweigen, der gerne für Alleen und als Straßenbaum gepflanzt wird. Die Blätter sind oft asymmetrisch, oberseits glänzend dunkelgrün und unterseits weißlich matt mit rotbraunen Achselbärten. Die Früchte stehen zu dritt bis siebt und sind rundlich mit warziger, gerippter Oberfläche und vorn zugespitzt.

Bis zu 30 m hoher Baum mit runder bis zylindrischer, nicht selten auch etwas unregelmäßiger Krone. An Straßen und in Städten sieht man häufig zu „Kopflinden" zurückgeschnittene Bäume.

Die Borke
ist jung grau und sehr glatt; wird später zunehmend braunschwarz, längsrissig und kräftig gefurcht.

Silber-Linde

Tilia tomentosa · Lindengewächse (Tiliaceae)

Blätter

Sommergrün; wechselständig; bis zu 13 cm lang, Stiel bis zu 3,5 cm lang; Blattform rund bis herzförmig, vorn mit kurzer Spitze, Grund meist unsymmetrisch; Rand unregelmäßig gesägt; oberseits dunkelgrün, anfangs behaart, aber bald verkahlend, unterseits silbrig weiß durch einen dichten Flaum aus Sternhaaren, ohne Achselbärte.

Blüten

Zwittrig, in hängenden Blütenständen zu 5–10; Hauptachse des Blütenstands bis zur Hälfte mit einem silbrig-weißen, länglichen, glattrandigen Tragblatt verwachsen. Einzelblüten fast weiß, aus jeweils 5 freien Kelch- und Kronblättern und 60–80 Staubblättern, von denen ein großer Teil steril ist (Staminodien).

Früchte

Nüsse zu 5–10 in einem Fruchtstand mit dem pergamentartigen Tragblatt verwachsen. Einzelfrüchte spitz eiförmig, bis zu 10 mm lang, filzig behaart und undeutlich kantig.

Vorkommen Die Silber-Linde stammt aus Südosteuropa und kommt bis zur Ukraine und Kleinasien natürlich vor. Bis zur Eiszeit war sie wohl auch in Mitteleuropa heimisch, was Fossilfunde belegen. Heute wird sie hier auch wieder häufig angepflanzt und ist ein beliebter Zierbaum in Parks, Alleen und städtischen Anpflanzungen.

Wissenswertes Die Blütezeit ist im Juli, die Bestäubung erfolgt durch Bienen und andere Insekten. Fruchtreife ist im September und Oktober, die Verbreitung der geflügelten Fruchtstände erfolgt durch den Wind. Die Blütezeit liegt später als bei den anderen europäischen Lindenarten, was den Imkern über mehrere Wochen kontinuierlichen Lindenblütenhonig-Ertrag sichert, wenn alle drei Lindenarten in räumlicher Nähe zur Verfügung stehen. Auf manche Bienen-Arten wirkt der Nektar der Silber-Linde allerdings in größeren Mengen narkotisierend und wird daher oft von Imkern gemieden.

Silber-Linden werden oft auf die Winter-Linde (S. 98) als Unterlage aufgepfropft. Besonders bei älteren Bäumen führt dies zu auffälligen Übergangsstellen an der Borke; zuweilen ist auch eine unterschiedlich gute Wüchsigkeit der beiden Partner zu erkennen.

Ähnliche Arten

Die **Hängende Silber-Linde** *(Tilia tomentosa* 'Petiolaris') wurde früher oft als eigene Art eingestuft und dann „*Tilia petiolaris*" genannt. Sie ist vermutlich eine bereits seit langer Zeit als Ziergehölz kultivierte Sorte der Silber-Linde und hat bis zu 6 cm lange, auffällig abgeknickte Blattstiele. Die Form, Farbe und Behaarung der Blätter entspricht der Silber-Linde, die Zähne des Blattrands sind aber grannenartig ausgezogen. Die Früchte sind deutlich gefurcht und oben abgeflacht. Der Namenszusatz „hängend" bezieht sich sowohl auf die Stellung der Blätter (wegen des abgeknickten Blattstiels) als auch auf die insgesamt überhängenden Äste und Zweige.

Bis zu 30 m hoher Baum mit jung runder, später eher breit pyramidenförmiger, sehr dichter Krone. Äste oft besenartig aufspreizend und vor allem bei jüngeren Bäumen zum Boden reichend.

Die Borke
ist jung grünlich bis silbrig grau und glatt; später wird sie dunkler grau und flach gefurcht mit netzartigen Rissen.

Gewöhnliche Traubenkirsche

Prunus padus ssp. *padus* · Rosengewächse (Rosaceae)

Blätter

Sommergrün; wechselständig; 6–12 cm lang, verkehrt eiförmig, fein gesägt. Oberseits etwas runzlig, höchstens schwach behaart, stumpfgrün, unterseits grau- bis blaugrün; fahlgelbe bis orangerote Herbstfärbung. Zweige kahl, mit Korkwarzen, anfangs hellbraun, später grau.

Blüten

Zwittrig; weiß, klein, bis etwa 1 cm im Durchmesser; 5-zählig, zahlreich in überhängenden Blütentrauben; duftend, teils auch streng riechend.

Früchte

Erbsengroße Steinfrüchte; glänzend schwarz, innen mit grubig gefurchtem Stein. (ohne Abb.)

Vorkommen Die in Europa wie in Asien weit verbreitete Gewöhnliche Traubenkirsche tritt in Mitteleuropa meist nur zerstreut auf. Sie bevorzugt feuchte bis nasse Böden und besiedelt vor allem lichte Stellen in Au- und Bruchwäldern, Waldränder und Gebüsche in Fluss- oder Bachnähe, dies hauptsächlich im Tiefland und in mittleren Lagen.
In höheren Lagen wächst eine meist strauchige, oft nur bis 3 m hohe Unterart, die Berg-Traubenkirsche *(Prunus padus* ssp. *borealis)*. Ihre Blütentrauben stehen meist aufrecht und duften nur schwach, die Blätter sind unterseits behaart und blaugrün.

Wissenswertes Die Blüten öffnen sich im April und Mai, zusammen mit oder kurz nach dem zeitigen Laubaustrieb; ihr intensiver Duft lockt die bestäubenden Insekten an. Im Juli und August reifen die kleinen Steinfrüchte, die ziemlich bitter schmecken, sich aber z. B. zu Marmelade oder Saft verarbeiten lassen.
Dank ihrer effektiven Wurzelleistung und hohen Verdunstungsrate über die Blätter lässt sich die Traubenkirsche gut als „pumpendes" Gehölz zum Entwässern nasser Flächen einsetzen. Häufig findet man an Traubenkirschen die weißfädigen Gemeinschaftsnester der Raupen von Gespinstmotten.

Ähnliche Arten

Sehr ähnlich präsentiert sich die **Späte Traubenkirsche** *(Prunus serotina)*, die aus Nordamerika stammt, in Europa als anspruchsloses Pionier-, Windschutz- und Ziergehölz gepflanzt wird und sich in manchen Regionen eingebürgert hat. Sie blüht im Mai und Juni, etwa zwei Wochen später als die Gewöhnliche Traubenkirsche, und wächst meist als Strauch. Ihre Blätter sind oberseits deutlich glänzend und etwas schmaler. Ein weiteres Unterscheidungsmerkmal ist der Steinkern ihrer Früchte: Er ist glatt, also ohne Furchen.

Wächst als Großstrauch oder Baum, 3–12 m hoch, mit straff aufrechten Haupttrieben und oft überhängenden Zweigen.

Die Borke
ist schwarzgrau und bleibt meist auch im Alter glatt.

Lorbeer-Kirsche, Kirschlorbeer

Prunus laurocerasus · Rosengewächse (Rosaceae)

Blätter

Mehrjährig (immergrün); wechselständig; 5–25 cm lang, länglich bis verkehrt eiförmig, glänzend dunkelgrün, ledrig derb, kahl, ganzrandig oder schwach gesägt. Zweige rotbraun, kahl.

Blüten

Zwittrig, klein, etwa 8 mm breit, weiß, 5-zählig, in aufrechten, bis zu 20 cm langen Trauben.

Früchte

Kugelige, erbsengroße Steinfrüchte, anfangs rot, später schwarz.

Vorkommen Die in Südosteuropa und Kleinasien beheimatete Lorbeer-Kirsche wird in Mitteleuropa seit Jahrzehnten häufig als Zierstrauch gepflanzt, einzeln stehend ebenso wie in Hecken. Mit ihren großen, glänzenden Blättern zählt sie zu den attraktivsten immergrünen Laubgehölzen. Sie ist im Jugendstadium etwas frostempfindlich, sonst aber recht anspruchslos und gedeiht in der Sonne wie im Schatten. Ist zuweilen auch verwildert zu finden.

Wissenswertes Die von Insekten bestäubten Blüten erscheinen im Mai bis Juni, die Früchte ab August. Sie sind durch blausäurehaltige Glykoside giftig, ebenso alle anderen Pflanzenteile, besonders auch die Blätter.

Der Artname *laurocerasus* bedeutet dasselbe wie die deutsche Bezeichnung „Lorbeer-Kirsche“ und bezieht sich auf die Blätter, die denen des Lorbeerbaums *(Laurus nobilis)* ähneln. Unter den überwiegend sommergrünen *Prunus*-Arten zählt die Lorbeer-Kirsche zu den wenigen immergrünen Ausnahmen. Ihr ähnelt die ebenfalls immergrüne Portugiesische Lorbeer-Kirsche *(Prunus lusitanica)*, die im Mittelmeerraum wild vorkommt, bei uns aber wegen ihrer geringen Winterhärte kaum gepflanzt wird. Sie hat am Rand stark gewellte und gesägte Blätter sowie rote Blattstiele.

Von der Lorbeer-Kirsche werden mehrere Sorten kultiviert, die meist nur 2–3 m Höhe erreichen, teils noch niedriger bleiben, aber stark in die Breite wachsen. Ein Beispiel dafür ist die Sorte 'Rotundifolia'; diese hat rundliche Blätter.

Breit buschiger Strauch, je nach Sorte 1–6 m hoch. Trotz teils beeindruckender Höhe dieser Sträucher sind einstämmige, baumartige Exemplare äußerst selten.

Die Borke
ist glatt, braun und glänzend; sie löst sich im Alter ringförmig ab (Ringelborke).

Vogel-Kirsche, Süß-Kirsche

Prunus avium · Rosengewächse (Rosaceae)

Blätter

Sommergrün; wechselständig; 5–15 cm lang, eiförmig bis elliptisch, zugespitzt, gesägt, dunkelgrün, unterseits behaart. Bis zu 5 cm langer Blattstiel mit 1 oder 2 roten Drüsen; gelborange bis orangerote Herbstfärbung. Zweige hellgrau, glänzend, kräftig.

Blüten

Vor dem Blattaustrieb erscheinend, weiß, um 3 cm im Durchmesser, 5-zählig. Bis 5 cm lang gestielt, zu 2 bis 4 in sitzenden Dolden.

Früchte

Kugelige Steinfrucht, mit rundlichem Kirschkern, bei der Wildform schwarz, unter 1 cm im Durchmesser; bei Kultursorten größer, rot bis schwarzrot oder gelblich.

Vorkommen Die Vogel-Kirsche, deren kleine Steinfrüchte recht bitter schmecken, wächst in Mitteleuropa zerstreut am Rand von Laub- oder Mischwäldern. Als Süß-Kirschen kennt man die daraus gezüchteten Sorten mit größeren, weitaus wohlschmeckenderen Früchten. Erwerbsmäßig werden sie bevorzugt in wintermilden Gegenden angebaut, da Holz und Blüten frostempfindlich sind.

Wissenswertes Die im April bis Mai erscheinenden Blüten werden durch Bienen und andere Insekten bestäubt. Ab Juni reifen die Früchte. Die meisten Süß-Kirschen sind selbstunfruchtbar und brauchen eine andere Sorte als Pollenspender.

Kultivierte Süß-Kirschen bestehen wie die meisten Obstarten aus einer robusten Unterlage und der darauf veredelten Kultursorte. Die Unterlagen, bei Süß-Kirschen sind es verschiedene Vogel-Kirsch-Selektionen, bilden das Wurzelwerk und meist nur einen kleinen Teil des Stamms. Sie haben einen starken Einfluss auf die Wuchsstärke des jeweiligen Kirschbaums.

Ähnliche Arten

Die **Sauer-Kirsche** oder **Weichsel** *(Prunus cerasus)* stammt aus Westasien und wird schon seit der Römerzeit als Obstgehölz kultiviert. Die Äste der 3–6 m hohen Bäume stehen weniger steil als bei der Süß-Kirsche, die Blätter sind etwas derber, am Blattstiel finden sich meist keine Drüsenhöcker. Die weißen Blüten erscheinen etwas später als die der Süß-Kirsche, die säuerlich schmeckenden Früchte sind bei Reife hellrot bis braunrot.

Das Vorkommen der **Steinweichsel** oder **Felsen-Kirsche** *(Prunus mahaleb)* beschränkt sich in Mitteleuropa vorwiegend auf wärmere Lagen im Südwesten. Hier wächst sie zerstreut an sonnigen Hängen oder Waldrändern. Der sparrige, 3–6 m hohe Strauch oder Baum hat rundlich eiförmige, kerbig gesägte Blätter (siehe Abb.) und ab Juni erbsengroße, anfangs gelbrote, später schwarze, bitter schmeckende Steinfrüchte.

Baum mit hoch gewölbter Krone und schräg aufwärts wachsenden Ästen. Als Obstbaum in unterschiedlichen Formen kultiviert. 8–20 m hoch.

Die Borke
ist grau- bis rotbraun, glänzend, besitzt Korkwarzen und löst sich in waagerechten Streifen ab, wird im Alter flachrissig und grau.

Japanische Blüten-Kirsche, Grannen-Kirsche

Prunus serrulata · Rosengewächse (Rosaceae)

Blätter

Sommergrün; wechselständig; 6–15 cm lang, eiförmig bis elliptisch, am Rand oft mit spitzen, kurz begrannten Zähnen. Oberseits mehr oder weniger glänzend; gelbe bis orange Herbstfärbung. Zweige dunkelgrün, zuweilen auch rötlich dunkelbraun.

Blüten

Vor dem Laubaustrieb erscheinend, weiß, zartrosa oder rosarot, bis zu 5 cm im Durchmesser, meist gefüllt. Lang gestielt, zu 2 bis 7 in oft hängenden Schirmtrauben, meist mit auffälligen Hochblättern, sehr zahlreich entlang der Zweige.

Vorkommen Schon seit zwei Jahrtausenden wird die Japanische Blüten-Kirsche in Ostasien als Zierbaum kultiviert. Sie stammt wahrscheinlich von zwei Wildformen ab, einer japanischen und einer chinesischen. In Asien wie in Europa pflanzt man sie in zahlreichen reichblühenden Sorten, die fast ausschließlich in Japan gezüchtet wurden.

Wissenswertes Die Japanische Blüten-Kirsche blüht, wie auch die meisten der nachfolgend genannten Zierkirschen, im April bis Mai. Durch Umwandlung von Staubblättern zu zusätzlichen Kronblättern erscheinen die Blüten oft dicht gefüllt – mit bis zu 20 und mehr Kronblättern –, weshalb die Fruchtbildung ausbleibt. Zu den beliebtesten Sorten zählt 'Kanzan', die mit straff aufrechten, später überhängenden Trieben bis zu 8 m hoch wächst und im Mai mit dunkelrosa, dicht gefüllten Blüten übersät ist. Eine weitere häufige Sorte ist 'Amanogawa': Sie hat einen schlanken, säulenförmigen Wuchs und nur wenig gefüllte, hellrosa Blüten.

Ähnliche Arten

Neben *P. serrulata* wird bei uns wohl die **Higan-Kirsche** *(Prunus subhirtella)* am häufigsten als Zierkirsche gepflanzt, ebenfalls in verschiedenen Sorten (siehe Abb. oben). Ihre Zweige hängen im Alter oft über.

Eine weitere Zierkirsche aus Japan ist die **Berg-** oder **Sachalin-Kirsche** *(Prunus sargentii)*. Ihre einfachen rosaroten Blüten (siehe Abb. unten) entwickeln sich im Herbst zu kleinen, glänzend schwarzen, ungenießbaren Früchten.

Hauptsächlich in Parks sieht man die japanische **Yoshino-Kirsche** *(Prunus × yedoensis)*, einen bis zu 10 m hohen, breitkronigen Baum, der im März bis April mit schneeweißen Blüten bedeckt ist.

Wächst als Großstrauch oder Baum, meist trichterförmig aufrecht; im Alter breit ausladend, 3–12 m hoch.

Die Borke
ist bei jungen Bäumen glänzend rotbraun mit Korkwarzen und löst sich als typische Ringelborke. Bei älteren Bäumen ist sie oft grünlich bis graubraun und blättert schuppig ab.

Pflaume, Zwetschge, Zwetsche

Prunus domestica ssp. *domestica* · Rosengewächse (Rosaceae)

Blätter

Sommergrün; wechselständig; 4–10 cm lang, eiförmig, gesägt, unterseits teils dicht behaart; unauffällig gelbe Herbstfärbung. Junge Zweige filzig behaart oder kahl, oft rötlich, nicht glänzend, manchmal gering bedornt.

Blüten

Vor oder mit dem Blattaustrieb erscheinend, weiß oder grünlich weiß, um 2 cm im Durchmesser, 5-zählig; zu 2 bis 3, Blütenstiele flaumig behaart.

Früchte

Rundliche bis eiförmige Steinfrüchte, mit länglichem, abgeflachtem Steinkern, meist blauviolett, manche Sorten auch gelb oder rötlich.

Vorkommen Die Pflaume zählt zu den Obstarten, deren Anbau durch die Römer verbreitet wurde. Ihre Wildform stammt aus Vorderasien, bei der Entstehung der heutigen Kulturformen haben wohl auch Kirschpflaume (vgl. unten) und Schlehe (S. 262) als Kreuzungspartner eine Rolle gespielt. Als recht robuste Obstart wird die Pflaume heute vielerorts in zahlreichen Sorten kultiviert.

Wissenswertes Die Blüten öffnen sich im April und Mai und werden von Insekten bestäubt, die Früchte früher Sorten reifen ab Juli, die der späten Sorten erst im Oktober. Manche Sorten sind selbstunfruchtbar und benötigen eine zweite Sorte als Pollenspender.

Bei den Fruchtsorten unterscheidet man die eigentlichen Pflaumen mit großen, rundlichen oder eiförmigen Früchten sowie die Zwetschen oder Zwetschgen mit mittelgroßen, länglichen Früchten. Bei letzteren löst sich der Steinkern leicht vom Fruchtfleisch (das ist ein gutes Unterscheidungsmerkmal).

Ähnliche Arten

Die **Hafer-Pflaume** oder **Krieche** *(Prunus domestica* ssp. *insititia)*, eine alte Kulturform, wächst gebietsweise verwildert und hat heute nur noch Bedeutung als Veredlungsunterlage. Ihre meist gelben, mittelgroßen Früchte haben einen kaum abgeflachten Stein, der sich nur schwer vom Fleisch löst. Häufiger kultiviert werden die Unterarten **Mirabelle** (ssp. *syriaca*) mit kleinen, kugeligen, gelben Früchten und **Reineclaude** oder **Reneklode** (ssp. *italica*) mit mittelgroßen bis großen, rundlichen und grüngelben oder rötlichen Früchten.

Die in Westasien beheimatete **Kirschpflaume** oder **Myrobalane** *(P. cerasifera)* dient ebenfalls als Veredlungsunterlage . Sie wird als reine Art (siehe Abb.) kaum gepflanzt. Häufig sieht man aber ihre als **Blutpflaumen** bekannten Sorten 'Pissardii' mit roten und 'Nigra' mit schwarzroten Blättern.

Baum, oft mit steilwüchsigen Ästen, im Alter breit ausladend; je nach Baumform und Unterlage 3–15 m hoch.

Die Borke
ist graubraun, längsrissig und schuppig.

Pfirsich

Prunus persica · Rosengewächse (Rosaceae)

Blätter

Sommergrün; wechselständig; 8–15 cm lang, breit lanzettlich, oberhalb der Blattmitte am breitesten, am Rand scharf gesägt; gelbe, rote oder braune Herbstfärbung. Zweige rotbraun, auf der Schattenseite grün.

Blüten

Vor oder mit dem Blattaustrieb erscheinend, rosa bis rotviolett, um 3 cm im Durchmesser, 5-zählig, mit wollig behaartem Kelch, meist einzeln.

Früchte

Rundlich, 5–7 cm im Durchmesser, gelbrot, filzig behaart, mit weißlichem, gelbem oder rotem Fruchtfleisch und tief gefurchtem, leicht lösendem Stein.

Vorkommen Nach dem Artnamen *persica* könnte man einen persischen Ursprung des Pfirsichs vermuten. Doch ursprünglich stammt er aus China, gelangte von dort über Persien nach Griechenland und wurde schließlich, wie manch andere Kulturpflanze, von den Römern über die Alpen gebracht. Der Pfirsich gehört zu den besonders Wärme liebenden, frostempfindlichen Obstgehölzen und wird deshalb vorwiegend in wintermilden Regionen kultiviert.
Wissenswertes Die zeitig im März bis April erscheinenden Blüten sind durch Spätfröste gefährdet. Nach Insektenbestäubung bilden sich die Früchte, die je nach Sorte zwischen Juni und Oktober reif werden. Die Nektarine *(Prunus persica* var. *nucipersica)* ist eine Varietät mit unbehaarten, glatten Früchten. Pfirsiche und Nektarinen werden auf Pfirsichsämlinge oder Pflaumenunterlagen veredelt.
Da eine helle, sonnige Fassade durch ihre Wärmeabstrahlung besonders günstige Bedingungen bietet, werden Pfirsiche, Aprikosen oder auch Birnen häufig als so genanntes Spalierobst an einer Hauswand gezogen. Durch Schnittmaßnahmen und Aufbinden erzwingt man dabei einen „zweidimensionalen“ Wuchs, so dass alle Äste und Hauptzweige in einer Ebene wachsen.

Ähnliche Arten

Noch wärmebedürftiger als der Pfirsich ist die **Aprikose** oder **Marille** *(Prunus armeniaca)*. Als ursprüngliche Heimat wird teils Westasien, teils Nordchina angesehen. Der kleine, 4–8 m hohe Baum hat oft fast waagerecht abstehende Äste und breit eiförmige bis herzförmige, gesägte, glänzend dunkelgrüne Blätter. Seine weißen, teils rötlich überhauchten Blüten öffnen sich im März bis April vor dem Laubaustrieb. Ab Juli erscheinen dann die kugeligen, um 3 cm dicken, gelben und fein behaarten Früchte.

Baum mit oft ausladender, flacher Krone; je nach Unterlage und Erziehung 3–10 m hoch.

Die Borke
ist grau, rau und flach gefurcht.

Mandel

Prunus dulcis · Rosengewächse (Rosaceae)

Blätter

Sommergrün; wechselständig; 5–12 cm lang, oval bis länglich, unterhalb der Blattmitte am breitesten, am Rand gesägt, oberseits glänzend dunkelgrün, Blattstiel um 2 cm lang; gelbe Herbstfärbung. Zweige graubraun, teils rötlich, kahl.

Blüten

Vor dem Laubaustrieb erscheinend, hellrosa oder weiß, 3–5 cm im Durchmesser, 5-zählig, Kelchblätter nur am Rand filzig behaart, erscheinen meist paarweise.

Früchte

Eiförmige Steinfrucht, abgeflacht, 3–6 cm lang, grün, filzig behaart, mit trockenem, zähem Fruchtfleisch und schwach gefurchtem Steinkern.

Vorkommen Der in Westasien beheimatete Mandelbaum wurde bereits im alten Griechenland und Rom angepflanzt. Es gibt Hinweise, dass er im Nahen Osten sogar schon während der Bronzezeit in Kultur war. Als sehr wärmebedürftige Obstart hat er in Mitteleuropa nur geringe Bedeutung, die als Mandeln bekannten Samen reifen hier selbst in milden Regionen nicht zuverlässig aus. Neuerdings werden jedoch recht winterharte Selektionen angeboten, so dass man die Mandel vielleicht bald etwas öfter sieht.

Wissenswertes Die spätfrostempfindlichen, von Insekten bestäubten Blüten erscheinen im März bis April. Bei der Frucht handelt es sich wie bei Kirsche, Pflaume oder Pfirsich um eine Steinfrucht. Hier interessiert jedoch nicht das Fruchtfleisch, sondern der von der Steinkernschale geschützte Samen, die Mandel, die sich durch einen hohen Gehalt an fetten Ölen sowie charakteristische Aromastoffe auszeichnet. Die Steinkerne der *Prunus*-Arten enthalten teils Amygdalin, eine Substanz, die giftige Blausäure abspaltet, so etwa auch beim Pfirsich. Besonders hoch ist der Amygdalin-Gehalt bei der Bitter-Mandel *(Prunus dulcis* var. *amara)*, deren Samen beim Verzehr größerer Mengen tödliche Vergiftungen verursachen können.

Ähnliche Arten

Das aus China stammende, ebenfalls recht frostempfindliche **Mandelbäumchen** *(Prunus triloba* var. *triloba)* hat außer seinem Namen mit der echten Mandel nur wenig gemein. Es gehört eher in die nähere Verwandtschaft der asiatischen Blüten-Kirschen (S. 108). Eigentlich ein Strauch, wird es häufig auf Stämmchen veredelt und als kleiner Baum gezogen. Im März bis Mai sind die Zweige mit rosafarbenen, meist gefüllten Blüten übersät, zur Fruchtbildung kommt es selten.

Baum mit flacher, ausladender Krone, wächst zuweilen auch als Strauch. 3–10 m hoch.

Die Borke
ist grau bis schwärzlich, fein geschuppt.

Echte Quitte

Cydonia oblonga · Rosengewächse (Rosaceae)

Blätter

Sommergrün; wechselständig; 5–10 cm lang, eiförmig, ganzrandig, oberseits stumpfgrün, unterseits dicht filzig behaart. Meist mit großen Nebenblättern; gelbe Herbstfärbung; junge Zweige filzig behaart.

Blüten

Einzeln an den Spitzen kurzer Zweige, weiß mit rosa Tönung bis rosarot, 5-zählig, ca. 5 cm im Durchmesser; Kelchblätter filzig behaart und zurückgeschlagen.

Früchte

Apfel- oder birnenförmig, bis zu 15 cm lang, mehr oder weniger behaart. Bei Reife goldgelb, duftend. Innen mit 5 Bälgen, die je 8 bis 16 Samen enthalten.

Vorkommen Die Heimat der Quitte liegt in Westasien, die alten Römer führten sie in Südeuropa ein und brachten sie schließlich auch über die Alpen. In Mitteleuropa wurde und wird sie gelegentlich als Obstgehölz kultiviert; dies nur in wintermilden Regionen, da das Holz recht frostempfindlich ist. Hier wie in Südeuropa stößt man zuweilen auch auf verwilderte Exemplare aus früherer Kultur. Die Quitte gedeiht selbst auf kargen, trockenen und steinigen Böden.

Wissenswertes Die Blüten erscheinen im Mai bis Juni und werden von Insekten bestäubt, die Früchte reifen im Oktober. Je nach Fruchtform unterscheidet man Apfel-Quitte (var. *maliformis)* und Birnen-Quitte (var. *oblonga).* Roh schmecken die Früchte sehr herb und sind kaum genießbar, doch nach Verarbeitung zu Marmelade, Gelee, Kompott, Saft oder Likör munden sie ausgesprochen gut.
Von Natur aus wachsen Quitten als Sträucher. Man sieht sie jedoch meist baumförmig gezogen, da die Fruchtsorten auf Stämme (Quittensämlinge oder auch Eberesche) veredelt werden. Speziell ausgelesene und gezüchtete Quitten sind außerdem wichtige Unterlagen für die Veredlung von Birnen, die dann besonders kräftige Bäume bilden.

Ähnliche Arten

Die Echte Quitte ist die einzige Art der Gattung *Cydonia*. Früher zählte man auch die **Holzquitte** *(Pseudocydonia sinensis)* dazu, diese bildet nun aber eine eigenständige Gattung. Tatsächlich sieht sie der Echten Quitte recht ähnlich, bis hin zu den dunkelgelben, aber innen meist holzigen Früchten. Die Blätter sind allerdings am Rand gesägt, oberseits glänzend und werden unterseits mit der Zeit kahl. Man sieht den aus China stammenden Strauch bei uns selten, Bedeutung hat er hier am ehesten als Bonsaigehölz.
Wesentlich häufiger wird die ebenfalls aus Ostasien stammende **Schein-** oder **Zierquitte** *(Chaenomeles* sp.; S. 262) als Gartenstrauch gepflanzt. Auch sie wurde früher der Gattung *Cydonia* zugeordnet.

Meist baumförmig gezogen, 4–6 m hoch; zuweilen auch als breitwüchsiger Strauch anzutreffen. Die Wuchsform ist von der Veredlungsunterlage abhängig.

Die Borke
ist graubraun, längsrissig und löst sich an älteren Exemplaren teils plattenartig ab.

Kultur-Apfel

Malus domestica · Rosengewächse (Rosaceae)

Blätter

Sommergrün; wechselständig; breit eiförmig bis elliptisch, mindestens doppelt so lang wie ihr Stiel (bis etwa 12 cm), am Rand gesägt, unterseits (und oft auch oberseits) weich behaart; unauffällig gelbe Herbstfärbung; Zweige meist kahl, rotbraun, unbedornt.

Blüten

Doldenartig an kurzem Stiel, weiß, oft außen rötlich überlaufen, 4–5 cm breit, mit 5 Kronblättern, diese 1–2 cm lang.

Früchte

Rundlich, mit wenigstens 5 cm Durchmesser, bei Reife je nach Sorte grün, gelb oder rot, Ausfärbung teils nur an der Sonnenseite oder in Streifen. Vertrockneter Kelchrest an der Spitze, ebenso wie Stiel in eingesenkter Grube. Häufig wachsartig überzogen.

Vorkommen Den seit Jahrtausenden angebauten Kultur-Apfel kann man als Sammelart ansehen, da er Kreuzungen aus verschiedenen Wildarten umfasst. Die wichtigsten Stammarten sind Holz-Apfel (vgl. unten) und Paradies-Apfel *(Malus pumila)*, beide in Europa und Westasien heimisch. Es gibt heute schätzungsweise 20 000 Sorten, die meist auf robuste Wildapfel-Unterlagen veredelt und in den unterschiedlichsten Formen gezogen werden, vom Baum bis zu schmalen Säulenformen.

Wissenswertes Die Blüten öffnen sich im April oder Mai. Kalte Frühjahrstemperaturen können, wie auch bei anderen Obstarten, die Ernte stark beeinträchtigen: Dies zum einen, weil Spätfröste die Blüten direkt schädigen, zum andern, weil die wichtigsten Bestäuber, die Bienen, dann kaum fliegen. Alle Kultur-Apfel-Sorten sind selbstunfruchtbar, d. h. der Pollen z. B. der Sorte 'Boskoop' keimt auf den weiblichen Blütenorganen eines anderen 'Boskoop'-Baums nur ungenügend. Deshalb ist für eine erfolgreiche Fruchtbildung stets eine andere Sorte nötig.

Die fünf pergamentartigen Fächer im Innern eines Apfels, die die braunen Samenkerne beinhalten, stellen die eigentlichen Früchte dar; das „Fruchtfleisch", das diese Fächer bzw. Bälge umschließt, entsteht aus dem Blütenboden. Man stuft die Äpfel deshalb als Schein- oder Sammelbalgfrüchte ein. Dieser Fruchttyp wird generell auch als Kernapfel oder schlicht als Apfelfrucht bezeichnet.

Der Holz- oder Wild-Apfel *(Malus sylvestris)* trägt kleine, harte, sauer schmeckende Früchte. Er kommt in Mitteleuropa nur zerstreut vor und lässt sich schwer von verwilderten Kultur-Apfelbäumen unterscheiden. Seine Blattunterseiten sind in vielen Fällen graugrün; an den Kurztrieben trägt er, anders als bei den Kultur-Äpfeln, zuweilen spitze Dornen, die – wenn vorhanden – ein gutes Unterscheidungsmerkmal sind.

Baum, kommt in sehr unterschiedlichen Wuchsformen vor, je nach Unterlage, Sorte, Erziehung und Schnitt; 2–15 m hoch.

Die Borke
ist graubraun, längsrissig und blättert in Schuppen ab.

Vielblütiger Apfel

Malus floribunda · Rosengewächse (Rosaceae)

Blätter

Sommergrün; wechselständig; 3–8 cm lang, eiförmig bis länglich eiförmig, doppelt gesägt, zuweilen gelappt, hellgrün, leicht behaart oder kahl; orangerote Herbstfärbung; Zweige meist kahl, rotbraun.

Blüten

Doldenähnliche, dicht besetzte Büschel, öffnen sich aus roten Knospen, im Aufblühen rosa, später verblassend, innen weiß; Sorten auch kräftig hellrot. 5-zählig, etwa 4 cm breit, an bis zu 5 cm langen Stielen.

Früchte

Etwa erbsengroß, gelbgrün, an der Sonnenseite rötlich.

Vorkommen Der Vielblütige Apfel stammt aus Japan und wird dort schon seit langer Zeit kultiviert. Sein eigentlicher Ursprung ist unbekannt, da auch in Ostasien nur Kulturformen vorkommen. 1862 nach Europa eingeführt, wurde er aufgrund seiner reichen Blüte bald zum beliebten Zierapfel und häufig auch zur Züchtung attraktiver Hybridformen verwendet. Er gilt als „industriefest" und wird deshalb auch dort gepflanzt, wo andere Ziergehölze aufgrund schadstoffbelasteter Luft nur schlecht gedeihen.

Wissenswertes Im Mai ist dieser Zierapfel geradezu von Blüten übersät. Die nach Insektenbestäubung gebildeten kleinen Früchte wirken aufgrund ihrer großen Zahl ebenfalls recht ansehnlich, schmecken allerdings sehr sauer. Ältere Exemplare des Vielblütigen Apfels bieten auch wegen ihres knorrigen Wuchses einen dekorativen, malerischen Anblick.

In den letzten Jahrzehnten rückte neben der Zierwirkung noch eine ganz andere Eigenschaft in den Mittelpunkt des Interesses: Der Vielblütige Apfel zeigte sich kaum anfällig für den Apfelschorf, eine Pilzkrankheit, die Kultur-Äpfel häufig befällt. Man kreuzte ihn deshalb mit Kultursorten und gelangte so zu widerstandsfähigen Züchtungen für den Obstanbau.

Ähnliche Arten

Ähnlich große Bedeutung als Zierapfel bzw. als Züchtungsgrundlage für attraktiv blühende Hybriden hat der **Strauch-Apfel** *(Malus sargentii)*. Der in Japan beheimatete Strauch wird höchstens 6 m hoch, blüht weiß bis zartrosa (siehe Abb.) und hat kleine dunkelrote Früchte. Seine Blätter sind teils 3-lappig. Auch der ostasiatische **Beeren-Apfel** *(Malus baccata)*, eine recht formenreiche, variable Art, stand vielfach Pate bei der Züchtung von Zierapfel-Hybriden, ebenso von schorfresistenten Obstsorten. Der kleine Baum blüht weiß oder bringt hübsche kleine Früchte in Gelb oder Rot hervor.

Wächst als breitkroniger Baum oder aufrechter Strauch, oft mit überhängenden Ästen, 3–10 m hoch.

Die Borke
ist graubraun, längsrissig und blättert teils streifenartig ab.

Kultur-Birne

Pyrus communis · Rosengewächse (Rosaceae)

Blätter

Sommergrün; wechselständig; eiförmig bis elliptisch, 4–8 cm lang, oft fast ebenso lang gestielt, am Rand fein gesägt oder gekerbt, untere Blatthälfte oft ganzrandig. Anfangs behaart, später kahl, ledrig, oberseits glänzend dunkelgrün; gelbe bis orangerote Herbstfärbung. Zweige anfangs glänzend braun, später graubraun, unbedornt.

Blüten

In Doldentrauben, 2–3 cm breit, mit 5 weißen, um 2 cm langen Kronblättern und meist roten Staubbeuteln, streng riechend.

Früchte

In typischer Birnenform, mit wenigstens 5 cm Durchmesser, bei Reife je nach Sorte grün, gelb, braunrot oder sonnenseits gerötet. Stiel in eingesenkter Grube, an der Spitze vertrockneter Kelchrest.

Vorkommen Die schon im Altertum angebaute Kultur-Birne entstand aus mehreren in Europa und Westasien verbreiteten Wildarten, darunter die Holz-Birne (vgl. unten). Ursprünglich wurde sie in Persien in Kultur genommen. In Mitteleuropa kultivierte man sie wohl erst ab dem 15. oder 16. Jahrhundert. Ihr Holz ist etwas frostempfindlich, und des öfteren gefährden Spätfröste auch die Blüte. In Privatgärten wird sie häufig als Spalier an einer warmen, geschützten Hauswand gezogen. Ansonsten pflanzt man oft verschiedene klein- oder schmalwüchsige Formen, die vom Bild des „klassischen" Birnbaums abweichen.

Wissenswertes Birnbäume blühen im April und Mai; nach Bestäubung durch Bienen und andere Insekten erscheinen im Sommer die Früchte, die je nach Sorte zwischen Juli und Oktober pflückreif sind. Es handelt sich wie bei den Früchten des Apfels (S. 118) um Sammelbalgfrüchte bzw. Apfelfrüchte. Für die Befruchtung ist eine geeignete zweite Sorte als Pollenspender nötig. Kleine Baumformen sind auf Quittenunterlagen veredelt, stärker wachsende auf Birnensämlinge. Im Vergleich zur Wildform haben die Kultursorten in den Früchten vergleichsweise wenige verholzte Steinzellen, die das Fruchtfleisch hart machen.

Ähnliche Arten

Die **Holz-** oder **Wild-Birne** *(Pyrus pyraster)* kommt in warmen Regionen Mitteleuropas zerstreut in lichten Wäldern, in Feldgebüschen und an Hängen vor, als 5–20 m hoher Baum mit unregelmäßiger Krone, seltener als Strauch. Die Kurztriebe sind zuweilen bedornt, die kleinen gelben oder bräunlichen Früchte sind rundlich bis eiförmig und kaum genießbar.
Aus Ostasien stammt die **Nashi-** oder **Asien-Birne** *(Pyrus pyrifolia* var. *culta).* Der nur etwa 2 m hohe Strauch oder Baum wird gelegentlich in wärmeren Gegenden als Obstgehölz gepflanzt. Seine weißen Blüten erscheinen im April, die Blätter sind groß und ledrig, die Früchte je nach Sorte birnen- oder apfelförmig.

Baum, je nach Unterlage, Sorte, Erziehung und Schnitt in sehr unterschiedlichen Wuchsformen anzutreffen, 2–25 m hoch. „Klassische" Birnbäume sind recht schlank und zeigen ei- bis birnenförmige Kronen.

Die Borke
ist dunkel graubraun und reißt in großen Schuppen oder Feldern auf.

Elsbeere

Sorbus torminalis · Rosengewächse (Rosaceae)

Blätter

Sommergrün; wechselständig; bis zu 12 cm lang, lang gestielt, Blattform eiförmig bis dreieckig, dabei in 7–9 Teile gelappt, von denen zumindest das unterste Paar sehr weit eingeschnitten ist und meist fast rechtwinklig von der Mittelachse weg weist; einzelne Lappen sind zugespitzt mit fein gesägtem Blattrand; jung beiderseits seidig behaart, später oberseits dunkelgrün und glatt, unterseits graugrün und meist nur noch auf den Blattadern behaart.

Blüten

Zwittrig, in vielblütigen Rispen, diese schirmartig bis kopfig. Einzelblüten 5-zählig, weiß bis cremefarben, etwa 15 mm im Durchmesser; Blütenstandsachse, Blütenstiele und Kelchblätter seidig behaart.

Früchte

Ei- bis birnenförmige, bis zu 2 cm lange Apfelfrüchte; zunächst grünlich, später gelb-orange und zuletzt hellbraun, Schale mit zahlreichen Korkwarzen silbergrau punktiert; zur Fruchtreife teigig-mehlig, mit 4 bis zu 7 mm langen Samen.

Vorkommen Die Elsbeere ist ein seltener, Wärme liebender Baum der Ebenen und Mittelgebirgslagen und kommt in Mittel- und Südeuropa, Nordafrika, Kleinasien und dem Kaukasus in zerstreuten Arealen vor. Im Norden und in den Alpen fehlend. Als Parkbaum oder auch an Waldrändern in seltenen Fällen auch angepflanzt zu finden.

Wissenswertes Blütezeit ist Mai und Juni, die Bestäubung erfolgt durch Bienen und andere Insekten. Fruchtreife ist im Oktober, die Verbreitung übernehmen die Vögel (die Darmpassage begünstigt die Keimfähigkeit der Samen). Elsbeerenholz ist sehr hart, zäh und elastisch und hat einen schönen rotbraunen Farbton. Es wird für Lineale, Maßstäbe, Musikinstrumente, als Möbel- und Furnierholz („Schweizer Birnbaum“) verwendet. Da der Baum verhältnismäßig selten ist und insbesondere alte Bäume mit dicken Stämmen sehr rar sind, gehört das Holz zu den teuersten, die im Möbelbau genutzt werden.

Wie der auf S. 130 vorgestellte Speierling wurden Elsbeeren insbesondere früher dem Apfelmost zugesetzt, um ihn dadurch geschmacklich zu verbessern.

Elsbeerenfrüchte sind reich an Gerbstoffen und wurden seit der Antike in der Volksmedizin als Mittel gegen Durchfall verwendet. Größere Mengen sollten jedoch wegen des Gehalts an Parasorbinsäure (vgl. bei der Eberesche S. 132) nicht gegessen werden.

Im botanischen Sinne sind die Früchte keine „Beeren“, sondern Apfelfrüchte. Dieser „Fehler“ in der nicht-wissenschaftlichen Namensgebung wird aber innerhalb der Gattung *Sorbus* konsequent bei allen Arten (siehe hierzu auch S. 126–133) angewendet.

Der Wuchs ist selten strauchförmig; meist findet man kleinere, bis zu 20 m hohe ein- oder mehrstämmige Bäume. Sie haben oft sehr dichte, meist rundliche Kronen.

Die Borke
ist dunkelgrau bis graubraun und in zahlreiche kleinere Schuppen und Platten aufgerissen.

Echte Mehlbeere, Gewöhnliche Mehlbeere

Sorbus aria · Rosengewächse (Rosaceae)

Blätter

Sommergrün; wechselständig; bis zu 10 cm lang, Blattstiel bis zu 2 cm lang; Blattform breit eiförmig, vorn mit undeutlicher Spitze oder stumpf; Blattrand gesägt; junge Blätter beidseits silbrig behaart, Behaarung unterseits bleibend, weich und filzig, oberseits bald verkahlend, dann glänzend dunkelgrün.

Blüten

Zwittrig, in vielblütigen, bis zu 8 cm breiten Schirmrispen; Einzelblüten 5-zählig, weiß bis cremefarben, etwa 15 mm im Durchmesser; Blütenbasis, -stiele und Kelchblätter weißfilzig.

Früchte

Kugelige bis eiförmige, bis zu 15 mm lange Apfelfrüchte; reif orange bis leuchtend rot; zur Fruchtreife mehlig-weich, mit fadem Geschmack, mit 3–6 braunen, bis zu 6 mm langen Samen.

Vorkommen Ursprünglich nur Mittel- und Westeuropa, im Norden zwar auf den Britischen Inseln, nicht aber in Skandinavien vorkommend, in Südeuropa bis Nordafrika, im Südosten fehlend. Baum der Mittelgebirgs- und Gebirgslagen bis auf 1600 m Höhe, in wärmeliebenden Mischwäldern.

Beliebtes Park- und Ziergehölz. Nicht selten als Straßenbaum gepflanzt, da die behaarten Blätter als Staub- und Abgasfilter wirken, und der Baum an solchen Standorten robust ist.

Wissenswertes Blütezeit ist Mai und Juni, die Bestäubung erfolgt durch Bienen und andere Insekten. Fruchtreife ist im Oktober, die Verbreitung erfolgt durch Vögel und Kleinsäuger. Die Früchte bleiben meist über den ganzen Winter bis in den Vorfrühling am Baum (Wintersteher). Erst dann werden sie von den Tieren als wichtige Futterquelle „entdeckt". Es wird vermutet, dass hierbei ein Farbwechsel von Hell- nach Dunkelrot eine Rolle spielt.

Mehlbeeren wurden früher in Notzeiten oft getrocknet, gemahlen und verbacken, auch Marmelade und Fruchtmus können aus ihnen hergestellt werden. Zum Abbau der bitteren und giftigen Parasorbinsäure ist das Sammeln nach den ersten Frösten oder eine erhitzende Verarbeitung notwendig.

Ähnliche Arten

Die **Vogesen-Mehlbeere** *(Sorbus mougeotii)* ist eine in den Mittelgebirgen Süddeutschlands und in den Alpen und Pyrenäen vorkommende, meist nur als Strauch wachsende Art, die mutmaßlich ursprünglich auf eine Einkreuzung der Eberesche (S. 132) in die Echte Mehlbeere zurückzuführen ist. Ihre Blätter ähneln denen der Schwedischen Mehlbeere (S. 128) und haben am Blattrand regelmäßige kleinere Lappen und Buchten; sie sind bis zu 12 cm lang, haben beiderseits der Hauptblattader acht bis zwölf Seitennerven und sind etwa doppelt so lang wie breit.

Mehlbeerbäume erreichen Höhen von bis zu 15, seltener 20 m. Sie haben besonders harmonische, dichte, breitrundliche Kronen.

Die Borke
bleibt lange hellgrau und sehr glatt; erst bei älteren Bäumen wird sie dunkler, rau und längsrissig. Zuweilen sieht man kreuz- bis rautenförmige kleine Narben.

Schwedische Mehlbeere

Sorbus intermedia · Rosengewächse (Rosaceae)

Blätter

Sommergrün; wechselständig; bis zu 10 cm lang, etwa anderthalb mal so lang wie breit; Blattform eiförmig bis verkehrt-eiförmig, vorn mit undeutlicher Spitze oder abgerundet; beiderseits der Hauptblattader 6–9 Seitennerven, Blattrand in ebenso viele kleine Lappen geteilt und unregelmäßig gesägt, oberseits glänzend dunkelgrün, unterseits graufilzig.

Blüten

Zwittrig; in wenigblütigen, bis zu 10 cm breiten Schirmrispen; Einzelblüten 5-zählig, weiß bis cremefarben, etwa 12 mm im Durchmesser; mit auffällig runden Kronblättern und rosa Staubblättern. (ohne Abb.)

Früchte

Kugelige bis eiförmige, bis zu 12 mm lange Apfelfrüchte; erst grünlich, reif orange bis leuchtend rot; mit gelbem Fruchtfleisch und meist 2 braunen, bis zu 5 mm langen Samen. (ohne Abb.)

Vorkommen Ursprünglich nur in Südschweden, Dänemark, Südfinnland und dem Baltikum. Es ist sehr wahrscheinlich, dass ähnlich wie bei Vogesen-Mehlbeere (S. 126) und Hybrid-Mehlbeere (unten) eine Einkreuzung der Eberesche (S. 132) angenommen werden kann. In weiten Teilen Mitteleuropas angepflanzt.

Wissenswertes Blütezeit ist Mai, die Bestäubung erfolgt durch Bienen und andere Insekten. Fruchtreife ist ab August, die Verbreitung erfolgt durch Vögel.

Die Schwedische Mehlbeere ist in den letzten Jahren immer häufiger als Stadt- und Straßenbaum in ganz Mitteleuropa anzutreffen, da sie, bei großer äußerlicher Attraktivität, noch anspruchsloser und robuster als die Echte Mehlbeere an solchen Standorten gedeiht. Viele Arten der Gattung *Sorbus* sind sowohl spontan als auch in gärtnerischer Kultur ausgesprochen kreuzungsfreudig. Eine Ausnahme bildet hier die Elsbeere (S. 124), von der bislang keine Hybriden bekannt sind.

Die Schwedische Mehlbeere selbst entstand aus einer solchen Kreuzung und behält ihre Merkmale stabil bei. Obwohl sie nur sterile Pollen bildet, entstehen dennoch keimfähige (unbefruchtete) Samen. Man nennt Arten mit derartiger Fortpflanzung apomiktische Sippen.

Ähnliche Arten

Die **Bastard-Mehlbeere** *(Sorbus × hybrida)* ist eine in Skandinavien entstandene natürliche Kreuzung aus der Schwedischen Mehlbeere und der Eberesche (S. 132). Im unteren Teil sind die Blätter vollständig in ein bis drei Fiederblättchenpaare geteilt. Im oberen Teil sind sie nur mehr oder weniger tief gelappt und ähneln denen der Schwedischen Mehlbeere. Zuweilen in Parks und Sammlungen zu finden; es gibt noch einige weitere, insgesamt seltene Bastarde mit ähnlichem Blattschnitt. Meist sind auch sie apomiktische Sippen (vgl. oben).

Aufrechter Baum mit regelmäßiger, rundlicher Krone und 12–15 m Höhe; seltener strauchförmig. Die Äste weisen meist schräg aufwärts und sind harmonisch verzweigt.

Die Borke
ist grau bis purpur-grau und bleibt lange sehr glatt; hat meist nur wenige, nicht tief gehende Längsrisse.

Speierling

Sorbus domestica · Rosengewächse (Rosaceae)

Blätter

Sommergrün; wechselständig; bis zu 22 cm lang, unpaarig gefiedert mit 13–21 Teilblättchen; Fiederblättchen bis zu 5 cm lang, länglich-eiförmig, Blattrand im unteren Teil glatt, zur Spitze hin gesägt, oberseits gelbgrün bis dunkelgrün, nahezu kahl, unterseits etwas heller und zumindest an den Blattadern behaart.

Blüten

Zwittrig; in vielblütigen Rispen, die meist kegelförmig aufgewölbt, seltener schirmartig ausgebreitet sind; Einzelblüten 5-zählig, weiß bis cremefarben, etwa 15 mm im Durchmesser; Blütenbasis, -stiele und die dreieckigen Kelchblätter weißfilzig.

Früchte

Kugelige bis birnenförmige, bis zu 3,5 cm lange Apfelfrüchte; zunächst grünlich, später gelb-orange und auf der Sonnenseite rotbackig, Schale etwas wachsbereift und zerstreut mit Korkwarzen silbergrau punktiert; Fruchtfleisch körnig-hart, mit 1 bis 4 bis zu 8 mm langen, braunen Samen.

Vorkommen Altes Kulturgehölz; seine ursprüngliche Verbreitung umfasst wahrscheinlich den südlichen Teil Mitteleuropas, Südeuropa und Teile Nordafrikas, im Osten bis zur Krimhalbinsel. Sehr seltene, vom Aussterben bedrohte Art. Heutige Vorkommen in Mitteleuropa sind vermutlich alle angepflanzt oder verwildert. In wärmeliebenden Mischwäldern, an Waldrändern und am Rand von (Obst-) Kulturflächen.

Wissenswertes Blütezeit ist Mai bis Juni, die Bestäubung erfolgt durch Bienen und andere Insekten. Fruchtreife ist ab September, die Verbreitung erfolgt durch Vögel.

In der Antike und im Mittelalter war der Speierling wichtige Kulturpflanze und geschätztes Wildobst. Die Früchte mit zunächst sehr saurem, zusammenziehendem Geschmack werden in überreifem Zustand aromatisch und wohlschmeckend. Wichtiger war ihre Nutzung als Zusatz zu Apfel- und Birnenmost, die teils auch heute noch erfolgt. Der Zusatz von geringen Mengen Speierlingsmost bewirkt eine Geschmacksverbesserung und verlängert die Haltbarkeit.

Die Anzucht und Anpflanzung des Speierlings ist nicht einfach, wohl mit ein Grund für das bedauernswerte allmähliche Verschwinden dieser Art in Mitteleuropa. Zur Keimung der Samen muss die Keimhemmstoffe enthaltene Fruchthülle entfernt werden. Die Darmpassage durch Vögel verbessert die Keimrate. Junge Speierlingsbäumchen sind empfindlich gegen Verpflanzung.

Das Holz hat ähnliche Eigenschaften wie das der Elsbeere (S. 124). Es ist aber so selten, dass es heute keine Bedeutung mehr hat. Früher wurden stark beanspruchte mechanische Teile, wie beispielsweise die Spindeln von Wein- und Obstpressen, aus diesem Holz gefertigt.

Aufrechter, gerader Wuchs, Höhe 15–20 m, die Krone ist rundlich, dicht und harmonisch. Alte Bäume haben oft knorrig gebogene Äste und durch Astbruch unregelmäßig wirkende Kronen.

Die Borke
ist graubraun und auffällig mit kleinen, vieleckigen Schuppen und zahlreichen netzartigen Rissen versehen.

Eberesche, Vogelbeere

Sorbus aucuparia · Rosengewächse (Rosaceae)

Blätter

Sommergrün; wechselständig; bis zu 20 cm lang, unpaarig gefiedert mit 9–17 Teilblättchen; Fiederblättchen bis zu 6 cm lang, länglich-eiförmig, vorn zugespitzt, Blattrand gesägt; oberseits dunkelgrün, zerstreut behaart, unterseits blaugrün, mit weißfilziger, aber allmählich verkahlender Behaarung; junge Blätter riechen zerrieben nach Marzipan.

Blüten

Zwittrig; in vielblütigen, flach ausgebreiteten Schirmrispen; Einzelblüten 5-zählig, weiß bis cremefarben, etwa 1 cm im Durchmesser, mit runden Kronblättern; Blütenbasis, -stiele und Kelchblätter graufilzig. Geruch etwas unangenehm, fischähnlich.

Früchte

Kugelige bis apfelförmige, bis zu 1 cm im Durchmesser große Apfelfrüchte; leuchtend orange-rot, mit meist 3 bis zu 6 mm langen, braunschwarzen Samen.

Vorkommen Heimisch in annähernd ganz Europa, nur in Teilen Islands, Südspanien und Südgriechenland fehlend, im Osten etwa bis zur Wolga, außerdem im Kaukasus und der Osttürkei.
Häufig angepflanzt in Gärten, Parks und städtischen Anlagen.

Wissenswertes Blütezeit ist Juni und Juli, die Bestäubung erfolgt durch Bienen und andere Insekten. Fruchtreife ist August bis Oktober, die Verbreitung erfolgt durch Vögel.
Die Eberesche hat vielerorts fälschlicherweise den Ruf, dass ihre „Beeren“ giftig seien. Die in den Apfelfrüchten enthaltene Parasorbinsäure ist zwar ausgesprochen bitter und führt bei Aufnahme in größeren Mengen zu Unwohlsein und leichteren Vergiftungserscheinungen, beim Erhitzen (oder nach Frösten) wird sie aber abgebaut, so dass man beispielsweise eine hervorragende Marmelade herstellen kann.
Der Name „Eberesche“ lässt verschiedene Deutungen zu: der Blattschnitt erinnert an die Esche (S. 188), der Vorsatz „eber“ kann sowohl als „aber“ (im Sinne von „falsch, unecht, missverständlich“) gedeutet werden; wahrscheinlicher ist aber die Herleitung vom männlichen Schwein, da die Früchte früher häufig zur Schweinemast eingesetzt wurden.

Ähnliche Arten

Die **Mährische Eberesche** oder **Süße Vogelbeere** *(Sorbus aucuparia* ssp. *moravica)* ist eine angeblich in Mähren entstandene Unterart mit geringem Gehalt an Parasorbinsäure in den Früchten. Durch den außerdem nicht wenig enthaltenen Sorbit (einem Zuckeraustauschstoff für Diabetiker) schmecken sie ausgesprochen süß. Darüber hinaus enthalten sie reichlich Vitamin C und Carotine. Sie sind daher besonders geeignet für die Verwendung als Wildobst und zur Herstellung von Marmelade – und häufig an Stellen angepflanzt zu finden, wo diese Nutzung auch stattfindet: auf Bauernhöfen, an Dorfrändern und in Obstbaugebieten, insbesondere auch in den Mittelgebirgen.

Aufrechter Baum mit 15–20 m Höhe, zuweilen auch mehrstämmig und dann strauchig wirkend. Die Äste sind meist gerade und wenig verzweigt. Sie weisen aufwärts.

Die Borke
ist graubraun, relativ glatt und mit querverlaufenden Bändern aus länglichen Korkwarzen besetzt; wird später dunkler und längsrissig.

Kupfer-Felsenbirne

Amelanchier lamarckii · Rosengewächse (Rosaceae)

Blätter

Sommergrün; wechselständig; bis zu 8 cm lang; Blattform länglich eiförmig, vorn mit feiner, aufgesetzter Spitze; Blattrand fein gesägt; junge Blätter auffällig kupferrot, zur Blütezeit meist noch nicht voll ausgebildet; später oberseits dunkelgrün, unterseits heller, fein seidenhaarig; Herbstfärbung gelb bis orangerot.

Blüten

Zwittrig; zu 8–10 in lockeren, überhängenden Trauben; Einzelblüten 5-zählig, Kronblätter weiß, länglich, bis zu 15 mm lang, mit 20 kurzen, gelben Staubblättern.

Früchte

Kugelige, etwa 10 mm im Durchmesser große Apfelfrüchte; anfangs purpur-rosa, später violett-schwarz werdend, die trocken-braunen Kelchblätter stehen aufrecht ab; mit 10 braunen, rundlich-ovalen Samen; essbar, wohlschmeckend.

Vorkommen Stammt ursprünglich aus dem östlichen Nordamerika, in Europa bereits seit dem 19. Jahrhundert häufig angepflanzt und in Mittel-, West und Nordeuropa an vielen Stellen verwildert. Außerdem häufiges Park-, Garten- und Ziergehölz.

Wissenswertes Blütezeit ist April und Mai, die Bestäubung erfolgt durch Bienen und andere Insekten. Fruchtreife ist von August bis Oktober, die Verbreitung erfolgt durch Vögel. Die Kupfer-Felsenbirne wurde früher häufig unter dem falschen Namen „Kanadische Felsenbirne" angepflanzt. Diese *(A. canadensis)* ist aber bei uns nur sehr selten in Sammlungen und Botanischen Gärten zu finden. Sie ist der Echten Felsenbirne ähnlich (siehe unten). Felsenbirnen-Früchte sind süß und aromatisch und können frisch, als Marmelade oder auch getrocknet ähnlich wie Rosinen verwendet werden.

Ähnliche Arten

Die **Kahle Felsenbirne** *(Amelanchier laevis)* stammt ebenso aus Nordamerika und ist nahezu ebenso häufig bei uns angepflanzt (und stellenweise auch verwildert) anzutreffen. Ihre Blätter sind nur bis zu 6 cm lang und unterseits kahl, die Blüten sind durch bis zu 2,5 cm lange Kronblätter insgesamt größer und die Früchte tragen zurückgeschlagene Kelchblätter (siehe Abb. oben).

In Mitteleuropa heimisch ist die **Echte** oder **Gewöhnliche Felsenbirne** *(Amelanchier ovalis)*, die allerdings meist nur mannshohe Sträucher ausbildet. Sie besetzt warme, felsige Standorte in den Mittelgebirgen und den Alpen und ist als Ziergehölz ohne Bedeutung. Ihre Blätter sind bis zu 5 cm lang, unterseits behaart; die weißen Kronblätter der Blüten sind außen zottig behaart, die Früchte tragen meist umgeschlagene Kelchblätter (siehe Abb. unten).

Meist hoher strauchiger Wuchs, seltener baumförmig, bis zu 6 m Höhe, meist jedoch niedriger. Oft sehr dicht beastet und dadurch zuweilen kompakte Gebüsche bildend.

Die Borke
ist hellgrau und bei älteren Exemplaren mit tiefen Längsrissen und Furchen versehen.

Echte Mispel, Deutsche Mispel

Mespilus germanica · Rosengewächse (Rosaceae)

Blätter

Sommergrün; wechselständig; bis zu 13 cm lang; nur sehr kurz gestielt, mit 2 kleinen, ovalen Nebenblättern; Blattform sehr langgestreckt eiförmig, vorn zugespitzt; Blattrand glatt oder sehr fein gesägt; Blattnerven eingesenkt, daher runzelig wirkend; oberseits dunkelgrün, unterseits graugrün, filzig behaart.

Blüten

Zwittrig; einzeln stehend; bis zu 6 cm im Durchmesser; in der Achsel eines schmalen, langen Hochblattes sitzend; Kelchblätter grün, lang und schmal, zwischen den weißen, ovalen Kronblättern vorragend; Staubblätter gelb mit rötlichen Staubbeuteln.

Früchte

Kugelige bis birnenförmige, etwa 3 cm im Durchmesser große Apfelfrüchte, vorn abgeflacht, nicht ganz geschlossen mit einem Kreis aus Kelchblattzipfeln; anfangs graugrün, später braun, rau behaart; Fruchtfleisch körnig-hart, erst bei Überreife oder nach Frost weich und dann auch wohlschmeckend; mit 5 hellbraunen, runzligen Samen.

Vorkommen Alte Kulturpflanze; Herkunft vermutlich aus Westasien (Kaukasus bis Kleinasien). Im Mittelmeerraum bereits in der Antike weit verbreitet in Kultur, von den Römern nach Mitteleuropa gebracht und dort stellenweise verwildert. Angepflanzt vor allem in Bauern- und Klostergärten, auch in sehr alten Obstbaumkulturen zu finden.

Wissenswertes Blütezeit ist Mai und Juni, die Bestäubung erfolgt durch Bienen und andere Insekten. Fruchtreife ist im Oktober, die Verbreitung erfolgt durch Vögel und Nagetiere.
Ähnlich wie bei den Wildformen von Apfel und Birne sind wild vorkommende Mispeln oft bedornt. An Kulturpflanzen sind diese an den Triebenden stehenden, verholzten Dornen aber nur sehr selten zu finden.
Carl von Linné, der diese Art benannte, begegnete ihr erstmals in Deutschland, wo sie damals eine häufige Kulturpflanze war. Ohne ihre Hauptverbreitung zu kennen, glaubte er, eine „typisch deutsche“ Pflanze vor sich zu haben.
Mispelfrüchte wurden früher gerne als Obst, Marmelade oder Zusatz zum Apfelmost verwendet. Mispeln werden heute am ehesten noch als Ziergehölz wegen ihrer attraktiven Blätter und Blüten angepflanzt.

Ähnliche Arten

Die **Japanische Wollmispel** *(Eriobotrya japonica)* stammt aus Ostasien und wird zuweilen im Mittelmeerraum angepflanzt. Ihre Früchte sind ein exklusives Obst mit feinem Aroma und werden bei uns als „Nespoli“ oder „Loquat“ angeboten. Zweige, Blattunterseiten und Früchte dieser Art sind wollig behaart, die bis zu 3,5 cm großen Früchte enthalten einen bis fünf bis zu 18 mm lange Samen, die wie Mandeln verwendet werden können. Ihr Fruchtfleisch ist süß und wohlschmeckend. Die Früchte sind allerdings nicht sonderlich haltbar und werden daher bei uns nur selten angeboten.

Kleiner Baum, von bis zu 6 m Höhe mit runder Krone; oft auch mehrstämmig oder strauchig wachsend. Äste meist breit ausladend und nur wenig aufwärts weisend.

Die Borke
ist graubraun und anfangs glatt und wird später zu einer tief längs-rissigen Schuppenborke.

Rotdorn, Weißdorn 'Pauls Scarlett'

Crataegus laevigata 'Pauls Scarlett' · Rosengewächse (Rosaceae)

Blätter

Sommergrün; wechselständig; bis zu 5 cm lang; Stiel bis zu 15 mm, mit 2 hinfälligen, gesägten Nebenblättchen; Form sehr variabel: eiförmig, verkehrt-eiförmig, zuweilen auch annähernd dreieckig; gelappt in 3–5 Teile, Abschnitte maximal bis zur Spreitenmitte eingeschnitten; Rand am Grund ganzrandig, an den Lappen unregelmäßig gesägt; oberseits glänzend, unterseits heller, an den Blattadern behaart.

Blüten

Zwittrig; zu 5–10 in lockeren, ausgebreiteten Rispen; Einzelblüten rosa bis purpurrot, „gefüllte" Blüten durch züchterische Vervielfachung der ursprünglich 5 Kronblätter, Staubblätter und Fruchtknoten nicht selten verkümmert und Blüten steril.

Früchte

Bei dieser züchterisch stark modifizierten Sorte werden meist keine Früchte ausgebildet. Gibt es solche, entsprechen sie denen der reinen Art (vgl. Text unten).

Vorkommen Während die reine Art über annähernd ganz Europa verteilt als Strauch in lichten Mischwäldern und an Waldrändern der Mittelgebirge und Alpen vorkommt, ist die hier vorgestellt Sorte 'Pauls Scarlett' ausschließlich auf Parks, Gärten und vor allem als Straßen- und Alleebaum beschränkt, an solchen Standorten aber recht häufig zu finden.

Wissenswertes Blütezeit ist Mai und Juni, die Blüten werden von Fliegen und anderen Insekten besucht. Sofern eine Fruchtbildung erfolgt, beginnt die Reife ab August, die Verbreitung erfolgt durch Vögel.

Der Name „Rotdorn" wird auch noch für einige weitere rot- oder rosablühende Sorten des Zweigriffligen Weißdorns verwendet. Auch eine rotblühende Sorte des Eingriffligen Weißdorns *(Crataegus monogyna* 'Punicea') wird oft als Rotdorn bezeichnet. Diese wird aber nur selten gepflanzt.

Ähnliche Arten

Der **Zweigrifflige Weißdorn** *(Crataegus laevigata)* als reine Art bildet meist nur dornige Sträucher. In älterer Literatur wird er oft noch als *„C. oxycantha"* bezeichnet. Die oben beschriebenen Eigenschaften der Blätter können meist keine sichere Unterscheidung vom Eingriffligen Weißdorn (S. 140) gewährleisten, zumal beide Arten auch häufig bastardieren und dann als *Crataegus × media* bezeichnet werden. Eine sichere Zuordnung kann anhand der Blüten und Früchte erfolgen: der Zweigrifflige Weißdorn hat Fruchtknoten, die mit zwei (seltener drei) Griffeln besetzt sind und aus denen Früchte mit zwei (oder drei) Samen entstehen. Die Apfelfrüchte mit hartem, körnigem Fruchtfleisch, das zur Reife mehlig-weich wird, sind rundlich bis eiförmig, bis zu 12 mm lang und leuchtend rot gefärbt. Sie werden auch als Steinäpfel bezeichnet.

Durch gärtnerische Maßnahmen (Schnitt, Aufpropfung auf geeignete Unterlagen) wird bei dieser Sorte ein baumförmiger Wuchs erzielt (Höhe bis zu 8 m). Die Wildform wächst überwiegend strauchförmig und wird 2–10 m hoch.

Die Borke
ist je nach Unterlage unterschiedlich. Beim Zweigriffligen Weißdorn ist sie jung graugrün und glatt und blättert später schuppig ab.

Eingriffliger Weißdorn

Crataegus monogyna · Rosengewächse (Rosaceae)

Blätter

Sommergrün; wechselständig; bis zu 8 cm lang; Blattstiel bis zu 3 cm, mit 2 hinfälligen, ganzrandigen bis wenigzähnigen Nebenblättchen; Blattform variabel: eiförmig, verkehrt-eiförmig, zuweilen auch rautenförmig; gelappt in 3–7 Teile, zumindest einige Abschnitte tief, bis fast zur Mittelader eingeschnitten; Blattrand weitgehend ganzrandig, an den Spitzen der Lappen mit wenigen Zähnen gesägt; oberseits glänzend, unterseits blaugrün, in den Blattaderachseln behaart.

Blüten

Zwittrig; zu 5–12 in lockeren, ausgebreiteten Rispen; Einzelblüten weiß, bis zu 15 mm breit, mit meist 20 Staubblättern mit dunkelroten Staubbeuteln, Fruchtknoten mit nur einem Griffel.

Früchte

Apfelfrüchte mit hartem, körnigem Fruchtfleisch, das zur Reife mehlig-weich wird; sie sind rundlich bis eiförmig, vorn meist abgeflacht mit zurückgeschlagenen Kelchblattzipfeln; bis zu 10 mm lang und leuchtend rot gefärbt. Sie enthalten nur einen Samen.

Vorkommen In Mittel- und Südeuropa, im Norden bis Südskandinavien, im Osten bis zur Wolga, außerdem im Kaukasus, der Osttürkei und Teilen Nordafrikas beheimatet. In lichten Mischwäldern von der Ebene bis ins Gebirge; bevorzugt niederschlagsreiche Tieflagen und Kalkböden.

Wissenswertes Blütezeit ist Mai und Juni, etwa zwei Wochen später als der Zweigrifflige Weißdorn. Die Bestäubung erfolgt durch Fliegen und andere Insekten. Die Fruchtreife erfolgt ab August, die Verbreitung durch Vögel. Die Inhaltsstoffe der Weißdorne werden medizinisch bei Bluthochdruck und als Herztonikum genutzt. Das Holz hat ähnliche Eigenschaften wie der Buchsbaum (S. 30) und wird als Ersatz für dessen Holz verwendet. Die mehligen Früchte wurden vor allem in Notzeiten auch als Nahrungszusatz und zum Backen verwendet. Volkstümliche Namen für die Weißdorne sind auch Hagedorn, Heckendorn oder – bezogen auf die Früchte – „Mehlfässchen".

Ähnliche Arten

In Mitteleuropa werden in Parks und Gärten eine Vielzahl an Weißdorn-Arten und Sorten angepflanzt. Eine aus Nordamerika stammende Art ist der **Hahnensporn-Weißdorn** *(Crataegus crus-galli)*. Er hat eiförmige, nicht-gelappte Blätter mit gezähntem Rand (siehe Abb.) und lange, gebogene Dornen, die ihm seinen Namen gegeben haben.

Der **Apfeldorn** *(Crataegus lavallei* 'Carrierei') ist ein züchterischer Bastard aus zwei nordamerikanischen Arten und wird oft als kleiner Baum an Straßen gepflanzt. Er hat bis zu 2 cm lange, apfelartige Früchte.

Der **Kretische** oder **Azarola-Weißdorn** *(Crataegus azarola)* stammt aus Südosteuropa und liefert die tief rotvioletten „Azarolabeeren", die für Fruchtsäfte und Hustenbonbons verwendet werden.

Meist strauchförmig und mehrstämmig, bis zu 8 m hoch; mit unregelmäßiger, zerrissen wirkender Krone. Die Äste sind dicht verzweigt und weisen schräg aufwärts.

Die Borke
ist jung graugrün und glatt; später dunkelbraun in zahlreiche lang gestreckte, vieleckige Schuppen aufreißend.

Taubenbaum, Taschentuchbaum

Davidia involucrata · Tupelobaumgewächse (Nyssaceae)

Blätter

Sommergrün; wechselständig; bis zu 15 cm lang, lang gestielt; Blattform herzförmig bis breit eiförmig, vorn mit fein ausgezogener Spitze; Blattrand gezähnt bis gesägt, Zähne in feine Grannenspitzen auslaufend; oberseits frischgrün glänzend, unterseits heller, seidig behaart.

Früchte

Eiförmige, bis zu 3,5 cm lange Steinfrucht; zunächst grünlich, zuletzt violettbraun und wachsig bereift; mit wenigen längs verlaufenden Linien; Steinkern gefurcht, mehrsamig.

Blüten

Blütenstand lang gestielt, büschelig aus einer zentralen zwittrigen Blüte und zahlreichen ♂ mit gelben, pinselartigen Staubblättern und purpurnen Staubbeuteln, alle ohne eigentliche Blütenhülle; von 2 auffälligen, ungleich großen, fast gegenständigen Hochblättern begleitet, das größere bis zu 16 cm lang, glattrandig, im vorderen Teil zuweilen unregelmäßig gesägt, erst gelblich, später reinweiß.

Vorkommen Der Taubenbaum stammt aus den feuchten Gebirgswäldern Zentralchinas. Er ist in Mitteleuropa ein seltener Baum in Parks und Botanischen Gärten. Dort, wo man ihn antrifft, ist er zur Blütezeit eine besondere Attraktion, die durch die auffälligen, an Taschentücher oder Vogelflügel erinnernden Hochblätter der Blütenstände große Aufmerksamkeit erregt.

Wissenswertes Blütezeit ist im Mai und Juni, die Bestäubung erfolgt durch Insekten. Die Früchte erscheinen ab August und verbleiben oft bis zum Frühjahr am Baum, die Verbreitung erfolgt durch Vögel.

Der Taubenbaum wurde vom französischen Missionar und Naturforscher Abbé David erstmals beschrieben und auch nach ihm benannt. Nach Europa gebracht wurde er zu Beginn des 20. Jahrhunderts vom Britischen Pflanzensammler Ernest Wilson.

Fast ebenso häufig sieht man anstelle der oben beschriebenen reinen Art die Varietät *Davidia involucrata* var. *vilmoriniana*, die meist nur bis zu 6 m hohe Bäume bildet und unbehaarte Blattunterseiten hat. Sie wurde durch den französischen Gärtner und Botaniker Vilmorin in die europäischen Gärten gebracht und trägt daher seinen Namen.

Ähnliche Arten

Der **Wald-Tupelobaum** *(Nyssa sylvatica)* hat der Familie ihren Namen gegeben. Er stammt aus den Sumpfwäldern des östlichen Nordamerikas und ist in Sammlungen und Botanischen Gärten in Mitteleuropa recht selten, obwohl winterhart. Seine Blätter sind bis zu 15 cm lang, länglich-eiförmig, glatt und ganzrandig. Seine Blüten sind einhäusig, aber getrenntgeschlechtig, die ♀ zu zweit bis viert, die ♂ in vielblütigen Büscheln. Die bis zu 2 cm langen, eiförmigen Steinfrüchte sind blauschwarz.

Gerader aufrechter Wuchs mit 15–20 m Höhe, jung kegelförmig, später breiter. Volle Blüte meist erst bei älteren Bäumen nach etwa 15–20 Jahren. Die Hauptäste sind kräftig, waagerecht und streben wenig aufwärts.

Die Borke
ist rotbraun bis auffallend purpurbraun, mit feinen Längsrissen. Sie löst sich später in länglichen Streifen und rundlich-länglichen Platten ab.

Kornelkirsche, Herlitze, Dürlitze

Cornus mas · Hartriegelgewächse (Cornaceae)

Blätter

Sommergrün; gegenständig; bis zu 10 cm lang, bis zu 1 cm kurz gestielt; Blattform länglich eiförmig, vorn zugespitzt; glattrandig; beidseits der Mittelrippe mit 3–5 bogigen, zur Spitze weisenden Seitenadern; oberseits frisch- bis dunkelgrün, fein anliegend behaart, unterseits heller, flaumig behaart und mit Achselbärtchen.

Blüten

Lange vor dem Laub erscheinend; Blütenstand von 4 derben, bis zu 1 cm langen Knospenschuppen umgeben, die zur Blüte gelbgrün und hochblattartig sind; aus 10–25 Einzelblüten, diese zwittrig, gelb, 4-zählig, Kronblätter bis zu 3 mm lang, mit einem ringförmigen Polster aus Nektardrüsen zwischen Griffel und Staubblattkreis.

Früchte

Hängende, eiförmige, bis zu 2 cm lange Steinfrucht; mit leuchtend roter, glänzender Haut, gelb-orangem, wohlschmeckend säuerlichem Fruchtfleisch und länglichem, bis zu 1 cm langem Steinkern.

Vorkommen Ursprünglicher Verbreitungsschwerpunkt in Südosteuropa und Kleinasien, in Mitteleuropa nur im Osten Österreichs. Die Kornelkirsche wurde über weite Teile Mitteleuropas in Gärten, Parks, an Wald- und Feldrändern angepflanzt und ist vielerorts inzwischen eingebürgert und häufig.

Wissenswertes Blütezeit ist von Februar bis April, die Bestäubung erfolgt durch Insekten. Die Früchte erscheinen ab August, die Verbreitung erfolgt durch Vögel.
Wegen der Blütenfarbe und der Färbung der jungen Triebe wird die Kornelkirsche zuweilen auch Gelber Hartriegel genannt. Ihre gelben Blüten sind die ersten auffälligen Frühlingsboten, die wir unter den Bäumen und Sträuchern wahrnehmen. Sie haben zu dieser Zeit auch als Bienenweide und für andere Insekten eine hohe Bedeutung.
Die roten Kornelkirschen sind im vollreifen Zustand ein leckeres Wildobst. Auch als Fruchtmus, Marmelade oder Sorbet können sie verwendet werden; in Österreich, wo sie „Dirndln" heißen, wird aus ihnen der feinaromatische „Dirndlschnaps" gebrannt.
Das Holz ist sehr hart und wird für Werkzeugschäfte, Leitersprossen, Lineale und Präzisionswerkzeuge verwendet.

Ähnliche Arten

Die Gattung *Cornus* hat ihre Hauptverbreitung in Nordamerika und Ostasien, von dort stammen einige bei uns häufiger zu sehende Ziergehölze (vgl. S. 146). In Mitteleuropa ist neben der Kornelkirsche nur noch der **Blutrote Hartriegel**, ein meist kleinerer Strauch (S. 268), heimisch.
Im Norden Europas findet man noch den **Schwedischen Hartriegel** *(Cornus suecica)*, eine Staude mit einer Höhe von bis zu 25 cm. Sie hat kreuzgegenständige, eiförmig zugespitzte Blätter und kompakte Blütenstände aus zehn bis 20 kleinen rotschwarzen Einzelblüten, die von vier eiförmigen, weißen Hochblättern umgeben sind. Diese erinnern an die Blumenhartriegel (S. 146).

Hoher aufrechter Strauch oder kleiner Baum, bis zu 6 m hoch, oft sparrig verzweigt und unregelmäßig zerrissen wirkend. Baumformen entstehen meist durch Schnittmaßnahmen.

Die Borke
ist graubraun mit zahlreichen Rissen und Furchen und löst sich schuppig ab.

Pagoden-Hartriegel, Riesen-Hartriegel

Cornus controversa · Hartriegelgewächse (Cornaceae)

Blätter

Sommergrün; wechselständig; bis zu 12 cm lang, lang gestielt; Blattform breit eiförmig, vorn zugespitzt; glattrandig; beidseits der Mittelrippe mit 5–9 bogigen, zur Spitze weisenden Seitenadern; oberseits glänzend frischgrün, unterseits blaugrün, mit parallel ausgerichteten Härchen.

Blüten

In bis zu im Durchmesser 12 cm großen Schirmrispen; aus zahlreichen Einzelblüten, diese zwittrig, weiß, 4-zählig, Staubblätter lang gestielt, stehen kreuzförmig zwischen bis zu 6 mm langen Kronblättern; mit einem gelben, ringförmigen Polster aus Nektardrüsen um den Griffel.

Früchte

In lockeren, schirmähnlichen Rispen mit zahlreichen Steinfrüchten, diese bis zu 6 mm im Durchmesser, zunächst rosa-weiß, später blauschwarz.

Vorkommen Stammt ursprünglich aus China, Korea und Japan. Ist in Mitteleuropa winterhart und zuweilen in Parks und Gärten anzutreffen. Bevorzugt sonnige Standorte und gut durchlässige Böden.

Wissenswertes Blütezeit ist Juni und Juli, die Bestäubung erfolgt durch Insekten. Die Früchte erscheinen im September und Oktober, die Verbreitung übernehmen Vögel. Der Pagoden-Hartriegel stellt innerhalb der Gattung *Cornus* eine Besonderheit dar, weil nur er (und eine weitere Art) wechselständige Blätter hat. Alle anderen 43 Arten der Gattung besitzen dagegen gegenständige Blätter.

Durch die kräftigen, fast waagerecht verlaufenden Hauptäste bekommt der Baum eine Aufteilung in Etagen und sein „pagodenhaftes" Aussehen, was ihn als Zierelement sehr attraktiv macht. Häufig findet man auch eine Varietät 'Variegata' mit panaschierten Blättern.

Ähnliche Arten

Der Schauapparat der so genannten Blüten- oder Blumen-Hartriegel wird nicht durch die eigentlichen Blüten, sondern von Hochblättern, die diese umgeben, gebildet.

Beim **Japanischen Blumen-Hartriegel** *(Cornus kousa)* sind diese Hochblätter reinweiß, zu viert stehend, bis zu 5 cm lang und länglich mit ausgezogener Spitze (siehe Abb.).

Er ist häufiger in Gärten und Parks anzutreffen, ebenso wie der aus dem Westen Nordamerikas stammende **Nuttalls Blumen-Hartriegel** *(Cornus nuttallii)*, der meist fünf bis sechs Hochblätter trägt; diese sind bis zu 8 cm lang, vorn abgerundet oder stumpf zugespitzt und weiß oder zartrosa.

Ähnlich ist der **Blüten-Hartriegel** *(Cornus florida)*, ebenfalls aus Nordamerika, er trägt aber stets nur vier weiße bis rosafarbene Hochblätter.

Baum oder Großstrauch, bis zu 20 m hoch, in Mitteleuropa selten über 10 m, mit etagenartig angeordneten, waagerechten Hauptästen. An diesen hängen die Blätter auffällig herunter.

Die Borke
ist silbergrau bis graubraun mit zahlreichen schräg längs verlaufenden und sich kreuzenden Rissen, wirkt insgesamt aber relativ glatt.

Blaugummibaum, Fieberbaum

Eucalyptus globulus · Myrtengewächse (Myrtaceae)

Blätter

Mehrjährig; mit 2 Blatt-Typen: Jugendblätter gegenständig, ungestielt, teils stängelumfassend, bis zu 15 cm lang, länglich eiförmig, vorn zugespitzt, ganzrandig, blaugrün, mit Wachs silbrig-weiß bereift. Altersblätter wechselständig, hängend, bis zu 30 cm lang, schmal länglich bis sichelförmig, glattrandig, beidseits dunkelgrün, ledrig, glänzend.

Altersblätter

Blüten

Zwittrig, zu 1(–3) in den Blattachseln der Altersblätter; Achse und Kelch zu blaugrauem, warzig-ledrigem, tütenförmigem Blütenbecher verwachsen, geschlossen bis zu 4 cm lang, mit kegelförmiger, warziger Haube (umgestaltete Kronblätter); mit zahlreichen weißen bis gelben Staubblättern, die einen büschelig-pinselförmigen Schauapparat bilden; Fruchtknoten tief im Blütenbecher, dort verwachsen.

Früchte

Vierkantige, laternenförmige, ledrige Kapselfrucht, bis zu 3,5 cm lang; umgekehrt kegelförmig; grau-schwarz, warzig, mit Wachs weißlich bereift, mit breitem ringförmigem Wulst und Öffnungsmechanismus aus 4–5 Klappen.

Jugendblätter

Vorkommen Der Blaugummibaum ist der sowohl in seiner australischen Heimat als auch weltweit angepflanzt am weitesten verbreitete Eukalyptus. In Mitteleuropa ist er nicht ganz frosthart, wird aber in wintermilden Lagen als Park- und Straßenbaum angepflanzt. In Südeuropa und auf den Britischen Inseln ist er inzwischen an vielen Stellen eingebürgert und wird auch forstlich genutzt, u. a. zur Trockenlegung von Sumpfgebieten.

Wissenswertes Die Blüte- und Fruchtzeit ist in seiner australischen Heimat ganzjährig, die Bestäubung dort erfolgt durch Vögel und Fledermäuse. In Mitteleuropa blüht er nur im Sommerhalbjahr.

In der gesamten Gattung *Eucalyptus* kommen ätherische Öle als Inhaltsstoffe vor. Diese werden sowohl medizinisch als auch zur Aromatisierung von Lebensmitteln genutzt.

Das Holz einiger Eukalyptus-Arten ist ein geschätztes Bauholz, das des Blaugummibaums und anderer raschwüchsiger Arten wird vor allem zur Papier- und Zellstoffproduktion verwendet.

Ähnliche Arten

Der **Tasmanische** oder **Mostgummi-Eukalyptus** *(Eucalyptus gunnii)* ist in Mitteleuropa als Baum an wärmebegünstigten Orten in Parks und Sammlungen zu finden. Seine Blüten sind cremeweiß, haben eine halbkugelige, leuchtend rote Haube mit einer kleinen Spitze im Zentrum und stehen meist zu dritt.

Die rundlichen, blaugrünen Jugendblätter werden häufig in der Blumenbinderei in Schnittblumensträußen und Gestecken verwendet. Auch in Gartenanlagen findet man sie oft als einjährige (weil nicht winterharte) Begrenzungspflanze in Blumenrabatten.

Jugendblätter

Altersblatt

Schlanker, schmaler Baum mit lichter Krone, in Australien bis zu 65 m hoch, in Mitteleuropa nur selten über 40 m hoch. Der Stamm ist meist relativ schlank und bis in die Kronenspitze gerade.

Die Borke
ist hellbraun bis graubraun und löst sich in kleinen Platten und länglichen, spiralig aufrollenden Streifen ab. Am Stamm entsteht dadurch oft ein unregelmäßiges Streifenmuster.

Schmalblättrige Ölweide

Elaeagnus angustifolia · Ölweidengewächse (Elaeagnaceae)

Blätter

Sommergrün; wechselständig; bis zu 8 cm lang, Blattstiel bis zu 8 mm lang; Blattform schmal länglich, vorn zugespitzt; Blattrand glatt; oberseits matt grün, unterseits silbrig weiß mit dichtem Flaum aus Sternhaaren. Zweige mit kräftigen, meist mehrere Zentimeter langen Sprossdornen.

Blüten

Zwittrig, teils rein ♂, zu 2 bis 3 in den Blattachseln der Triebspitzen; 4-zählig, gelb, Achse und Kelch glockig verwachsen, außen silbrig; Länge bis zu 1 cm; keine Kronblätter; angenehmer Duft nach Leder.

Früchte

Länglich-eiförmige, steinfruchtähnliche, bis zu 2 cm lange Früchte; Haut orange-gelb bis hellbraun, durch Sternhaare silbrig bereift; Fruchtfleisch gelb, mehlig, süßlich und mit einem harten, länglichen Steinkern.

Vorkommen Ursprungsgebiet ist Kleinasien über den Nordiran bis nach Kasachstan. Die Art wurde bereits in der Antike im ganzen Mittelmeergebiet eingeführt und ist dort vielerorts eingebürgert. Sie ist in Mitteleuropa ein häufiges Ziergehölz in Gärten, Parks und städtischen Grünflächen und an den Küsten oft als Windschutzhecke anzutreffen.

Wissenswertes Blütezeit ist Mai und Juni, die Bestäubung erfolgt durch Bienen und andere Insekten. Fruchtreife ist im September und Oktober, die Verbreitung erfolgt durch Vögel. Der Name der Ölweide spielt auf die Ähnlichkeit der fruchttragenden Bäume mit dem Ölbaum (Olive) an, die länglichen Blätter erinnern an Weidenarten.

Die essbaren Früchte werden vor allem in Westasien als Frischobst und für Gebäck und Liköre verwendet. Wegen der kräftigen Dornen sollte man bei der Ernte der Früchte umsichtig sein. Die Duftstoffe der Blüten werden bei der Parfümherstellung eingesetzt.

Ähnliche Arten

Der **Gemeine Sanddorn** *(Hippophaë rhamnoides)* ist ein in Mitteleuropa heimischer, meist nicht mehr als 5 m hoher, sehr dorniger Strauch, der in alpinen Schuttfluren und vor allem in den Küstengebieten häufig ist. Seltener wird er in Parks als Zierelement angepflanzt. Seine bis zu 6 cm langen länglichen Blätter sind silbrig behaart, die Blüten sind zweihäusig verteilt. Die leuchtend orangefarbigen steinfruchtartigen Früchte sind kugelig bis eiförmig, bis zu 8 mm im Durchmesser, mit silbrigen Sternhaaren versehen und besitzen einen kleinen Steinkern. Die Verarbeitung der Früchte zu einem wohlschmeckenden Sirup und ihre Verwendung in der Volksmedizin haben insbesondere an den Küsten eine lange Tradition.

Großer Strauch oder bis zu 8 m hoher Baum mit dichter, breiter Krone und überhängenden Ästen. Wirkt durch reiche Verzweigung in belaubtem Zustand oft sehr kompakt.

Die Borke
ist graubraun und löst sich länglichen Streifen; sie ist durch Drehwuchs des Baums oft spiralig um die Achse gewunden.

Gleditschie, Lederhülsenbaum

Gleditsia triacanthos · Johannisbrotgewächse (Caesalpiniaceae)

Blätter

Sommergrün; wechselständig; einfach gefiederte Blätter meist an älteren Bäumen, mit bis zu 15 Fiederblattpaaren, diese meist nicht exakt gegenständig, meist mit Endfiederblatt; doppelt gefiederte Blätter mit bis zu 14 Fiedern erster Ordnung, diese mit jeweils etwa 30 Teilblättchen besetzt, oft ohne Endblättchen. Fiederblätter eiförmig, bis zu 2 cm lang, schwach gekerbt bis glattrandig, vorn wenig zugespitzt, glänzend grün; Zweige mit verzweigten Dornen.

Blüten

Einhäusig getrenntgeschlechtig oder zwittrig; in vielblütigen, hängenden, bis zu 8 cm langen Trauben; Einzelblüten 5-zählig, kurz gestielt, ♂ und zwittrige gelblich, schwach asymmetrisch, mit glockiger, gelber Hülle, grünem Kelch und 5 Staubblättern; rein ♀ Blüten grünlich und unscheinbar.

Früchte

Sehr große, bis zu 40 cm lange und bis zu 3 cm breite Hülsenfrucht, oft spiralig verdreht; zunächst grün, später rotbraun und ledrig glänzend. Enthält im gekammerten Mark zahlreiche harte, ei- bis linsenförmige braune Samen.

Vorkommen Stammt ursprünglich aus dem östlichen Nordamerika, ist in Mitteleuropa als attraktives Ziergehölz zuweilen in Gärten, Parks und (seltener) als Straßenbaum anzutreffen. In öffentlichen Grünanlagen wird oft die dornenlose Sorte 'Inermis' bevorzugt, leider fehlt diesen Bäumen dann ein interessantes und charakteristisches Merkmal. Die Gleditschie ist aber trotz allem durch die fein geteilten Blättchen, die Blüten und die über den Winter stehenden Lederhülsen als Zierbaum sehr einprägsam.

Wissenswertes Blütezeit ist Mai und Juni, die Bestäubung erfolgt durch Insekten. Fruchtreife ist im September und Oktober, die Hülsen verbleiben aber meist über den Winter am Baum; die Verbreitung erfolgt durch Vögel und auch Nagetiere.

Die Gleditschie ist in Nordamerika ein allgegenwärtiger Straßenbaum, der sich dort auch als sehr widerstandsfähig gegenüber Abgasen erwiesen hat. So sieht man sie in den Wolkenkratzerschluchten der amerikanischen und kanadischen Großstädte sehr häufig.

In Abgrenzung zu asiatischen Arten der Gattung wird sie zuweilen auch als Amerikanische Gleditschie bezeichnet. Auch der Name Christusdorn kommt zuweilen vor, ist aber auch für zahlreiche andere, nicht näher verwandte Sträucher und Bäume üblich.

Der wissenschaftliche Artname setzt sich zusammen aus „tri" (drei) und „akanthos" (Dorn) und bezieht sich auf die an allen Ästen und Zweigen – und sogar am Stamm – vorkommenden kräftigen Dornen, die zunächst dreigliedrig sind, bevor sie sich weiterverzweigen.

Hoher schlanker Wuchs mit bis zu 45 m Höhe; mit aufrechten, im oberen Teil breiter aufspreizenden Hauptästen. Junge Bäume sind zuweilen auch kompakt und rundlich. Hin und wieder mehrstämmig.

Die Borke
ist anfangs rotbraun, glatt und mit Korkwarzenbändern, später rotbraun bis graubraun, und reißt längs in zahlreiche Felder auf. Sie besitzt verzweigte Dornen.

Gewöhnlicher Judasbaum

Cercis siliquastrum · Johannisbrotgewächse (Caesalpiniaceae)

Blätter

Sommergrün; wechselständig; bis zu 11 cm im Durchmesser, Blattstiel bis zu 4 cm lang; Blattform annähernd rund bis nierenförmig, am Blattstiel herzförmig; vorn mit kleiner Spitze oder Einkerbung; ganzrandig; ledrig derb, beidseits unbehaart, oberseits dunkelgrün, unterseits heller.

Blüten

Zwittrig; zu 4–10 in Büscheln direkt am Holz (Stamm, mindestens zweijährige Äste); zweiseitig symmetrische Schmetterlingsblüten; Blütenkronblätter rosarot, die unteren beiden umhüllen die 10 Staubblätter und den Fruchtknoten. Blütenkelch glockenförmig, bräunlich.

Früchte

Bis zu 10 cm lange und bis zu 2 cm breite, flache Hülsenfrucht; reif hellbraun, pergamentartig; öffnet sich bereits im Herbst einen Spalt breit, verbleibt am Baum und entlässt die Samen meist erst im Frühjahr.

Vorkommen Ursprünglich aus Südosteuropa, Kleinasien und dem Nordiran. Wird im Mittelmeergebiet bereits seit der Antike häufig angepflanzt und ist vielerorts eingebürgert. In Mitteleuropa nicht selten in Parks und Gärten, bevorzugt feuchte bis mittlere Standorte und mäßig nährstoffreiche Böden.

Wissenswertes Blütezeit ist April und Mai, die Bestäubung erfolgt durch Bienen und andere Insekten. Fruchtreife ist im September und Oktober, die Verbreitung erfolgt durch Vögel und Nagetiere.

Die Deutung des Namens „Judasbaum" bietet mehre Möglichkeiten: am wahrscheinlichsten ist „Baum aus Judäa". Das Gerücht, Judas Ischarioth habe sich nach dem Verrat von Jesus Christus an einem solchen Baum erhängt, ist unwahrscheinlich, da die Mehrzahl der Quellen auf einen Holunder (S. 196) hinweist. Eher gefällt die Interpretation, die annähernd kreisrunden, unterseits silbrig grünen Blätter würden an die 30 Silberlinge, den Lohn des Verräters, erinnern.

Das Erscheinen der Blüten direkt am Stamm (Kauliflorie) stellt eine Besonderheit dar. Im Mittelmeerraum werden die aromatischen, essbaren Blüten gerne zur Dekoration von Speisen und Salaten verwendet.

Ähnliche Arten

Sehr viel seltener (und meist nur in Sammlungen und Botanischen Gärten zu finden) ist der **Kanadische Judasbaum** *(Cercis canadensis)* in Mitteleuropa zu sehen. Er ist der obigen Art recht ähnlich, seine Blüten sind aber etwas kleiner und die Blätter sind nie rund. Sie besitzen vorn eine lang ausgezogene Spitze und sind unterseits (zumindest an der Basis) behaart.

Die Judasbäume und die Gleditschie (S. 152) gehören zur Familie der Johannisbrotgewächse, die den Schmetterlingsblütlern (vgl. die folgenden Seiten) recht ähnlich sind und früher in eine gemeinsame Familie gestellt wurden. Namengebend ist der im Mittelmeerraum vorkommende **Johannisbrotbaum** *(Ceratonia siliqua)* mit seinen essbaren Hülsen.

Großer Strauch oder kleiner Baum mit bis zu 10 m Höhe; nur wenig verzweigt, aber mit breiter, oft unregelmäßiger Krone.

Die Borke

ist zunächst rotbraun mit orange-braunen Korkwarzen. Später ist sie fast schwarz und reißt in unregelmäßige Felder auf.

Japanischer Schnurbaum, Pagodenbaum

Sophora japonica · Schmetterlingsblütler (Fabaceae)

Blätter

Sommergrün; wechselständig; bis zu 25 cm lang, unpaarig gefiedert mit bis zu 17 Fiederblättchen, diese zueinander gegenständig; Fiederblättchen kurz gestielt, eiförmig, vorn kaum zugespitzt, glattrandig; oberseits matt dunkelgrün, unterseits blaugrün, fein anliegend behaart. Zweige unbedornt.

Blüten

Zwittrig; zahlreich in bis zu 25 cm langen, aufrechten Rispen; Einzelblüten bis zu 2 cm lang, gelb oder cremefarben, zweiseitig symmetrische Schmetterlingsblüte, Kelch blassgrün.

Früchte

Bis zu 7 cm lange, nach jedem Samen eingeschnürte Hülsenfrucht (Gliederhülse), erinnert an eine Perlenschnur; zunächst grünlich, später schwarzbraun; trägt an der Basis Reste von Kelch und Staubblättern; Gliederhülsen öffnen sich nicht, sondern zerbrechen in ihre einzelnen, je einen Samen enthaltenden Glieder.

Vorkommen Stammt ursprünglich aus China und Korea, wurde aber bereits früh in Japan kultiviert, wodurch der deutsche Name erklärbar wird. Er ist in Mitteleuropa in Parks und in den letzten Jahren immer häufiger als Allee- und Straßenbaum zu sehen, und erfreut bei hoher Resistenz gegen Trockenheit und Abgase mit seinen Blüten und seinem Laub, das allerdings oft erst spät im Mai erscheint. Da es bereits recht früh im Oktober beginnt gelb zu werden, ist die Vegetationsperiode dieses Baumes erstaunlich kurz.

Wissenswertes Blütezeit ist Juli und August, die Bestäubung erfolgt durch Bienen und andere Insekten. Fruchtreife ist ab September, die Verbreitung erfolgt durch Vögel, die die Gliederhülsen am Baum oder am Boden zerpicken und dann die einzelnen Glieder fressen. Die Samen werden nach der Passage durch den Darm ausgeschieden und so verbreitet.

Die hochgiftigen Früchte mit den angeblich sauer schmeckenden Samen gaben ihm auch den Namen Sauerschotenbaum.

Auf den ersten Blick wirkt der Schnurbaum ähnlich wie eine Robinie (S. 160). Durch die kleineren Blüten, die unterseits behaarten Blätter und die fehlenden Dornen lässt er sich aber gut von dieser unterscheiden.

Ähnliche Arten

Das **Amerikanische Gelbholz** *(Cladrastis lutea)* stammt aus dem Osten Nordamerikas und ist bei uns nur selten in Parks und Botanischen Gärten zu finden. Seine hängenden Rispen aus duftenden, gelblich weißen Schmetterlingsblüten erinnern ebenfalls an die Robinie, seine Laubblätter eher an die Esche (S. 188). Im Gegensatz zu dieser stehen sie aber stets wechselständig und auch die einzelnen Blattfiedern stehen sich nie gegenüber. Der bis zu 20 m hohe Baum neigt zu Ast- und Stammbruch, aus seinem Kernholz wird ein gelber Farbstoff gewonnen.

Meist unregelmäßiger, bis zu 25 m hoher Baum mit zerrissen oder mehrteilig wirkender Krone. In Städten sind durch Formschnitt häufig schmale, hohe Kronen zu sehen.

Die Borke
ist graubraun und meist lange relativ glatt. Im Alter wird sie in Längsrichtung gefurcht und runzelig.

Gemeiner Goldregen

Laburnum anagyroides · Schmetterlingsblütler (Fabaceae)

Blätter

Sommergrün; wechselständig; bis zu 7 cm lang gestielt, Blattstiel seidig behaart; mit 3 eiförmigen, bis zu 8 cm langen Fiederblättchen, vorne wenig zugespitzt oder abgerundet, oberseits dunkelgrün, kahl, unterseits graugrün, fein anliegend behaart, später allmählich verkahlend. Zweige anliegend behaart und unbedornt.

Blüten

Zwittrig; zu 10–30 in bis zu 25 cm langen, hängenden Trauben; Einzelblüten bis zu 2 cm lang, leuchtend gelb, zweiseitig symmetrische Schmetterlingsblüte, Kelch grün, glockenförmig, wie der bis zu 12 mm lange Blütenstiel seidig behaart.

Früchte

Bis zu 7 cm lange und bis zu 1 cm breite, flache Hülsenfrucht, bildet die Form der innen liegenden Samen ab, ist am Rand ungeflügelt; anfangs grün, seidig behaart, später verkahlend, braun, mit bis zu 10 runden bis bohnenförmigen, hellbraunen Samen.

Vorkommen Heimisch im südlichen Mitteleuropa und im Mittelmeerraum, auf steinigem Untergrund, licht- und wärmebedürftig. In ganz Mitteleuropa häufig wegen seiner Blütenpracht angepflanzt, häufig in Parks, Gärten und städtischen Anpflanzungen.

Wissenswertes Blütezeit ist Mai und Juni, die Bestäubung erfolgt durch Bienen und andere Insekten. Fruchtreife ist ab August, die Verbreitung der Samen erfolgt durch Vögel. Die Früchte öffnen sich bereits sehr bald, die Samen haften aber in der Hülse und fallen erst allmählich heraus. Die offenen Hülsen verbleiben oft über den Winter am Baum.

Der Goldregen ist eines unserer giftigsten Gehölze. Vergiftungen durch ihn sind recht häufig. Die Inhaltsstoffe führen bei Verzehr (z. B. der Hülsen oder der Samen) zu Lähmungen des zentralen Nervensystems und der Atmung. Da Kinder gerne mit den Früchten des häufigen Zierstrauchs spielen, sollten Eltern sie über die Gefahr aufklären.

Sein Holz ist hart, schwer und dennoch elastisch. Früher hatte es Bedeutung bei der Herstellung von Armbrüsten, doch auch heute noch wird es wegen seiner schönen Maserung vor allem als Drechselholz für Verzierungen und Skulpturen geschätzt.

Ähnliche Arten

Der Gemeine Goldregen wird in den höheren Lagen der Alpen, des Balkangebirges und der Karpaten durch den **Alpen-Goldregen** *(Laburnum alpinum)* abgelöst. Dieser hat unbehaarte Zweige und rasch verkahlende Blätter, seine Blüten sind etwas kleiner, die Trauben bestehen aber aus bis zu 40 Blüten. Die Hülsenfrucht ist am oberen Rand schwach geflügelt.

Häufiger findet man den Bastard der beiden Arten, den **Hybrid-Goldregen** *(Laburnum × watereri)*, der in zahlreichen Zuchtformen und Sorten als Ziergehölz über fast ganz Europa verbreitet ist. Die Merkmale liegen meist zwischen den Elternarten, züchterisch wurden Formen mit besonders prachtvollen Blütenständen ausgelesen.

Meist größerer Strauch oder bis zu 7 m hoher Baum mit schmaler, aufrechter, aber unregelmäßiger Krone. Die Äste stehen zunächst aufrecht, werden später breit und hängen über.

Die Borke
ist grünlich braun und meist lange relativ glatt, später längsstreifig. Sie wird aber nur wenig rau und schuppig.

Gemeine Robinie, Falsche Akazie

Robinia pseudoacacia · Schmetterlingsblütler (Fabaceae)

Blätter

Sommergrün; wechselständig; bis zu 30 cm lang, unpaarig gefiedert mit bis zu 23 Fiederblättchen, diese zueinander gegenständig; Fiederblättchen kurz gestielt, eiförmig, glattrandig und vorn abgerundet, mit winziger Spitze; oberseits dunkelgrün, anfangs fein behaart, unterseits Behaarung dauerhaft; an der Blattbasis Nebenblätter oft in 2 kräftige Blattdornen umgebildet.

Blüten

Zwittrig; zu 10–25 in bis zu 25 cm langen, hängenden Trauben; Einzelblüten bis zu 2 cm lang, weiß, stark duftend, zweiseitig symmetrische Schmetterlingsblüte, Kelch grün, glockenförmig.

Früchte

Bis zu 10 cm lange und bis zu 1,5 cm breite, flache Hülsenfrucht; reif schwarzbraun, pergamentartig bis ledrig; öffnet sich am Baum ohne sich zu verwinden, an der silbrigen Innenseite bleiben die 4–10 harten, dunkelbraunen Samen noch einige Zeit haften, die Hülsen verbleiben über den Winter am Baum.

Vorkommen Stammt aus dem östlichen Nordamerika, wurde aber bereits im 17. Jahrhundert nach Mitteleuropa gebracht und ist hier in weiten Teilen eingebürgert. Sie wird gerne zur Befestigung von Hanglagen angepflanzt, und ist als Park-, Garten- und Straßenbaum häufig.

Wissenswertes Blütezeit ist Mai und Juni, die Bestäubung erfolgt durch Bienen und andere Insekten. Fruchtreife ist im September, die Verbreitung der Samen erfolgt durch Vögel.

Das Holz der Robinie ist hart und widerstandsfähig und außerdem relativ pilzresistent. Es wird gerne für Palisaden und Pfosten, aber auch für Werkzeugschäfte und Gartenmöbel verwendet. Die Blätter und Samen sind schwach giftig, nicht aber der Nektar: Robinien sind für den Imker eine wichtige Bienenweide („Akazienhonig").

Die durch den deutschen Namen fälschlicherweise in naher Verwandtschaft zu vermutenden echten Akazien gehören zur Familie der Mimosengewächse (Mimosaceae) und sind allenfalls vom Blattschnitt her ähnlich.

Ähnliche Arten

Neben der weißblühenden Gemeinen Robinie finden wir in Parks und als Straßenbaum seltener auch rosablühende Arten, die ebenso aus dem östlichen Nordamerika stammen. Die **Klebrige Robinie** *(Robinia viscosa)* hat zartrosa Blüten (siehe Abb.), auch die Blütenkelche sind meist rötlich überlaufen. Bei dieser Art sind die Blattspindeln, die Achsen der Blütenstände und die jungen Zweige mit dunklen, klebrigen Drüsenhaaren besetzt, die Hülsen tragen Borsten und klebrige Drüsen (siehe Abb.).

Die **Borstige Robinie** *(Robinia hispida)* hat purpur-rosa Blüten und die Blattspindeln und Blütenstandsachsen sind dicht mit hellen, mehrere Millimeter langen Borstenhaaren besetzt.

Aufrechter, bis zu 25 m hoher Baum mit rundlicher bis eiförmiger Krone, zuweilen mehrstämmig; häufig mit einzelnen kümmernden oder abgestorbenen Ästen.

Die Borke
ist hellbraun bis graubraun, tief längs gefurcht und mit einem Netz aus Rippen und Leisten versehen.

Blasenesche, Rispiger Blasenbaum

Koelreuteria paniculata · Seifenbaumgewächse (Sapindaceae)

Blätter

Sommergrün; wechselständig; bis zu 35 cm lang, unpaarig gefiedert mit bis zu 17 Fiederblättchen, diese meist mehr oder weniger zueinander gegenständig; Fiederblättchen kurz gestielt, eiförmig, an der Basis oft noch mit Fiederblättchen zweiter Ordnung, vorn zugespitzt, gelappt mit zur Basis hin immer tieferen Einschnitten, Blattrand grob gesägt; oberseits matt dunkelgrün, unterseits heller, unbehaart.

Blüten

Zwittrig; zahlreich in bis zu 40 cm langen, reich verzweigten, pyramidenartigen Rispen; Einzelblüten bis zu 1 cm im Durchmesser, aus 5zipfeligem, grünem Kelch, 4(–5) leuchtend gelben Kronblättern und 8 lang gestielten Staubblättern; Kron- und Staubblätter stehen sich gegenüber, die Blüten wirken daher meist zweiseitig symmetrisch.

Früchte

Lampionartige, luftgefüllte Kapselfrucht, bis zu 5 cm lang, mit zunächst grüner, später rötlicher und zuletzt brauner, papierartiger Wand; zahlreich an rispigem Fruchtstand; sich dreiteilig öffnend, im Innern mit 3 schwarzen, erbsengroßen Samen.

Vorkommen Die Blasenesche hat ihre Heimat in Korea und Nordchina. In Mitteleuropa ist sie wegen der attraktiven Blüten, Blätter und Früchte eine zwar nicht häufige, aber einprägsame Besonderheit in Parks, Botanischen Gärten und zuweilen auch städtischen Anlagen. Dort erweist sie sich als robust gegenüber Trockenheit und städtischen Klimaten.

Wissenswertes Blütezeit ist im August, die Bestäubung erfolgt durch Bienen und andere Insekten. Fruchtreife ist ab September, die Verbreitung der Samen erfolgt durch Vögel (die blasigen Kapselfrüchte werden aber auch vom Wind verdriftet).

Der Blasenbaum wurde nach dem Karlsruher Botaniker J. G. Kölreuter benannt, der im 18. Jahrhundert erste bahnbrechende Untersuchungen zu Bestäubungs- und Befruchtungsvorgängen bei Pflanzen durchführte und als Pionier der Blütenökologie gilt. Ebenso führte er erste wissenschaftliche Kreuzungsversuche bei Gehölzen durch.

Die Familie der Seifenbaumgewächse hat einen tropischen Verbreitungsschwerpunkt und umfasst viele Gehölze, insbesondere Lianen. Je nach Definition des Familienbegriffes gehören auch die Rosskastanien (S. 164) und die Ahorne (S. 166–179) dazu, die aber in diesem Buch in ihren eigenen Familien belassen wurden.

Mit der Blasenesche nahe verwandt ist die Litschi *(Litchi chinensis)*, die in Asien ein weit verbreitetes Obst liefert, das in den letzten Jahren auch bei uns an Bedeutung gewinnt. Zwischen der rosa-braunen, ledrig-pergamentartigen Fruchtwand und dem glänzenden, harten Samen bildet diese Art einen fleischigen, saftigen Samenmantel (Arillus) aus, der sehr schmackhaft ist.

Bis zu 25 m hoher Baum; meist mit unregelmäßiger, zerrissen oder mehrteilig wirkender Krone; oft sehr dicht beastet; ältere Bäume hängen kuppelförmig über.

Die Borke

ist graubraun und meist lange relativ glatt. Im Alter wird sie in Längsrichtung gefurcht und runzelig.

Gemeine Rosskastanie

Aesculus hippocastanum · Rosskastaniengewächse (Hippocastanaceae)

Blätter

Sommergrün; gegenständig; handförmig geteilt in 5–7 Fiederblätter, diese bis zu 20 cm lang, verkehrt-eiförmig, an der Basis allmählich verschmälert, vorn mit ausgezogener Spitze; der Blattrand ist doppelt gesägt; oberseits dunkelgrün, kahl, unterseits etwas heller, an den Blattadern behaart.

Blüten

Zwittrig; zahlreich in bis zu 30 cm langen, aufrechten, kegelförmigen Rispen; Einzelblüten bis zu 2 cm im Durchmesser, mit 5-zipfeligem, glockigem Kelch, 5 weiße Kronblätter, mit welligem Rand, teils mit gelber oder roter Zeichnung, die 5–8 lang gestielten Staubblätter biegen sich einseitig bogig abwärts; Blüte insgesamt leicht zweiseitig symmetrisch.

Früchte

Kugelige, lang gestielte, bis zu 6 cm im Durchmesser große Kapselfrucht; grün bis grünbraun, bestachelt, sich 3-klappig öffnend, innen cremefarben; mit 1–3 runden bis einseitig abgeflachten, glänzenden rotbraunen Samen mit großer weißlicher Nabelfläche.

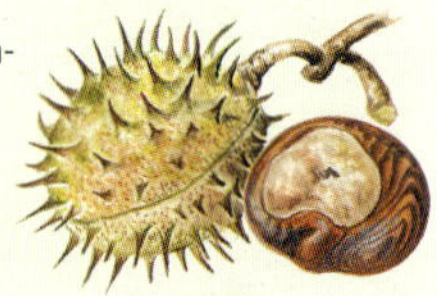

Vorkommen Die Rosskastanie war in prähistorischer Zeit über weite Teile Europas verbreitet, hat sich aber während der Eiszeiten auf ein kleines Areal auf dem Balkan zurückgezogen. Bereits im 16. Jahrhundert erfolgte bei uns die Anpflanzung des Baumes in Parks und als Straßen- und Alleebaum. Er gilt heute als eingebürgert.

Wissenswertes Blütezeit ist im April und Mai, die Bestäubung erfolgt durch Bienen und andere Insekten. Fruchtreife ist im September und Oktober, die Verbreitung der Samen erfolgt durch Eichhörnchen und andere Nagetiere. Die Kastanien enthalten viel Stärke und werden zur Wildfütterung auch heute noch gerne gesammelt.

Seit den 1990er-Jahren leiden viele Bäume unter dem Befall der Rosskastanien-Miniermotte, einem Kleinschmetterling, der über den Balkan zu uns eingewandert ist. Bis heute fehlen zur Bekämpfung sowohl natürliche Feinde als auch unbedenkliche Pflanzenschutzmittel. Die zahlreichen Larven der Motte fressen sich mit Gängen („Minen") durch das Laub der Blätter, was zur allmählichen Welke und zum verfrühten Blattfall führt. Man nimmt an, dass dies nicht zur dauerhaften Schädigung der Bäume führt, Langzeitstudien fehlen aber bislang.

Ähnliche Arten

Aus einer Kreuzung mit der nordamerikanischen Roten Pavie *(Aesculus pavia)* entstand die **Rotblühende Rosskastanie** *(Aesculus × carnea)*, die ebenfalls immer wieder als Zierbaum zu sehen ist. Neben den rosa- bis purpurfarbenen Blüten dienen auch die unbestachelten Fruchtkapseln als Unterscheidungsmerkmal (siehe Abb.).

Auch die gelb blühende **Gelbe Pavie** *(Aesculus flava)* besitzt unbestachelte Kapseln und wird zuweilen bei uns angepflanzt. Ihr Herbstlaub ist orange bis scharlachrot und damit im Vergleich zur Gemeinen Rosskastanie wesentlich attraktiver.

Meist kräftiger, stattlicher Baum mit rundlicher, breit ausladender Krone und überhängenden Ästen, bis zu 25 m hoch. Der Hauptstamm ist oft sehr gerade und gut bis nahe an die Kronenspitze zu verfolgen.

Die Borke
ist bei jungen Bäumen glatt und hellbraun; später reißt sie in zahlreiche kleine und größere Platten schuppig auf.

Feld-Ahorn, Maßholder

Acer campestre · Ahorngewächse (Aceraceae)

Blätter

Sommergrün; gegenständig; Blattstiel bis zu 6 cm lang, mit Milchsaft; handförmig gelappt in 3–5 Teile, Einschnitte reichen teils bis zur Spreitenmitte, Blattspreite bis zu 8 cm lang und bis zu 10 cm breit; Rand sanft gebuchtet und etwas wellig; oberseits dunkelgrün, kaum behaart, unterseits graugrün, mit Blattachselbärtchen.

Blüten

Zwittrig, teilweise im selben Blütenstand auch eingeschlechtig; mit dem Laub erscheinend; zu 10–20 in Rispen; mit jeweils 5 ähnlich gestaltigen grünlich gelben Kelch- und Kronblättern; 8 Staubblätter, gelb, annähernd der gesamte Blütenboden wird von einem ringförmigen Wulst aus Nektardrüsen gebildet.

Früchte

Spaltfrucht aus 2 geflügelten Nüssen. Flügel annähernd auf einer Linie gegenüberstehend, Spannweite etwa 3,5 cm; hellgrün, später braun; flach, mit bogigem, glatten Rand.

Vorkommen In weiten Teilen Europas, von Mittelspanien bis zum Ural, aber in Irland, Skandinavien, dem Baltikum und dem nördlichen Russland fehlend; im Südosten bis zur Nordtürkei, im Kaukasus und Nordiran. Bevorzugt nicht allzu trockene Standorte in Laubmischwäldern, an Waldrändern und Feldrainen. Der Feld-Ahorn wird in Parks und Gärten häufig angepflanzt, oft auch als Hecke.

Wissenswertes Blütezeit ist im Mai, die Bestäubung erfolgt durch Bienen und andere Insekten. Fruchtreife ist im September und Oktober, die Verbreitung der geflügelten Samen erfolgt mit trudelnden Bewegungen durch den Wind.

Wie auch die Hainbuche (S. 52) wurde der Feld-Ahorn früher in der Niederwaldwirtschaft zur Viehfuttergewinnung geschneitelt. Er liefert ein hochwertiges Holz für Drechselarbeiten und zur Möbel- und Furnierherstellung. Seine Zweige sind oft durch mächtige Korkleisten „geflügelt", ein insbesondere bei Hecken und öfter beschnittenen Sträuchern auffälliges und einprägsames Merkmal.

Ähnliche Arten

Der **Französische Ahorn** *(Acer monspessulanum)* hat seinen Verbreitungsschwerpunkt in Südeuropa und Westasien. In Mitteleuropa besitzt er ein isoliertes Vorkommen im wintermilden Weinbaugebiet des Mittelrheins, an Mosel und Main. Vermutlich wurde er im Mittelalter in Burggärten angepflanzt und ist von dort ausgewildert, daher trägt er auch den Namen **Burgen-Ahorn.** Seine Blätter sind dreilappig, glattrandig und bis zu 7 cm lang, der Blattstiel führt keinen Milchsaft. Die Flügel der Spaltfrüchte neigen stark zueinander und weisen parallel nach unten, die Teilfrüchte sind jeweils bis zu 3 cm lang. Dieser Ahorn erreicht bei uns oft nur strauchartigen Wuchs.

Meist kleinerer Baum mit bis zu 15 m Höhe und rundlicher Krone, seltener bis zu 25 m hoch. Häufig auch als mehrstämmiger, breiter Strauch. Bildet gerne auch dichte Gebüsche in der Feldflur.

Die Borke

ist graubraun bis dunkelbraun, lange glatt, und reißt später in regelmäßige rechteckige Felder auf, sie blättert nur wenig ab.

Berg-Ahorn

Acer pseudoplatanus · Ahorngewächse (Aceraceae)

Blätter

Sommergrün; gegenständig; Stiel bis zu 25 cm lang; handförmig in 5 Teile gelappt, Einschnitte reichen teils bis zur Spreitenmitte, Blattspreite bis zu 20 cm lang und ebenso breit; Rand grob gesägt, aber kaum spitzig; oberseits matt dunkelgrün, kahl, unterseits heller (bei einigen Formen rötlich), graugrün behaart, mit braunen Achselbärtchen.

Blüten

Zwittrig, teilweise im selben Blütenstand auch eingeschlechtig; mit dem Laub erscheinend; zahlreich in hängenden Rispen; mit jeweils 5 ähnlich-gestaltigen grünlich gelben Kelch- und Kronblättern; 8 Staubblätter, in rein ♂ Blüten aus der Krone weit herausragend, gelb; mit einem gelbgrünen, wulstigen Polster aus Nektardrüsen zwischen der weiß behaarten Fruchtknotenbasis und dem Staubblattkreis.

Früchte

Spaltfrucht aus 2 geflügelten Nüssen. Flügel spitzwinklig bis rechtwinklig zueinander stehend, beide Teilfrüchte je etwa 4,5 cm lang; grün, zuweilen rötlich überlaufen, später braun; auch nach Spaltung oft noch eine Weile am Baum verbleibend.

Vorkommen In Mittel- und Südosteuropa, in Italien bis Sizilien, in Nordspanien und den Pyrenäen, außerdem im Kaukasus. In Nordeuropa und weiten Teilen Westeuropas fehlend. Baum der Schlucht- und Bergmischwälder, bevorzugt Halbschatten und ausreichende Feuchtigkeit. Er ist in Parks und Gärten weit verbreitet.

Wissenswertes Blütezeit ist im April und Mai, die Bestäubung erfolgt durch Bienen und andere Insekten. Fruchtreife ist im September und Oktober, die Verbreitung der geflügelten Samen erfolgt mit trudelnden Bewegungen durch den Wind, oft erst im Winter oder zeitigen Frühjahr. Der Berg-Ahorn liefert ein hochwertiges, hartes und elastisches Holz, das gut polierbar ist und für Möbel und Furniere, für Parkette und Musikinstrumente geschätzt wird.
Beim Berg-Ahorn und auch beim Spitz-Ahorn (S. 170) verweist der wissenschaftliche Artname auf die Ähnlichkeit der Blätter mit der Platane (S. 28). Die gegenständige Blattstellung der Ahorne (bei der Platane wechselständig) ist stets ein sicheres Unterscheidungsmerkmal.

Ähnliche Arten

Der **Schneeballblättrige Ahorn** *(Acer opalus)* ist eine Wärme liebende Art aus Südwesteuropa und kommt in Mitteleuropa nur im Südwesten natürlich vor; angepflanzt ist er selten in Parks und Gärten zu sehen. Seine Blätter sind in Form und Größe denen des Feld-Ahorns (S. 166) ähnlich, meist sind aber nur drei der fünf Blattlappen deutlich ausgeformt, die Einschnitte der Lappen erreichen nur ein Drittel der Spreite, der Blattrand ist weniger stark gebuchtet und die Blattstiele führen keinen Milchsaft. Die Flügel der Früchte stehen nahezu rechtwinklig zueinander.

Stattlicher Baum mit rundlicher, regelmäßiger, aufwärts weisender Krone; erreicht Höhen von bis zu 30 m. Die Äste sind meist nur wenig verzweigt, oft aber knorrig gewunden.

Die Borke
ist silbergrau bis graubraun, oft leicht glänzend, reißt in kleine Felder auf und schuppt ab; dabei entstehen oft orangebraune Flächen. Oft mit Moosen oder Algen überzogen.

Spitz-Ahorn

Acer platanoides · Ahorngewächse (Aceraceae)

Blätter

Sommergrün; gegenständig; Stiel bis zu 20 cm lang; handförmig gelappt in meist 5 Teile, Einschnitte reichen teils bis zur Spreitenmitte, Blattspreite bis zu 15 cm lang und bis zu 20 cm breit; Rand mit wenigen, großen und spitzen Zähnen, dazwischen sanft gebuchtet; oberseits glänzend dunkelgrün, kahl, unterseits heller, spärlich behaart, ohne Achselbärtchen.

Blüten

Zwittrig, teilweise im selben Blütenstand auch eingeschlechtig; vor dem Laub erscheinend; zu 30–40 in kurzen, büscheligen, aufrechten Rispen; mit 5 schmal-länglichen Kelch- und 5 löffelförmigen Kronblättern, alle gelbgrün und annähernd in einem Kreis stehend, Einzelblüten etwa 12 mm im Durchmesser; 8 Staubblätter, gelb; mit einem gelbgrünen, wulstigen Polster aus Nektardrüsen am Blütengrund.

Früchte

Spaltfrucht aus 2 geflügelten Nüssen. Flügel stehen sich in sehr flachem Winkel gegenüber, beide Teilfrüchte je etwa 5 cm lang, hellgrün, später grün-braun.

Vorkommen In weiten Teilen Europas, im Norden bis ins südliche Skandinavien, im Osten bis zum Ural. In Süd- und Südosteuropa vor allem in den Gebirgslagen, außerdem in Kleinasien und im Kaukasus. Fehlt in Westeuropa.
Der Spitz-Ahorn bevorzugt helle, gut feuchte Standorte und kommt in Au-, Schlucht- und anderen Laubmischwäldern vor. In den Städten ist er ein häufiges Element in Parks, Gärten und an den Straßen.

Wissenswertes Blütezeit ist im April und Mai, die Bestäubung erfolgt durch Bienen und andere Insekten. Fruchtreife ist im Oktober, die Verbreitung der geflügelten Samen erfolgt mit trudelnden Bewegungen durch den Wind.
Der Spitz-Ahorn liefert – ähnlich wie der Berg-Ahorn (S. 168) – ein wertvolles und geschätztes Holz, das auch zu ähnlichen Zwecken verwendet wird, aber nicht ganz so hart ist.
Insbesondere wird es für Resonanzböden von Streichinstrumenten, aber sehr gerne auch für Holzblasinstrumente (Blockflöten, Fagotte) gebraucht.
Bei Bäumen im städtischen Umfeld kann man häufig ganze Bestände mit weißen Flecken auf den Blättern beobachten. Sie werden von einem Echten Mehltaupilz hervorgerufen, schädigen die Bäume aber nicht nennenswert.

Ähnliche Arten

Der **Kolchische Ahorn** *(Acer cappadocicum)* stammt aus dem westlichen und zentralen Asien und wird in Mitteleuropa wegen seines während der ganzen Vegetationsperiode attraktiven Laubes zuweilen in Parks und Botanischen Gärten angepflanzt. Die 5–7-lappigen Blätter sind beim Blattaustrieb rot, später frisch grün und im Herbst leuchtend gelb. Die Blattlappen sind sehr spitz, ansonsten aber glattrandig. Die Spaltfrüchte tragen breite Flügel und stehen meist rechtwinklig zueinander, die Teilfrüchte sind bis zu 5 cm lang.

Etwa 20–30 m hoher, stattlicher Baum mit harmonischer, regelmäßiger Krone; die Hauptäste weisen meist aufwärts. Sie sind insbesondere bei älteren Bäumen reich verzweigt und selten knorrig gewunden.

Die Borke
ist grau- bis schwarzbraun, bleibt lange glatt und wird später längsrissig und von einem feinen Netz aus Leisten überzogen, schuppt aber kaum ab.

Silber-Ahorn

Acer saccharinum · Ahorngewächse (Aceraceae)

Blätter

Sommergrün; gegenständig; Stiel bis zu 10 cm lang; handförmig gelappt in meist 5 Teile, Einschnitte erreichen teils das innere Drittel der Spreite, Blattspreite bis zu 15 cm lang und bis zu 10 cm breit; Rand grob gesägt; oberseits matt grün, kahl, unterseits dauerhaft silbrig weiß behaart.

Blüten

Einhäusig, aber getrenntgeschlechtig; lange vor dem Laub erscheinend; ♂ zu mehreren sitzend an Kurztrieben, ohne Blütenhülle, von rotbraunen Knospenschuppen umgeben, mit zahlreichen, fädigen weißen Staubblättern; ♀ rot gestielt, ohne Hülle, zu mehreren von rotbraunen Knospenschuppen umgeben, Narben der Fruchtknoten rötlich, ausgebreitet und federähnlich. (ohne Abb.)

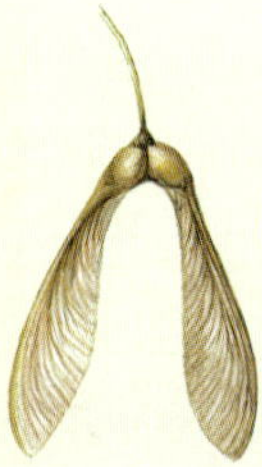

Früchte

Spaltfrucht aus 2 geflügelten Nüssen. Flügel U- bis V-förmig, auf der Innenseite eine Rundung bildend; beide Teilfrüchte je etwa 6 cm lang, grün bis rötlich, später blass braun; häufiger bleibt eine der beiden Teilfrüchte verkümmert.

Vorkommen Stammt ursprünglich aus dem östlichen Nordamerika. Wegen seiner Raschwüchsigkeit wird er in Mitteleuropa häufig in städtischen Grünflächen, Wohnanlagen, Gärten und Parks angepflanzt. Seltener auch verwildert in Auwäldern und als Feldgehölz.

Wissenswertes Blütezeit ist von Februar bis April, die Bestäubung erfolgt durch den Wind. Die Fruchtreife erfolgt ab Mai, die Verbreitung der geflügelten Samen erfolgt mit trudelnden Bewegungen durch den Wind.

Der Silber-Ahorn gehört innerhalb der Gattung *Acer* zu den windbestäubten Arten. Der lateinische Artname weist wie beim unten vorgestellten Zucker-Ahorn auf den zuckerhaltigen Saft dieser Art hin. Dieser kann am Stamm abgezapft und zu Sirup verarbeitet werden, was von den amerikanischen Ureinwohnern früher auch praktiziert wurde. Der Ertrag ist allerdings wesentlich geringer als beim Zucker-Ahorn. Bedingt durch seine Raschwüchsigkeit und den dadurch langschaftigen Wuchs, aber auch durch sein verhältnismäßig weiches Holz, neigt der Silber-Ahorn zu Windbruch. In städtischen Anlagen und Parks werden diese Bäume daher besonders aufmerksam und regelmäßig auf ihre Stabilität hin überprüft.

Ähnliche Arten

Der **Zucker-Ahorn** *(Acer saccharum)* stammt ebenfalls aus Nordamerika und wird dort auch heute noch im großen Stil zur Gewinnung von Sirup genutzt. In Mitteleuropa ist er nur selten in Botanischen Gärten und Sammlungen zu finden. Er hat meist 5-lappige, glattrandige und spitz gezähnte Blätter, deren Umriss wir von der Nationalflagge Kanadas kennen und die bei günstiger Witterung im Oktober eine attraktive, orangerote Herbstfärbung zeigen. Die Spaltfrüchte sind hufeisenförmig einander zugeneigt.

Schlanker, aufrechter Baum mit einer Höhe von etwa 25–30 m; die Krone ist nicht sehr dicht, aber meist dennoch harmonisch. Nicht selten sind auch mehrstämmige Exemplare zu sehen.

Die Borke
ist hellgrau bis graubraun, bleibt glatt und wird allenfalls von einem feinen Netz aus Leisten und Furchen überzogen.

Japanischer Fächer-Ahorn

Acer palmatum · Ahorngewächse (Aceraceae)

Blätter

Sommergrün; gegenständig; Stiel bis zu 12 cm lang; handförmig gelappt in 5–9 (–11) Teile, Einschnitte je nach Form und Sorte unterschiedlich tief, Blattspreite bis zu 10 cm im Durchmesser; Rand fein gesägt, je nach Sorte auch tief eingeschnitten; oberseits matt grün, rötlich überlaufen oder rot, unterseits heller.

Blüten

Zwittrig; mit dem Laub erscheinend; zu 12–15 in aufrechten Rispen; Einzelblüte etwa 8 mm im Durchmesser; Blütenstiele und Kelchblätter rot, Kronblätter und Staubblätter grünlich, Fruchtknoten mit zweiteiliger, federartig aufspreizender Narbe. (ohne Abb.)

Früchte

Spaltfrucht aus 2 geflügelten Nüssen. Die Flügel bilden einen stumpfen Winkel und zeigen eine sanfte Rundung, oft rötlich oder rosa überlaufen, zuletzt braun; Teilfrüchte bis zu 2 cm lang.

Vorkommen Stammt ursprünglich aus Japan. Wird sowohl in seiner Heimat als auch in Mitteleuropa in zahlreichen Formen und Sorten kultiviert; die reine Art ist nur sehr selten anzutreffen. Häufig in Gärten, Parks und städtischen Anlagen.

Wissenswertes Blütezeit ist im Mai, die Bestäubung erfolgt durch Insekten. Die Fruchtreife erfolgt im September und Oktober, die Verbreitung der geflügelten Samen erfolgt mit trudelnden Bewegungen durch den Wind.

Von den zahlreichen Sorten sollten die folgenden erwähnt werden: Die Sorte 'Atropurpureum' hat dunkel rotviolette Blätter, die Blattlappen sind regelmäßig, nur wenig voneinander abgetrennt und am Rand gesägt, aber nicht eingeschnitten. Weitere Sorten zeigen Färbungen von hellgrün bis orange, auch panaschierte Formen kommen vor.

Zur sogenannten 'Dissectum'-Gruppe zählen Formen mit tief eingeschnittenen Blattlappen, deren Blattrand wiederum stark gelappt oder gesägt und tief eingeschnitten ist. Blattfärbungen von grün bis dunkel purpur kommen vor. Eine weitere Gruppe, die unter dem Namen 'Linearilobum' zusammengefasst wird, hat tief eingeschnittene, aber relativ glattrandige (bis fein gesägte) Blattlappen.

Ähnliche Arten

Der **Japanische Ahorn** *(Acer japonicum)*, auch **Thunbergs Fächer-Ahorn** genannt, stammt ebenfalls aus Japan und wird dort in vielen Sorten und Formen kultiviert. Auch er wird bei uns häufiger angepflanzt. Bei der reinen Art sind die Blätter zwar in sieben bis elf Lappen aufgeteilt, diese sind aber nur wenig tief eingeschnitten und die Blätter wirken annähernd rund. Eine häufige, tief geschlitzte Sorte ist 'Aconitifolium'.

Kleiner Baum mit bis zu 12 m Höhe, oft mit schirmartiger, überhängender Krone. Häufig auch strauchförmig, kugelig oder flach ausgebreitet.

Die Borke
ist glatt und hellbraun, oft mit heller, netzartiger Zeichnung. Wird im Alter einheitlich dunkelbraun und schuppt kaum ab.

Eschen-Ahorn

Acer negundo · Ahorngewächse (Aceraceae)

Blätter

Sommergrün; gegenständig; unpaarig gefiedert aus 5–7 Teilblättchen. Fiederblättchen kurz gestielt oder fast sitzend, bis zu 10 cm lang, eiförmig, vorn zugespitzt und am Rand grob und unregelmäßig gesägt; die Endfieder oft dreilappig; oberseits glänzend grün, unterseits heller, vergänglich behaart. Blätter sehr dünn, schlaff hängend.

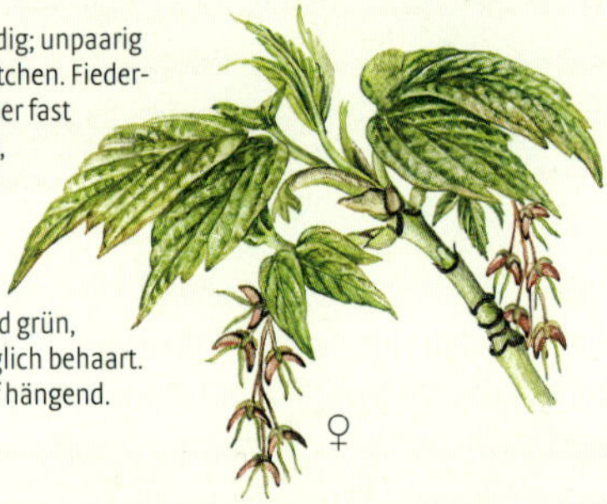

Blüten

Zweihäusig verteilt; mit dem Laub erscheinend; ♂ zahlreich in rispigen Büscheln, sehr lang überhängend gestielt, ohne Blütenhülle, Staubblätter rötlich grün; ♀ in kurzen, bis zu 5 cm langen Rispen, ohne Blütenhülle, gelb, Fruchtknoten trägt bereits die Anlage der Fruchtflügel, 2 Narben, federartig ausgebreitet.

Früchte

Spaltfrucht aus 2 geflügelten Nüssen. Flügel spitzwinklig und meist V-förmig; beide Teilfrüchte je etwa 5 cm lang, grün, später blass braun; über den Winter lange am Baum verbleibend.

Vorkommen Stammt ursprünglich aus dem östlichen Nordamerika. Ist in Mitteleuropa ein häufiges Zierelement in Gärten, Parks und städtischen Anpflanzungen. Er ist sehr unempfindlich gegen Trockenheit und Abgase und findet daher auch als Straßenbaum Verwendung. An Waldrändern stellenweise verwildert.

Wissenswertes Blütezeit ist von März bis April, die Bestäubung erfolgt durch den Wind. Die Fruchtreife beginnt im September, die Verbreitung der geflügelten Samen erfolgt mit trudelnden Bewegungen durch den Wind.

Der Eschen-Ahorn stellt sowohl mit seinen gefiederten Blättern als auch mit seiner Zweihäusigkeit und der Bestäubung durch den Wind in der Gattung *Acer* eine Besonderheit dar. Er wird oft erst durch seine Früchte als Ahorn erkannt.

Dieser Baum neigt zu starken Stockausschlägen und zur Mehrstämmigkeit. Er ist relativ stark windbruchgefährdet, da das Holz sehr spröde ist. Strauchformen sind häufig zu sehen. In seiner nordamerikanischen Heimat bilden sich durch das große Verbreitungsgebiet von Kanada bis nach Mittelamerika mehrere regionale Unterarten aus. Diese lassen sich unter anderem an der Behaarung der Blätter unterscheiden.

Ähnliche Arten

Eine häufig als Ziergehölz angepflanzte Sorte ist der **Bunte Eschen-Ahorn** oder **Silbereschen-Ahorn** *(Acer negundo* 'Variegatum'), der panaschierte Blätter mit weißem bis cremefarbigem Rand und unterschiedlichen Grüntönen besitzt. Die ungeschlechtlich vermehrten Individuen sind stets weiblich. Die Blätter bestehen oft nur aus drei Teilblättchen. Häufig ist der Baum auf eine normalblättrige Unterlage veredelt, daher muss auf Entfernen der Stockausschläge geachtet werden, wenn die panaschierte Form erhalten bleiben soll.

Schlanker, aufrechter Baum mit lückiger und unregelmäßiger Krone, oft mehrstämmig, erreicht selten mehr als 15 m Höhe. Werden Stockausschläge nicht geschnitten, bilden sich im Lauf der Zeit dichte Gebüsche.

Die Borke
ist graubraun bis schwarzbraun, bleibt glatt und ist kaum rissig oder gefurcht. Sie ist oft mit grünem Algenbewuchs bedeckt.

Zimt-Ahorn, Papierrinden-Ahorn

Acer griseum · Ahorngewächse (Aceraceae)

Blätter

Sommergrün; gegenständig; unpaarig gefiedert aus 3 Teilblättchen, Stiel und -spindel dicht behaart; Fiederblättchen kurz gestielt oder fast sitzend, bis zu 6 cm lang, eiförmig, grob gesägt bis gelappt, Zähne und Spitze abgerundet; oberseits matt dunkelgrün, unterseits blaugrün.

Blüten

Zwittrig; mit dem Laub erscheinend; zu 3–5 in hängenden Büscheln; Blütenstiele behaart; Blütenhülle grünlich, glockig verwachsen; Staubblätter rötlich; Fruchtknoten mit zweiteiliger, federartig aufspreizender Narbe. (ohne Abb.)

Früchte

Spaltfrucht aus 2 geflügelten Nüssen. Flügel spitzwinklig bis rechtwinklig zueinander stehend; beide Teilfrüchte je etwa 3,5 cm lang, grün, oft rötlich überlaufen, zuletzt braun.

Vorkommen Stammt ursprünglich aus Zentralchina. In Mitteleuropa selten in Botanischen Gärten und Sammlungen angepflanzt. Bevorzugt sonnige oder halbschattige Standorte mit gut durchlüfteten Böden und guter Feuchtigkeitsversorgung.

Wissenswertes Blütezeit ist im April, die Bestäubung erfolgt durch Insekten. Die Fruchtreife erfolgt ab September, die Verbreitung der geflügelten Samen erfolgt mit trudelnden Bewegungen durch den Wind.
Der Zimt-Ahorn wird insbesondere wegen seiner Borke als attraktives Zierelement angepflanzt. Unterstreicht der Name Zimt-Ahorn insbesondere die Farbe, so weist der andere deutsche Name auf die papierartige, sich als Rolle ablösende Borke hin.
Im Herbst hat der Zimt-Ahorn eine sehr ansprechende rötlich-orange Herbstfärbung; die Blätter verbleiben in diesem Zustand recht lange am Baum.
In Botanischen Gärten findet man, allerdings recht selten, Ahorne einer weiteren Gruppe, die durch ungewöhnliche, netzartig gemaserte Borken auffallen: die „Schlangenhaut-Ahorne". Der bekannteste ist der Pennsylvanische Ahorn *(Acer pensylvanicum)* mit einer grün-weiß gezeichneten Borke.

Ähnliche Arten

Der **Feuer-Ahorn** *(Acer tataricum* ssp. *ginnala)* ist eine Unterart des Tataren-Ahorns, der aus West- und Zentralasien und Südosteuropa stammt. Oft bleibt er strauchartig oder wird allenfalls ein kleiner Baum mit bis zu 10 m Höhe. Im Gegensatz zur reinen Art hat er gelappte Blätter mit vorn zugespitzten Lappen und einem gesägten Blattrand. Die Blätter werden bis zu 10 cm lang und zeigen eine auffällige, orange-rote Herbstfärbung. Die Blüten und auch die Spaltfrüchte dieser Art stehen in vielblütigen Rispen und sind auffällig klein. Dieser Baum wird häufiger in Parks und städtischen Anlagen gepflanzt.

Schlanker, aufrechter Baum mit rundlicher, regelmäßiger Krone, oft mehrstämmig; erreicht selten mehr als 12 m Höhe. Ist zuweilen bis zum Boden beastet, so dass die Borke nur im Winter auffällt.

Die Borke
ist zimtbraun, bleibt anfangs glatt mit wenigen Korkwarzen; später löst sie sich in papierartigen Blättern und Rollen ab.

Essigbaum, Kolben-Sumach

Rhus typhina · Sumachgewächse (Anacardiaceae)

Blätter

Sommergrün; wechselständig; bis zu 60 cm lang, unpaarig gefiedert mit 11–31 Fiederblättchen, diese gegenständig; Fiederblättchen an der Blattspindel sitzend, diese ungeflügelt; Teilblättchen länglich eiförmig, vorn zugespitzt, bis zu 12 cm lang, Blattrand gesägt; oberseits matt dunkelgrün, unterseits graugrün, beidseits mit mehr oder weniger ausdauernder Behaarung; attraktive, leuchtend rote Herbstfärbung.

Blüten

Zweihäusig verteilt; in aufrechten, kolbenartigen, bis zu 11 cm langen Rispen; Blüten 5-zählig, bis zu 6 mm im Durchmesser, mit grünlichem Kelch und gelblichen bis cremefarbenen Kronblättern; ♂ mit 5 Staubblättern, diese gelblich (ohne Abb.); ♀ rötlich überhaucht, oft mit sterilen Staubblatt-Resten, Fruchtknoten weiß behaart, mit dreiteiliger rosafarbiger Narbe.

Früchte

In aufrechten, bis zu 11 cm langen, rispigen, sehr dichten, kolbenartigen Fruchtständen; Einzelfrüchte kleine, im Durchmesser bis zu 5 mm große Steinfrüchtchen, außen rot samtig behaart, mit einsamigem Steinkern.

Vorkommen Stammt ursprünglich aus dem östlichen Nordamerika. Er wurde bereits seit dem 17. Jahrhundert in Mitteleuropa angepflanzt und ist in Parks, Gärten und städtischen Anlagen häufig. Stellenweise ist er verwildert und ist insbesondere an Straßenrändern, auf Schuttabladeplätzen und an gestörten Standorten nicht selten.

Wissenswertes Blütezeit im Juni und Juli, die Bestäubung erfolgt durch Insekten. Fruchtreife ist ab August, die Fruchtstände bleiben über den Winter stehen; die Verbreitung der Samen erfolgt durch Kleinsäuger und seltener durch Vögel. Der Essigbaum gilt als schwach giftig. Vermutlich besteht die größte Gefahr in der hautreizenden Wirkung des weißen Milchsaftes der Pflanze. In älterer Literatur findet sich häufig noch der Name *Rhus hirta* für diese Art. Essigbäume wurden insbesondere in den 1960er Jahren häufig in Vorgärten und städtischen Anlagen gepflanzt. Sie bilden gerne Wurzelbrut und die austriebsfähigen Wurzelfragmente werden oft mit dem Boden verschleppt, was zur teils aggressiven Ausbreitung der Art führte. Solche sich rasch verbreitenden Neubürger (Neophyten) sind für unsere heimische Flora in vielen Fällen nicht unproblematisch.

Ähnliche Arten

Der nur selten in Parks und Botanischen Gärten anzutreffende **Lack-Sumach** *(Rhus verniciflua)* hat gelbe Blüten und glänzende, gelbe Früchte, die in lockeren, überhängenden Rispen stehen. Die Fiederblättchen sind glattrandig, oberseits matt dunkelgrün und unterseits graugrün (siehe Abb.). In China hat die Herstellung eines Lackes aus dem Milchsaft des Baumes zur Lackierung von Möbeln eine über 3000-jährige Tradition.
Aus Südeuropa stammt der bei uns auch seltene **Gerber-Sumach** *(Rhus coriaria)* mit zottig behaarten Blättern und geflügelter Blattspindel.

Breitwüchsiger, sparriger kleiner Baum oder Strauch, bis zu 8 m hoch, oft mehrstämmig. Er ist reich verzweigt und dadurch teils sehr dicht. Durch Wurzelbrut bildet er oft ganze Gebüsche.

Die Borke
ist graubraun und mit einem unregelmäßigen Netz aus Rissen und Furchen überzogen; sie löst sich in kleinen Schuppen ab.

Götterbaum

Ailanthus altissima · Bittereschengewächse (Simaroubaceae)

Blätter

Sommergrün; wechselständig; bis zu 75 cm lang, unpaarig gefiedert mit 13–31 Fiederblättchen, diese fast gegenständig, zuweilen auch ohne Endfiederblatt; Fiederblättchen kurz gestielt; Teilblättchen länglich eiförmig, vorn zugespitzt, bis zu 12 cm lang, Blattrand ganzrandig, im unteren Teil mit 1(–4)-lappigen Zähnen, die unterseits an der Spitze eine Drüse tragen; oberseits glänzend dunkelgrün, unterseits blaugrün, beidseits mit vergänglicher Behaarung.

Blüten

Zwittrig oder getrenntgeschlechtig; in aufrechten, 10–20 cm langen Rispen; Einzelblüten 5-zählig, bis zu 8 mm im Durchmesser, mit grünlich-weißem Kelch und weißen bis cremefarbenen Kronblättern; 5–10 Staubblätter, 5–6 freie Fruchtknoten, deren Griffel aber verwachsen sind; mit gelappten, scheibenförmig verwachsenen Nektardrüsen.

Früchte

In dichten, relativ aufrechten Rispen stehende Flügelnüsse; gelblich orange bis rötlich, zuletzt hellbraun; Einzelfrüchte bis zu 5 cm lang und bis zu 1,5 cm breit, parallel geadert, ganzrandig, oft schraubig gedreht; mit zentral stehender Nuss, Frucht dort oft geknickt oder eingefaltet.

Vorkommen Stammt ursprünglich aus China. In Mitteleuropa ein wegen seiner Robustheit gegenüber Autoabgasen und Trockenheit häufig angepflanzter Baum in Parks und Gärten.

Wissenswertes Blütezeit im Juni und Juli, die Bestäubung erfolgt durch Insekten. Fruchtreife ist im September und Oktober, die Früchte verbleiben oft bis zum Frühjahr am Baum; die Verbreitung der Flügelnüsse erfolgt mit schraubigen Flugbewegungen durch den Wind.

Der Götterbaum ist ein attraktives Ziergehölz mit beeindruckenden, riesigen Blättern und attraktiven Fruchtständen. Er ist raschwüchsig, wird aber selten älter als 50 Jahre, da das weiche Holz dann zu Windbruch und Kernfäule neigt.

Nach dem Zweiten Weltkrieg wurden in Deutschland viele Trümmerberge von jungen Götterbäumen besiedelt, die dort ihre besondere Konkurrenzfähigkeit unter Beweis stellten. Ein besonderes Merkmal ist das orange-gelbe Mark der Zweige, an dem man auch den unbelaubten Baum sicher bestimmen kann.

Der Götterbaum bietet bizarre Geruchserlebnisse: Die Blüten haben einen charakteristischen, unangenehm süßlichen Geruch; die Blätter riechen zerrieben gummiartig und nach alten Turnschuhen.

Ähnliche Arten

Ein insbesondere wegen der vergleichbar großen, gefiederten Blätter ähnlich wirkender Baum ist der bei uns nur selten zu findende **Chinesische Surenbaum** *(Toona sinensis)*, der zur nahe verwandten Familie der Zederachgewächse (Meliaceae) gehört. Die riesigen Blätter sind allerdings meist paarig gefiedert (d. h. ohne Endfiederblatt), die Fiederblättchen sind ganzrandig und tragen an der Basis keine Zähne mit Drüsen. Außerdem fehlt ihnen der charakteristische, unangenehme Geruch. Die weißen Blüten stehen sehr zahlreich in hängenden Rispen. Diese erreichen beachtliche Größen und werden bis zu 50 cm lang. Das Holz duftet intensiv und erinnert an Zedernholz – im Englischen heißt der Baum daher „Chinese Cedar".

Aufrechter, schlanker Baum mit wenig verzweigten, aufstrebenden Hauptästen; bis zu 25 m hoch. Die Krone wirkt zuweilen etwas zerrissen und unregelmäßig.

Die Borke
ist hell- bis graubraun und auch bei älteren Bäumen relativ glatt. Sie ist mit einem feinen Muster von hellen, längs verlaufenden Leisten versehen.

Gemeine Stechpalme, Stechhülse

Ilex aquifolium · Stechpalmengewächse (Aquifoliaceae)

Blätter

Mehrjährig immergrün; wechselständig; ledrig derb, Blattstiel bis zu 1 cm lang, Spreite bis zu 10 cm lang, länglich eiförmig, meist am Rand mit stechend spitzen Zähnen, einzelne Blätter aber auch ganzrandig; oberseits glänzend dunkelgrün, unterseits matt gelbgrün, unbehaart.

Blüten

Zweihäusig verteilt, selten auch zwittrig; in kurz gestielten Büscheln in den Blattachseln; 4-zählig; Kelch grün, Kronblätter weiß bis rosa überlaufen, etwa 7 mm im Durchmesser; ♂ mit 4 Staubblättern, diese kreuzförmig ausgebreitet; ♀ oft mit sterilen Staubblattresten.

Früchte

Kugelige, leuchtend rote, bis zu 1 cm im Durchmesser große Steinfrüchte. Im weichen Fruchtfleisch befinden sich 4 längliche, bis zu 7 mm lange, braune Steinkerne.

Vorkommen Die natürliche Verbreitungsgrenze dieser westeuropäischen Art verläuft durch Deutschland, wo sie nur im Norden, Westen und Südwesten zu finden ist und unter Naturschutz steht. Sie ist von Nordportugal bis zu den Britischen Inseln, im Norden in Dänemark und Westnorwegen, im Süden in Italien sowie zerstreut auch in Griechenland, Nordafrika und der Iberischen Halbinsel zu finden. Sie wird in Gärten und Parks häufig gepflanzt.
Wissenswertes Blütezeit ist Mai und Juni; die Bestäubung erfolgt durch Bienen und andere Insekten. Fruchtreife ist im Oktober; die Verbreitung der Samen in den roten Steinfrüchten erfolgt durch Vögel, seltener auch Kleinsäuger. Die Zweige der Stechpalme sind vor allem auf den Britischen Inseln ein traditioneller Advents- und Weihnachtsschmuck. Die Blätter und Früchte enthalten mehrere Giftstoffe, die schlimmstenfalls zu Atemlähmungen führen können.
Die Stechpalme bildet im Unterholz von Wärme liebenden Mischwäldern meist nur kleinstrauchige Formen aus, als freistehendes Gehölz kann sie aber zu stattlichen Bäumen heranwachsen. Diese liefern ein seltenes, wertvolles Holz für Drechselarbeiten, Einlegearbeiten und Furniere.

Ähnliche Arten

Als Ziergehölz in Parks und Gärten findet man häufig verschiedene Sorten, die teils durch besonders ausgeprägte Blattdornen, teils durch panaschierte Blätter auffallen. Baumförmige Exemplare sind meist Bastarde mit der Kanarischen Stechpalme *(Ilex parado)* und werden dann als **Hohe** oder **Großblättrige Stechpalme** *(Ilex × altaclarensis)* bezeichnet. Sie haben rundlich-eiförmige Blätter mit meist wenigen Zähnen im vorderen Abschnitt und glänzen metallisch.

Aufrechter, schlanker Baum mit bis zu 15 m Höhe, meist aber nur ein dicht verzweigter, bis zu 8 m hoher Strauch.

Die Borke

ist silbergrau bis schwarzgrau, lange glatt; später wird sie längsrissig und reißt in Streifen und längliche Felder auf.

Faulbaum, Pulverholz

Frangula alnus · Kreuzdorngewächse (Rhamnaceae)

Blätter

Sommergrün; wechselständig; bis zu 8 cm lang, Blattstiel bis zu 12 mm lang; Blattform breit eiförmig bis verkehrt-eiförmig, vorn abgerundet oder wenig zugespitzt; mit bogigen, nach vorn weisenden Blattadern; Blattrand glatt; oberseits matt grün, unterseits etwas heller, beidseitig auf den Blattadern behaart, verkahlend. Zweige unbedornt.

Blüten

Zwittrig, zu 2–6 in den Blattachseln stehend; 5-zählig, Kelch glockig und grünlich, mit 5 weißen, dreieckigen Kelchblattzipfeln; Kronblätter klein, weiß, die 5 Staubblätter kapuzenartig umfassend; Fruchtknoten tief im Becher, freistehend.

Früchte

Rot-schwarze, kugelige Steinfrüchte, bis zu 8 mm im Durchmesser; mit saftigem Fruchtfleisch und 2–3 Steinkernen; oft grüne, rote und schwarzviolett gefärbte Exemplare nebeneinander. Gleichzeitig am selben Baum stehende Blüten und Früchte kommen ebenfalls vor.

Vorkommen In nahezu ganz Europa, Kleinasien, dem Kaukasus und Teilen Westasiens verbreitet. Fehlt nur in Nordskandinavien, in einigen Gebieten des Mittelmeerraums und Südrusslands.
Zu finden in Bruch-, Au- und Moorwäldern, feuchten Laubmischwäldern und an Waldrändern; er bevorzugt gut durchfeuchtete, nährstoffarme oder saure Böden. Spielt als Ziergehölz keine Rolle.

Wissenswertes Blütezeit ist April bis August, die Bestäubung erfolgt durch eine Vielzahl an Insekten. Die Fruchtreife ist von Juli bis Oktober, die Verbreitung erfolgt durch Vögel.
Neben dem derzeit gültigen Namen *Frangula alnus* wird auch immer wieder der Name *Rhamnus frangula* verwendet, dementsprechend sind beide Varianten in der Literatur verbreitet.
„*Frangula*" kommt vom lateinischen „frangere" und weist auf die Brüchigkeit des Holzes hin. Der Name Faulbaum greift den unangenehmen Geruch der Rinde bei Verletzungen auf, der Name Pulverholz weist auf die frühere Verwendung der Holzkohle dieser Art bei der Schießpulverherstellung hin.
Die längere Zeit abgelagerte Borke wird medizinisch als Abführmittel verwendet.

Ähnliche Arten

Der **Echte** oder **Purgier-Kreuzdorn** *(Rhamnus cathartica)* hat meist bedornte Zweige und trägt gegenständige, bis zu 7 cm lange, eiförmige, am Rand fein gezähnte Blätter. Seine Blüten sind gelblich-weiß und 4-zählig, die Steinfrüchte ähneln denen des Faulbaums. Die getrocknete Borke wird (wie beim Faulbaum) medizinisch als Abführmittel eingesetzt, daher stammt auch der Name („purgieren" bedeutet „reinigen, abführen"). Drei weitere Kreuzdornarten haben in Mitteleuropa vor allem alpine Verbreitung.

Großer Strauch oder bis zu 4 m (selten bis zu 6 m) hoher Baum mit lockerer, stark verzweigter Krone. Die Äste weisen oft steil aufwärts und werden erst im oberen Kronenbereich breit.

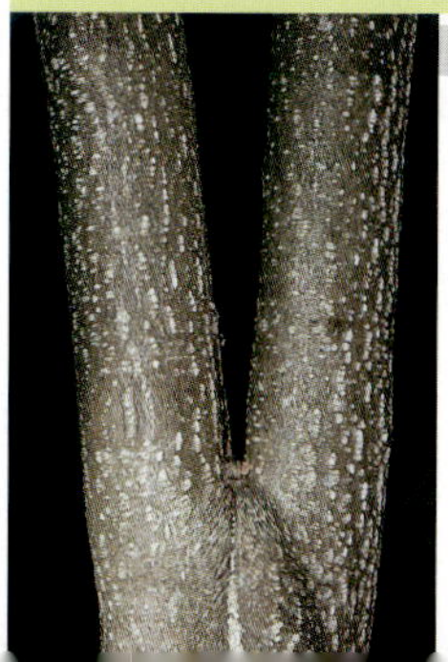

Die Borke
ist hell- bis graubraun, lange glatt; später ist sie wenig längsrissig und löst sich in dünnen, länglichen Streifen ab.

Gemeine Esche

Fraxinus excelsior · Ölbaumgewächse (Oleaceae)

Blätter

Sommergrün; gegenständig; bis zu 35 cm lang, unpaarig gefiedert mit 9–13 Fiederblättchen, diese zueinander gegenständig; Fiederblättchen an der Blattspindel sitzend; Teilblättchen länglich eiförmig, vorn zugespitzt, 6–12 cm lang, Rand gesägt; oberseits matt dunkelgrün, unterseits heller, zumindest an den Blattadern rotbraun und wollig behaart.

Blüten

Zwittrig oder eingeschlechtig, vor dem Laubaustrieb erscheinend; in vielblütigen, seitenständigen Rispen; Einzelblüten unscheinbar, bräunlich, ohne Blütenhülle; ♂ mit 2 rotbraunen Staubblättern; ♀ Fruchtknoten mit zweigeteilter, rosa-brauner Narbe.

Früchte

In dichten, seitenständigen Rispen stehende Flügelnüsse, grün bis gelblich, zuletzt hellbraun; Einzelfrüchte bis zu 3,5 cm lang und bis zu 6 mm breit, mit an der Basis stehender Nuss, Flügel parallel geadert, ganzrandig, vorn deutlich zugespitzt, zuweilen etwas schraubig gedreht.

Vorkommen In weiten Teilen Europas verbreitet, von den Britischen Inseln bis zur Wolga, von Nordspanien über Italien und den Balkan bis zum Kaukasus und dem Nordiran, im Norden bis Südskandinavien. Die Esche ist ein Baum der Auen- und Schluchtwälder und bevorzugt nährstoffreiche, mäßig feuchte bis feuchte Böden. Sie ist ein beliebtes Ziergehölz in Parks.

Wissenswertes Blütezeit ist April bis Mai, die Bestäubung erfolgt durch den Wind. Fruchtreife ist ab Oktober, die Flügelnüsse verbleiben oft über den Winter am Baum, die Verbreitung erfolgt durch den Wind. Obwohl die meisten Eschen windbestäubt sind, werden sie von Bienen besucht, die hier Pollen sammeln. Im Winter erkennt man sie an den meist stehen bleibenden Rispen aus Flügelnüssen. Sie tragen außerdem auffällige schwarze Winterknospen. Die Esche liefert ein wertvolles, zähes und elastisches Holz, das für Möbel, Sportgeräte (Barren) und Leitern sowie als Furnier verwendet wird.

In der germanischen Mythologie ist sie ein bedeutender Baum: Die Weltenesche „Yggdrasil", die einst von den Göttern gepflanzt wurde, bildet das Universum, das aus neun Welten besteht.

Ähnliche Arten

Die aus Südosteuropa stammende **Schmalblättrige Esche** *(Fraxinus angustifolia)* ist bei uns zuweilen in Parks und Botanischen Gärten zu sehen. Dieser Baum hat schmalere, nur entfernt gesägte Fiederblättchen und rotbraune, wollig behaarte Winterknospen. Er kann vor allem im Alter einen sehr knorrigen Wuchs und eine tief eingerissene Borke bekommen. Im Vergleich zur Gemeinen Esche besitzt seine Krone ein dichter verzweigtes Astwerk und ist auch wesentlich dichter belaubt.

Aufrechter, bis zu 40 m hoher Baum mit hoher und schlanker Krone und regelmäßigen, aufstrebenden Hauptästen. Ältere Bäume sind oft im Bereich der Kronenspitze am breitesten.

Die Borke
ist hellgrau bis graubraun und zeigt ein feines, in zahlreiche kleinere Leisten und Felder eingerissenes Netz aus länglichen Borkenschuppen mit teilweise tiefen Furchen und Rissen.

Blumen-Esche, Manna-Esche

Fraxinus ornus · Ölbaumgewächse (Oleaceae)

Blätter

Sommergrün; gegenständig; bis zu 25 cm lang, unpaarig gefiedert mit 7–9 Fiederblättchen, diese zueinander gegenständig; Fiederblättchen kurz, aber deutlich gestielt; Teilblättchen länglich eiförmig, vorn mit ausgezogener Spitze, bis zu 7 cm lang, Blattrand stumpf gesägt; oberseits matt dunkelgrün, unterseits heller, an den Blattadern weiß bis rotbraun behaart.

Blüten

Zwittrig oder eingeschlechtig, mit dem Laub erscheinend; stark duftend; in dichten, vielblütigen, seitenständigen Rispen; Einzelblüten mit unscheinbarem, hellbraunem 4-teiligen Kelch und 2–4 auffälligen, schmalen, weißen Kronblättern; ♂ mit 2 rosafarbenen Staubblättern; ♀ Fruchtknoten mit violettem Griffel und weißer Narbe.

Früchte

In dichten, seitenständigen Rispen stehende Flügelnüsse, grün bis gelblich, oft rötlich überlaufen, zuletzt hellbraun; Einzelfrüchte bis zu 4 cm lang und bis zu 1 cm breit, mit an der Basis stehender Nuss; Flügel parallel geadert, ganzrandig, vorn abgestumpft oder leicht eingekerbt.

Vorkommen Stammt aus Südeuropa und Kleinasien, dort mit mehreren, voneinander getrennten Arealen. Hat in den Südalpen und Teilen Österreichs wohl natürliche Vorkommen, wurde im Oberrheingebiet vermutlich von den Römern eingeführt und ausgewildert. Ist nicht selten wegen des attraktiven Blütenschmucks in Parks und Gärten angepflanzt.

Wissenswertes Blütezeit ist April bis Mai, die Bestäubung erfolgt durch Insekten. Fruchtreife ist ab Oktober, die Flügelnüsse verbleiben – wie bei der Gemeinen Esche – meist über den Winter am Baum; die Verbreitung erfolgt durch den Wind.

Der Name Manna-Esche stammt vom Saft des Baumes. Bei Verletzungen kristallisiert dieser aus und liefert süßes „Manna“, das medizinisch bei Husten und als sanftes Abführmittel verwendet wird. In einigen Gegenden Südeuropas, beispielsweise auf Sizilien, wird der Baum zur Gewinnung dieser Kristalle in Plantagen angebaut. Mit dem biblischen „Manna“ gibt es aber keine Gemeinsamkeit.

Der lateinische Artname „ornus" verweist auf den bei den Römern verwendeten Namen. Allerdings wurde auch die im blühenden Zustand recht ähnliche Eberesche (S. 132) so bezeichnet.

Ähnliche Arten

Die aus Nordamerika stammende **Rot-Esche** *(Fraxinus pennsylvanica)* ist bei uns nur selten in Parks und Botanischen Gärten zu sehen, in Südeuropa aber mancherorts als Forstbaum verbreitet. Ihre Blätter sind denen der Manna-Esche recht ähnlich, aber unterseits sehr dicht behaart. Die Blüten sind zweihäusig verteilt und erscheinen vor dem Laubaustrieb, sie haben zwar Kelch-, aber keine auffälligen Kronblätter; die ♀ Blüten fallen durch ihre leuchtend roten Narben ins Auge.

Die **Weiß-Esche** *(Fraxinus americana)* ist eine ebenfalls zweihäusige Art, die unterseits sehr helle, fast weiße Fiederblättchen hat. Der stattliche, bis 40 m hohe Baum ist bei uns nur selten in Parks und Botanischen Gärten zu finden.

Aufrechter, bis zu 25 m hoher Baum mit regelmäßiger Beastung und rundlicher Krone. Der Stamm ist meist bis weit in die Krone hinein gerade; selten mehrstämmig.

Die Borke
ist grau bis dunkelbraun und auch bei älteren Exemplaren relativ glatt, allenfalls mit wenigen Furchen oder Warzen.

Blauglockenbaum, Kaiser-Paulownie

Paulownia tomentosa · Rachenblütler (Scrophulariaceae)

Blätter

Sommergrün; gegenständig; Blattstiel bis zu 40 cm lang, dicht behaart; Blattspreite bis zu 35 cm lang und ebenso breit, an Stockausschlägen und nach Rückschnitt oft noch größer; herzförmig, mit etwas ausgezogener Spitze; Blattrand glatt, etwas wellig, an der Basis seltener fein gezähnt, bei jungen Bäumen zuweilen mit 2 großen, lappigen, spitzen Zähnen; oberseits matt dunkelgrün, samtig behaart, unterseits graugrün, dicht behaart.

Früchte

Eiförmige, vorn ausgezogen zugespitzte Kapselfrucht, bis zu 4 cm lang, anfangs glänzend grün, klebrig durch Drüsenhaare, reif dunkelbraun; öffnet sich zweiklappig, mit zahlreichen, schmal geflügelten, länglichen Samen, diese bis zu 4 mm lang.

Blüten

Zwittrig; zahlreich in bis zu 40 cm langen, aufrechten, rispig verzweigten Blütenständen; Blütenstiele dicht behaart, als Knospen leuchtend orange-braun und behaart; Blüten glockig, aber zweiseitig symmetrisch durch verschieden große Kronblattzipfel, bis zu 6 cm lang, violettblau, innen mit gelber Zeichnung; Kelch rotbraun, 5-zählig; angenehm duftend.

Vorkommen Stammt ursprünglich aus China, ist heute in Südeuropa ein häufiger, in den wintermilden Gebieten Mitteleuropas ein stellenweise verbreiteter Zierbaum in Parks, Gärten und an Straßen. Er ist relativ unempfindlich gegen Abgase und städtische Klimate, insbesondere in städtischen Häuserschluchten ist das dort vorhandene, etwas wärmere Mikroklima sogar von Vorteil.

Wissenswertes Blütezeit ist im April und Mai, die Bestäubung erfolgt durch Insekten. Die Fruchtreife beginnt ab September, die Kapseln verbleiben oft noch über den Winter am Baum, die geflügelten Samen werden vom Wind verdriftet.

Die Paulownie ist ein besonders attraktiver und dekorativer Parkbaum, der stellenweise sehr häufig, in manchen Gegenden aber nahezu unbekannt ist. Anfangs ist er frostempfindlich, treibt aber nach Zurückfrieren meist umso kräftiger aus; ab einem gewissen Alter ist er winterhart. Besonders auffällig sind Wurzelsprosse oder auch Sämlinge, die zwischen den Ritzen des Straßenbelages kräftige Jungpflanzen mit riesigen Blättern bilden.

Der Baum wurde im frühen 19. Jahrhundert vom Würzburger Naturforscher P. F. von Siebold nach Europa gebracht. Manche Quellen verweisen darauf, dass er für die Namensgebung des Baums den Vaternamen der russischen Zarentöchter Pauls I. wählte. Mit großer Wahrscheinlichkeit fällt die Ehre der Namenspatronin somit der späteren niederländischen Königin Anna zu. Anderen Quellen zufolge kommt aber auch die württembergische Königin Katharina hierfür in Betracht.

Aufrechter, harmonischer Baum mit bis zu 15 m (selten bis zu 20 m) Höhe, mit rundlicher bis pyramidenförmiger Krone. Der Stamm ist meist sehr gerade; die Haupttäste sind ausgebreitet und ragen im oberen Kronenbereich steil auf.

Die Borke
ist hellgrau bis graubraun, relativ glatt, mit orange-roten Korkwarzen, sie reißt kaum auf oder löst sich ab.

Gewöhnlicher Trompetenbaum, Herzblättriger Trompetenbaum

Catalpa bignonioides · Trompetenbaumgewächse (Bignoniaceae)

Blätter

Sommergrün; gegenständig, seltener in Wirteln zu 3; Blattstiel bis zu 18 cm lang, flach und glatt; Blattspreite bis zu 25 cm lang und ebenso breit; herzförmig, mit ausgezogener Spitze, zuweilen an der Basis mit 2 großen, lappigen, zugespitzten Zähnen; Blattrand glatt, etwas wellig; oberseits matt grün, selten rötlich, glatt, unterseits hellgrün, dicht behaart; zerrieben unangenehm riechend.

Früchte

Bis zu 30 cm lange, schlanke Kapseln mit einem Durchmesser von bis zu 1 cm; längs gerieft und sich längs klappig öffnend, anfangs grün, zuletzt violett-braun. Beim Öffnen werden zahlreiche, flache Samen frei, die an beiden Enden mit langen, silbrig-weißen Flughaaren versehen sind.

Blüten

Zwittrig; zahlreich in bis zu 20 cm langen, aufrechten Trauben oder Rispen; Blüten glockig mit 4–5 ausgefranst wirkenden Kronblattzipfeln, leicht zweiseitig symmetrisch, bis zu 5 cm lang, weiß mit violettroter und gelblicher Zeichnung, Schlund und Außenseite violettrot; mit 5 Staubblättern, davon 3 steril; Geruch etwas unangenehm.

Vorkommen Der Trompetenbaum stammt aus dem südöstlichen Nordamerika. In Mitteleuropa ist er ein häufiger Zierbaum in Parks, Gärten und an Straßen. Er wirkt vor allem wegen seiner Blüten und Früchte sehr dekorativ.

Wissenswertes Blütezeit ist im Juni und August, die Bestäubung erfolgt durch Insekten. Die Fruchtreife erfolgt ab September, die Kapseln verbleiben oft noch über den Winter am Baum; die mit Flughaaren versehenen Samen werden vom Wind verbreitet. Alle Teile der Pflanze gelten als hautreizend und schwach giftig. Im angloamerikanischen Sprachraum werden die Trompetenbäume wegen ihrer Früchte auch „Cigar-Tree", also Zigarrenbaum, genannt.
Die Familie der Trompetenbaumgewächse ist mit den Rachenblütlern verwandt und wurde nach dem französischem Abbé Jean Bignon, dem Hofbibliothekar Ludwigs XIV., benannt. Zu ihr gehören zahlreiche tropische Lianen, einige krautige Pflanzen und nur wenige weitere Bäume.

Ähnliche Arten

Der aus Ostasien stammende **Gelbe** oder **Kleinblütige Trompetenbaum** *(Catalpa ovata)* ist bei uns seltener zu sehen, aber ein ebenso dekoratives Zierelement mit bis zu 2,5 cm langen, gelben Blüten und meist 3–5-lappigen Blättern (siehe Abb.). Er wird nur selten höher als 10 m. Der **Prächtige** oder **Westliche Trompetenbaum** *(Catalpa speciosa)* stammt aus dem zentralen Nordamerika und ist dem Gewöhnlichen Trompetenbaum im Blattschnitt und Erscheinungsbild sehr ähnlich. Seine Blüten werden mit bis zu 6 cm etwas größer, sind nicht so ausgefranst, tragen nur eine gelbe Zeichnung und haben keinen unangenehmen Geruch.

Bis zu 20 m hoher Baum mit meist breiter, ausladender Krone und weit verzweigtem, aber dennoch relativ lichtem und lockerem Astwerk. Alte Bäume haben oft zum Boden abgesenkte Äste, die zuweilen auch wurzeln.

Die Borke
ist matt grau bis graubraun, anfangs glatt; später ist sie kleinflächig mit feinen Rissen und Furchen und reißt abblätternd in zahlreiche Schuppen auf.

Schwarzer Holunder, Holler, Holderbusch

Sambucus nigra · Geißblattgewächse (Caprifoliaceae)

Blätter

Sommergrün; gegenständig; 10–30 cm lang, unpaarig gefiedert mit meist 5 Fiederblättchen, diese gegenständig; sehr kurz gestielt oder sitzend; Teilblättchen länglich eiförmig, vorn zugespitzt, 6–10 cm lang, Blattrand gesägt, an der Basis oft mit lappigem Anhängsel, das eine Nektardrüse trägt; oberseits matt dunkelgrün, unterseits heller, mit vergänglicher Behaarung; zerrieben mit herbem, unangenehmem Geruch. Die Zweige haben ein weiches, weißes Mark.

Blüten

Zwittrig, in vielblütigen, 10–15 cm breiten Schirmrispen; Einzelblüten 5-zählig, weiß bis cremefarben, etwa 7 mm im Durchmesser; Kelch grünlich weiß und verwachsen, Kronblätter ausgebreitet, 5 Staubblätter.

Früchte

Kugelige, bis zu 6 mm im Durchmesser große Steinfrüchte; anfangs rot, reif glänzend schwarz-violett; saftig; mit meist 3 braunen, länglichen, bis zu 4 mm langen Steinkernen.

Vorkommen Der Schwarze Holunder ist ein in Mitteleuropa heimisches Gehölz der feuchten Laubmischwälder, Waldränder und Feldraine. Er ist in weiten Teilen Europas und im Kaukasus und Kleinasien zu finden und fehlt nur im nördlichen Skandinavien. Angepflanzt ist er häufig im dörflichen Umfeld zu finden, aber auch in Städten als attraktives Ziergehölz in Gärten und Parks zu sehen.

Wissenswertes Blütezeit ist Mai und Juni, die Bestäubung erfolgt durch Bienen und andere Insekten. Fruchtreife ist im August und September, die Verbreitung erfolgt durch Vögel und Kleinsäuger. Der Schwarze Holunder liefert angenehm duftende Blüten, die zum Aromatisieren von Maibowlen oder zum Ausbacken in Teig verwendet werden können. Die Früchte, die traditionell auch als „Fliederbeeren" bezeichnet werden, liefern einen leckeren Saft, der auch Marmeladen und Gelees beigemischt werden kann. Unreife Früchte enthalten geringe Mengen an giftigen Blausäureverbindungen, die bis zur Reife oder durch Erhitzen abgebaut werden. Die intensive Farbe der Früchte kann zur Gewinnung eines haltbaren, blauvioletten Farbstoffs genutzt werden. Früher wurde damit vor allem Leder, aber auch Wolle eingefärbt.

Ähnliche Arten

Der **Rote** oder **Trauben-Holunder** *(Sambucus racemosa)* ist in Schlucht- und Bergwäldern ebenso in Mitteleuropa heimisch und weit verbreitet. Er ist wie der Schwarze Holunder ein Stickstoffzeiger. Seine Blüten sind gelb und stehen in unregelmäßigen Rispen, die Früchte sind leuchtend orange-rot und können zwar zur Saft- und Marmeladenzubereitung verwendet werden, die enthaltenen Steinkerne müssen aber wegen giftiger Blausäureverbindungen entfernt werden. Seine Zweige haben ein gelbbraunes Mark, beim Schwarzen Holunder ist es dagegen stets weiß.

Meist strauchförmig und mehrstämmig und bis zu 7 m hoch; seltener baumförmig, dann bis zu 10 m hoch, mit überhängenden Zweigen. Die Äste sind meist reich verzweigt und dicht belaubt.

Die Borke
ist hellgrau bis graubraun, längsrissig und blättert oft in länglichen, sich aufwölbenden Schuppen ab.

Ginkgo

Ginkgo biloba · Ginkgogewächse (Ginkgoaceae)

Blätter

Langgestielt fächerförmig, ledrig weich mit gabelig verzweigten Blattnerven, bis zu 12 cm lang. Besonders an Langtrieben vorn zweilappig, an Kurztrieben büschelig stehend. Sommergrüner Baum mit attraktiver, goldgelber Herbstfärbung.

Blüten

Zweihäusig; ♂ Blüten zu 6–8 in länglich-kegelförmigen Kätzchen zu mehreren an Kurztrieben; ♀ zu 2–3 in der Blattachsel der Kurztriebe, mit 2–3 freiliegenden Samenanlagen.

♂

♀

Samen

Kugelig-länglich, steinfruchtähnlich mit einer innen verholzten und außen gelbfleischigen Samenschale. Langgestielt mit gelber bis graugrüner, wachsig bereifter Haut und etwa 2–3 cm Länge. Im reifen Zustand unangenehmer Geruch nach Buttersäure.

Vorkommen Der Ginkgobaum wurde im frühen 18. Jahrhundert aus Ostasien, wo er häufig in Tempelgärten gepflanzt wird, nach Europa gebracht. In der Natur kommt er nur noch in einem kleinen Areal in Ostchina vor. Er ist ein beliebter und verbreiteter Park- und Straßenbaum, der auch im großstädtischen Umfeld wegen seiner Robustheit geschätzt wird.

Wissenswertes Blütezeit ist März-April, die Bestäubung erfolgt durch den Wind.

Der Ginkgo ist ein lebendes Fossil, da er seit der Kreidezeit seine Gestalt nur unwesentlich verändert hat. Aus seinem damals weit verbreiteten Verwandtschaftskreis ist er der einzige heute noch vorkommende Vertreter und bildet im System der Pflanzen eine isolierte Gruppe. Er gehört zu den Nacktsamern und ist daher eng mit den Koniferen verwandt. Seine Blätter können als „flächige Nadelblätter" interpretiert werden und die parallelen, sich gabelig verzweigenden Blattnerven gelten als sehr ursprüngliches Merkmal.

Bei Neupflanzungen bevorzugt man männliche Exemplare, um den unangenehmen Geruch der reifen Samenmäntel der weiblichen Bäume zu vermeiden. Trotz dieses unangenehmen Geruchs werden die vom Samenmantel befreiten Samen in Japan geröstet und gesalzen gerne verzehrt. In China werden sie verschiedenen Speisen zugegeben.

Der Name Ginkgo leitet sich von Gin-Kyo ab. Dies ist der in westliche Schrift übertragene chinesische Namen für „Silberaprikose". Er bezieht sich auf die wachsüberzogenen Samenmäntel, die vor allem im Sonnenlicht silbrig glänzen.

Meist schlanke, aufrechte Gestalt. Junge Bäume oft wenig verzweigt, ältere mit aufstrebenden Hauptästen. Schon junge Äste relativ dick und mit hoher Belastbarkeit. Gestalt im Winter im laubfreien Zustand oft seltsam bizarr, was durch die zahlreichen Kurztriebe verstärkt wird.

Die Borke
ist graubraun, gefurcht bis netzartig zerrissen. Oft wirkt sie trotz ihres Reliefs aus einiger Entfernung relativ glatt.

Weiß-Tanne

Abies alba · Kieferngewächse (Pinaceae)

Nadeln

Mehrjährig; bis zu 3 cm lang, an der Spitze stumpf und eingekerbt, im Querschnitt flach und dadurch biegsam. Oberseits dunkelgrün glänzend und unterseits mit 2 weißen Wachsstreifen. Mit runden Ansatzstellen spiralig am Zweig ansitzend, aber meist zweizeilig mehr oder weniger flach ausgebreitet. 3 stets harzfreie Knospen an den Zweigspitzen.

Blüten

Einhäusige Art, deren ♂ Blüten in braunen, kugeligen bis länglichen Zapfen mit beim Aufblühen gelben Pollensäcken an den Triebspitzen sitzen. Die ♀ sind zunächst hellgrün, haben feine Spitzen an den Deckschuppen und stehen in aufrechten Zapfen.

Zapfen

Stehen auch reif aufrecht; haben Deckschuppen mit feinen, ausgezogenen Spitzen; sind ca. 10 cm lang und meist walzlich-dick. Bei der Samenreife im Herbst lösen sich die einzelnen Schuppen und fallen herunter, nur die Spindel (Mittelachse) bleibt stehen. Daher findet man auf dem Boden niemals einen reifen „Tannenzapfen“.

Vorkommen Baum der Mittelgebirgslagen, in Europa von den Pyrenäen bis zum Balkan, im Osten bis zu den Karpaten. Natürliche Nordgrenze im Erzgebirge und in der Niederlausitz, südliche Teilareale bis Kalabrien. Vom „Waldsterben“ stark betroffene Art, daher am natürlichen Standort und als Forstbaum im Rückgang. Als Park- und Zierbaum werden meist andere Tannenarten bevorzugt.

Wissenswertes Die Art blüht im April und wird wie alle Koniferen vom Wind bestäubt. Die geflügelten Samen werden ebenfalls vom Wind verbreitet. Der Flügel des Samens bedingt einen sachten, schraubigen Flug über eine gewisse Distanz, während die relativ schweren Zapfenschuppen meist direkt unter dem Baum zu finden sind. Bei forstlicher Nutzung ernten geschickte Zapfenpflücker, die bis hoch in die Kronenspitze klettern, die Samen.

Die Weiß-Tanne liefert ein geschätztes Bauholz und war der namensgebende Baum der ursprünglichen, dunklen Tannenwälder des Schwarzwaldes. Der Weihnachtsbaum ist meist kein „Tannenbaum“, sondern eine Fichte, allerdings zeigt sich hier in den letzten Jahren ein Trend zur Nordmanns-Tanne (S. 202). Im warmen Zimmer ist deren aromatischer Harz-Duft aber weniger intensiv als bei der Weiß-Tanne.

Ähnliche Arten

Die **Riesen-Tanne** *(Abies grandis)* stammt aus dem westlichen Nordamerika, ist als Zierbaum seltener zu finden, gewinnt aber als Forstbaum zunehmend an Bedeutung. Ihre Nadeln sind bis zu 6 cm, aber stets ungleich lang mit oft umgeschlagenem Blattrand. Sie riechen beim Zerreiben aromatisch nach Mandarinen. Knospen harzig und Zapfen meist dicker als bei der Weißtanne, die Deckschuppen sind unscheinbar. Sie kann in Nordamerika Höhen von bis zu 70 m erreichen. Bei uns sind aber Exemplare über 40 m Höhe selten.

Aufrechter, schlanker und gerader Baum, bis zu 50 m hoch. Astquirle regelmäßig und fast waagerecht ausgebreitet. Bei alten Bäumen an der Spitze schräg aufspreizend. Einzeln stehend, häufig bis zum Boden beastet.

Die Borke
ist glatt und hellgrau, von ihr stammt der Name Weiß-Tanne. Im Alter oft rissig und rauer, dann bräunlich grau.

Nordmanns-Tanne

Abies nordmanniana · Kieferngewächse (Pinaceae)

Nadeln

Mehrjährig, bis zu 3,5 cm lang und etwas derber als die der Weiß-Tanne (S. 200). Zuweilen kommen am selben Baum stumpfe, vorn eingekerbte und ebenso zugespitzte Nadeln vor. Oberseite dunkel glänzend, unterseits mit 2 weißen Wachsstreifen. Nadelansatz wie bei der Weiß-Tanne, aber meist dichter und nur auf der Zweigunterseite oder an Schattenzweigen zweizeilig ausgebreitet. Harzfreie Knospen zu viert an den Triebspitzen.

Zapfen

Aufrecht, bis zu 18 cm lang und bis zu 5 cm dick. Die Deckschuppen sind auffällig zugespitzt und die Spitzen umgeschlagen. Reife Zapfen dunkelbraun und oft mit Harztropfen, sich wie bei der Weiß-Tanne auflösend.

Blüten

♂ bräunlich, aufgeblüht gelb, walzlich-langestreckt, bis zu 3 cm lang. ♀ Blütenstände gelbgrün oder oft rötlich, aufrecht, Gestalt ähnlich wie bei der Weiß-Tanne (S. 200), nur in der Gipfelregion älterer Bäume zu finden (ohne Abb.).

Vorkommen Die Nordmanns-Tanne stammt aus den Gebirgswäldern in Kaukasien und Nordost-Anatolien. Sie bevorzugt frische Standorte und ist in Mitteleuropa ein beliebter Zierbaum. Forstlich wird sie vor allem als Weihnachtsbaum genutzt.

Wissenswertes Blütezeit April und Mai. Die Bestäubung und Verbreitung der Samen erfolgt durch den Wind.

Ihren Namen verdankt sie dem finnischen Biologen Alexander von Nordmann, der im 19. Jahrhundert in Berlin, Odessa und Helsinki lehrte und forschte und den Baum im Kaukasus erstmals beschrieben hat. Sie wird daher seltener auch Kaukasus-Tanne genannt. Junge, frischgrüne Zweige der Nordmanns-Tanne sind unbehaart oder tragen wenige kurze dunkle Haare, während die Weiß-Tanne hier dichte Behaarung zeigt.

Auch die Zahl der Knospen an den Triebspitzen ist ein gutes Unterscheidungsmerkmal.

Die Nadeln der Nordmanns-Tanne haften auch an gefällten Bäumen und abgeschnittenen Zweigen, die beginnen auszutrocknen, noch recht lange. Deshalb bekommt sie im Vergleich zur Weiß-Tanne als Weihnachtsbaum und in Adventsgestecken oft den Vorzug. Allerdings fehlt ihr der feine Harzgeruch der Weiß-Tanne.

Ähnliche Arten

Die **Koreanische Tanne** *(Abies koreana)* zeigt schon in ihrer ostasiatischen Heimat nur Wuchshöhen von bis zu 15 m und wird als kleiner Garten- und Parkbaum und einer für Koniferen auffälligen Blüte geschätzt. Ihre Nadeln sind bis zu 2 cm lang, relativ breit und an der Basis schmäler und gelblich grün. Unterseits tragen sie zwei breite Wachsbänder. Die weiblichen Blütenzapfen sind zunächst grün, junge Zapfen auffällig rotviolett und später dunkel blassviolett. Sie haben zugespitzte, vorstehende Deckschuppen und erscheinen meist schon an jungen Bäumen in großer Zahl.

In ihrer Heimat erreicht die Nordmanns-Tanne Höhen von bis zu 60 m; bei uns meist nur 30 m bei schmal kegelförmiger Krone. Die Spitzenregion spreizt auch bei älteren Bäumen meist nicht auf.

Die Borke
ist matt dunkel-grau-braun, anfangs glatt und später in unregelmäßige Felder aufreißend.

Colorado-Tanne

Abies concolor · Kieferngewächse (Pinaceae)

Nadeln

Mehrjährig; 4–7 cm lang, auffällig sichelförmig aufwärts gebogen, beiderseits grau- bis blaugrün und weich und biegsam. Beim Zerreiben duften sie nach Zitrone. Die kugeligen Knospen sind intensiv harzig.

Blüten

Die Blüten ähneln in der Gestalt denen der Weiß-Tanne (S. 200); die ♂ sind rötlich, die ♀ Blütenzapfen grünlich mit rotem Deckschuppenrand. (ohne Abb.)

Zapfen

Aufrecht stehend, zunächst grünlich bis blassviolett, in reifem Zustand aber stets braun. Die Deckschuppen sind ohne Spitze und bleiben zwischen den Samenschuppen verborgen. Reife Zapfen sind bis zu 14 cm lang und bis zu 5 cm dick.

Vorkommen Die Colorado-Tanne stammt aus dem westlichen Nordamerika. Mit den hier beschriebenen Merkmalen tritt sie vor allem an Standorten in den südlichen Rocky Mountains auf. An der Pazifikküste findet sich häufiger eine Varietät, die Sierra-Tanne *(Abies concolor* var. *lowiana)*, deren Zweige oberseits eine V-förmig gescheitelte Nadelstellung zeigen. Diese wiederum wird nach Norden von der ähnlichen Riesen-Tanne (S. 200) abgelöst. In Mitteleuropa ist meist die reine Art der Colorado-Tanne in Parks und Gärten zu finden und dort auch an sonnigen, trockenen Standorten, selbst im Stadtklima, robust und attraktiv.

Wissenswertes Blütezeit ist Mai; die Bestäubung und Verbreitung der Samen erfolgt durch den Wind. Zapfenreife ist im September und Oktober: Die Zapfenschuppen lösen sich ab, während die Spindel oft noch mehrere Jahre stehen bleibt. Der Name „concolor" bedeutet gleichfarbig und weist auf die beiderseits blaugrauen Nadeln hin.

Ähnliche Arten

Die aus Nordamerika stammende **Edel-Tanne** *(Abies procera)*, oft auch **Nobilis-Tanne** genannt, kennen wir vor allem als haltbares Schnittgrün in Adventsgestecken. Nadeln sehr dicht stehend, etwa 2,5 cm lang und an der Basis oft dem Zweig anliegend. Oft auch in der silbrig-blaugrünen Sorte 'Glauca' zu sehen. Die reifen ♀ Zapfen werden bis zu 20 cm lang und bis zu 9 cm dick, sie besitzen Deckschuppen mit lang ausgezogenen, waagrecht abstehenden, später umgeschlagenen Spitzen (siehe Abb.).

Veitchs Tanne *(Abies veitchii)* stammt aus Japan und ist seltener in Parks zu sehen. An den aufwärts weisenden Trieben stehen die zur Triebspitze weisenden Nadeln oft so, dass die attraktiven kreideweißen Nadelunterseiten ins Auge des Betrachters fallen. Die Zapfen sind zunächst auffällig blauviolett, später graubraun; die Deckschuppen haben kleine, wenig vorstehende Spitzen.

Junge Bäume aufrecht und kegelförmig, ältere meist sehr schlank, aber oft auch etwas „zerrissen" wirkend. Der Hauptstamm ist stets gerade und erreicht bei alten Bäumen beachtliche Dicken.

Die Borke
ist schwarz-braun und rissig. Oft zeigen sich auffällige Harzblasen, deren Narben lange erhalten bleiben.

Griechische Tanne

Abies cephalonica · Kieferngewächse (Pinaceae)

Nadeln

Mehrjährig; bis zu 3,5 cm lang, starr und mit stechender Spitze. Oberseits glänzend dunkelgrün, unterseits mit 2 grauen Wachsstreifen. Meist nach allen Seiten vom Trieb abstehend. Stark harzige Knospen.

Blüten

Die Blüten ähneln in der Gestalt denen der Weiß-Tanne (S. 200); die ♂ sind auffällig purpurrot, die ♀ Blütenzapfen unscheinbar grünlich. (ohne Abb.)

Zapfen

Aufrecht stehend, bis zu 14 cm lang und bis zu 5 cm dick, sie sind zylindrisch, aber nach oben deutlich zugespitzt. Die Deckschuppen haben lang ausgezogene, zurückgeschlagene Spitzen.

Vorkommen Die Griechische Tanne stammt aus den Gebirgen des südlichen Balkans und Griechenlands und ist in Mitteleuropa vor allem als Park- und Zierbaum zu finden. Sie toleriert eine weite Bandbreite an Böden und Standorten, bevorzugt aber Kalk.
Vor allem als junger Baum raschwüchsig und ansehnlich. Forstlich ist er allerdings im Gegensatz zu Italien in Mitteleuropa noch ohne Bedeutung.

Wissenswertes Blütezeit ist Mai und die Bestäubung und auch die Verbreitung der Samen erfolgt durch den Wind; bei der Samenreife im September und Oktober werden die Zapfenschuppen abgeworfen und die geflügelten Samen werden frei.
Bastardiert mit der Weiß-Tanne (S. 200), zuweilen findet man in Parks und Arboreten Bäume mit Merkmalen beider Elternarten.
Im Süden ihres natürlichen Verbreitungsgebietes wird die Griechische Tanne von der Kilikischen Tanne *(Abies cilicica)* abgelöst, die eine dichte Benadelung hat und deren Zapfen kaum beharzt sind. Sie wird bei uns nur selten gepflanzt, ebenso wie die aus der Sierra Nevada stammende Spanische Tanne *(Abies pinsapo)*, deren dichtstehende, stumpfe Nadeln beidseits unscheinbare Wachsstreifen tragen.

Ähnliche Arten

Die **Nikko-Tanne** *(Abies homolepis)* hat immergrüne, bis zu 5 cm lange Nadeln, die oberseits dunkelgrün mit einer auffälligen Rinne und unterseits mit breiten, kreideweißen Bändern versehen sind. Ihre Knospen sind groß und eiförmig und stark beharzt. Die bis zu 10 cm langen, aufrechten Zapfen sind unreif blauviolett und bei der Reife im Herbst braun und beharzt. Diese Tanne stammt aus einem kleinen Gebiet in Japan und wird bei uns als in Stadtklimaten widerstandsfähiger Zierbaum angepflanzt.

Junge Bäume schlank kegelförmig und dicht und regelmäßig beastet. Ältere Bäume erreichen bis zu 35 m Höhe und sind meist breiter mit kräftigen, unregelmäßigen Haupttästen und gestauchter Spitzenregion.

Die Borke
ist graubraun und zunächst glatt, später in kleinere, vieleckige Platten aufreißend.

Douglasie, Douglastanne

Pseudotsuga menziesii · Kieferngewächse (Pinaceae)

Nadeln

Mehrjährig; bis zu 3,5 cm lang, sind an der Nadelspitze stumpf, im Querschnitt mit Rinnenform, weich und relativ biegsam. Oberseits matt dunkelgrün, unterseits 2 breite, weiße Wachsstreifen; Ansatzstellen spiralig am Zweig mit ovalem, etwas vorstehendem Nadelpolster; Nadeln nach allen Seiten weisend. Beim Zerreiben angenehmer Geruch nach Orangen und „Weihnachtsgewürzen". Die Knospen sind spindelförmig und spitz.

Zapfen

Nach unten hängend; mit auffälligen dreispitzigen Fortsätzen der Deckschuppen. Die Samenreife erfolgt im August bis Oktober des Blütejahres, nach Freigabe der geflügelten Samen wird der Zapfen als Ganzes abgeworfen.

Blüten

♂ gelblich braun an den Triebspitzen; die ♀ Blütenzapfen grünlich, zerzaust wirkend, mit rötlichem Zapfenschuppenrand.

♂

♀

Vorkommen Die Douglasie stammt aus dem nordwestlichen Nordamerika und ist dort ein Baum der küstennahen Gebirge. In Mitteleuropa ein häufiger Forstbaum mit mäßigem Anspruch an den Boden; auch als Ziergehölz geschätzt; empfindlich gegen Spätfröste.
Wissenswertes Blütezeit ist April und Mai und die Bestäubung und Samenverbreitung erfolgt durch den Wind.
Der deutsche Name „Douglastanne" ist irreführend, da es sich nicht um eine Art der Gattung „Tanne" handelt. Die Douglasie liefert ein geschätztes Bau- und Konstruktionsholz und wird auch für Möbel („Oregon Pine") verwendet. Einer der höchsten jemals gefällten Bäume war mit 133 m im Jahr 1895 eine kanadische Douglasie. Ihren Namen verdankt sie zwei schottischen Botanikern. Auf A. Menzies, der sie 1792 in Kanada entdeckte, verweist der lateinische Name; der deutsche erinnert an D. Douglas, der die Art erstmals im 19. Jahrhundert beschrieb. Die oben vorgestellten Merkmale entsprechen der reinen Art. Diese wird wissenschaftlich auch als *Pseudotsuga menziesii* var. *menziesii* bezeichnet. Zur Unterscheidung von der unten vorgestellten „Gebirgs-Douglasie" (Blaugrüne Douglasie) nennt man sie zuweilen auch Küsten-Douglasie.

Ähnliche Arten

Seltener findet man in Mitteleuropa eine Varietät mit blaugrünen Nadeln, die **Blaugrüne Douglasie** *(Pseudotsuga menziesii* var. *glauca)*. Sie stammt ebenfalls aus dem nordwestlichen Nordamerika, ist aber dort eher im Landesinnern zu finden und besser an kontinentales Klima angepasst. Bei uns nur selten als Parkbaum. Neben den blaugrünen, spitzen Nadeln sind auch die rötlichen männlichen Blüten und die nach außen stärker abgespreizten Deckschuppenspitzen als Unterscheidungsmerkmal geeignet.

In Mitteleuropa erreicht die Douglasie meist nur um die 50 m Höhe bei aufrechter, kegelförmiger Wuchsform. An für die Holzgewinnung forstlich angepflanzten Bäumen werden die bodennahen Äste regelmäßig entfernt.

Die Borke
ist dunkel graugrün und bei jungen Bäumen meist glatt mit auffallenden Harzblasen. Wird im Alter rissig und gröber, dann schwarzbraun mit helleren, teils orangebraunen Schuppen.

Gemeine Fichte, Rottanne

Picea abies · Kieferngewächse (Pinaceae)

Nadeln

Mehrjährig; bis zu 2,5 cm lang, stechend spitz und im Querschnitt vierkantig bis rautenförmig, glänzend dunkelgrün mit feinen helleren Streifen. Sie sind gestielt und setzen schraubig am Zweig an. Entnadelte Fichtenzweige sind wegen dieser vorstehenden Ansatzstellen stets rau.

Blüten

Die ♂ anfangs karminrot, später gelblich, ca. 1 cm lang; ♀ Blütenstände rötlich, aufrecht an den Triebspitzen im oberen Kronenbereich.

♂

♀

Zapfen

Jung rötlich, reif hellbraun, hängend, bis zu 16 cm lang und bis zu 4 cm dick. Bei dieser Art sind Form und Rand der Zapfenschuppen sehr variabel. Nach der Samenreife im September bis November Zapfen als Ganzes abfallend.

Vorkommen Ursprünglich von Skandinavien bis Sibirien und in Mitteleuropa nur in den höheren Gebirgslagen. Als wichtiger Forstbaum auch in Tieflagen in artenarmen Monokulturen weit verbreitet.

Wissenswertes Blütezeit Mai bis Juni, die Bestäubung und Verbreitung der Samen erfolgt durch den Wind.

Der deutsche Name „Rottanne" ist unglücklich gewählt, da es sich bei diesem Baum nicht um eine Tannenart handelt. Die Deckschuppen aller Fichten sind stets kürzer als die Samenschuppen und beide verwachsen im Lauf der Zapfenreife miteinander, so dass bei reifen Zapfen eine genaue Differenzierung der Schuppenteile ziemlich schwierig ist.

Die Fichte ist ein Flachwurzler, der mit seiner Nadelstreu stark zur Bodenversauerung beiträgt. Dadurch ist eine spätere Mischwald-Wiederaufforstung der oben erwähnten „Fichtenäcker" erschwert.

Fichtenholz wird vielfältig genutzt, insbesondere als Bau- und Konstruktionsholz und in der Möbelindustrie. Hochwertige Fichtenhölzer bilden Decken von Streich- und Zupfinstrumenten und Resonanzböden von Klavieren. Vielfach wird das Holz aber auch für die Papier- und Zellstoffproduktion verwendet.

Ähnliche Arten

Von der Gemeinen Fichte findet man zahlreiche Sorten und Varietäten. Eine der häufigeren ist die **Trauer-Fichte** *(P. abies* 'Inversa'*)* mit von den Hauptästen herabhängenden Seitentrieben.

Von einer anderen, aus Nordamerika stammenden Fichtenart mit stumpfen Nadeln, der Schimmel-Fichte *(Picea glauca)*, leitet sich aber eine andere häufige Zierform ab, nämlich die **Zuckerhut-Fichte** *(P. glauca* 'Conica'*)*. Sie hat sehr dichte, weiche, hellgrüne Nadeln und bildet kleine, bis zu 3 m hohe Bäume mit geschlossener Kegelform aus, der sie ihren Namen verdankt (siehe Abb.).

Aufrechter Baum mit kegelförmiger Krone, der meist bis zu 50 m, selten auch bis zu 70 m Höhe erreicht. Untere Äste abwärts gebogen, höhere waagerecht abstehend. Meist auch freistehend nicht bis zum Boden beastet.

Die Borke
ist bräunlich bis kupferrot, meist wenig aufreißend, nur bei sehr alten Bäumen in Platten zerrissen.

Stech-Fichte, Blau-Fichte

Picea pungens · Kieferngewächse (Pinaceae)

Nadeln

Mehrjährig; 2–3 cm lang, starr, stechend spitz und dunkelgrün bzw. je nach Sorte blaugrün bis silbrig gefärbt. Allseitig am Zweig abstehend, nach oben hin aber gehäuft und aufwärts gerichtet. Ansatzstellen am Trieb weit herausstehend, entnadelte Zweige daher sehr rau. Sich öffnende Knospen mit auffälligen zurückgebogenen Knospenschuppen.

Blüten

Die ♂ sind anfangs rot bis blassviolett, später gelb bis hellbraun; ♀ Blütenstände orange-braun, meist nur im oberen Kronenbereich.

♀

♂

Zapfen

Jung zunächst rötlich bis purpurn, reife Zapfen graubraun, hängend und ungestielt, bis zu 12 cm lang und bis zu 3 cm dick. Zapfenschuppen am vorderen Rand unregelmäßig gezähnt.

Vorkommen Die Stechfichte stammt aus dem Südwesten der USA, wo Exemplare mit dunkelgrüner und blaugrüner Benadelung direkt nebeneinander vorkommen. In Mitteleuropa beliebter Zierbaum, der wenig Ansprüche an Boden und Standort stellt.

Wissenswertes Blütezeit ist der Mai; die Bestäubung und die Verbreitung der Samen erfolgt durch den Wind.

Als attraktives Zierelement in Parks und Gärten findet man häufig Sorten aus dem Formenkreis 'Glauca' mit blaugrünen oder silbrig-weißen Nadeln. Diese werden auch als „exklusive" Weihnachtsbäume geschätzt, deren Nadeln lange am Zweig verbleiben.

Auch die Unempfindlichkeit gegen städtische Abgase macht die Stech-Fichte zu einem beliebten Baum in Vorgärten. Allerdings verliert der Baum nach etwa 40 Jahren seine untersten Äste und büßt damit viel von seiner attraktiven Erscheinung ein. Im weiteren Verlauf wächst er recht langsam und auch sehr alte Bäume haben oft nur geringe Stammdicken und somit eine schlanke, hohe Gestalt.

Ähnliche Arten

Die **Sitka-Fichte** *(Picea sitchensis)* hat sehr dünne, stechende Nadeln und gestielte, bis zu 8 cm lange, hellbraune bis gelbliche Zapfen mit eckigen, unregelmäßig-spatelförmigen Zapfenschuppen (siehe Abb.). Baum der Westküste der USA, von Alaska bis Kalifornien, bei uns vor allem im Norden als Forstbaum angepflanzt.

Engelmanns Fichte *(Picea engelmannii)* trägt weiche, biegsame, bis zu 2,5 cm lange Nadeln, die nur wenig spitz sind und zerrieben nach Menthol riechen. Ihre Zapfen ähneln denen der Stech-Fichte, werden aber nur bis zu 7 cm lang. Diese Fichte stammt aus dem westlichen Nordamerika und ist bei uns als Parkbaum, in Nordeuropa als Forstbaum zu finden.

Die reine Art zeigt eine ähnliche Wuchsform wie die Gemeine Fichte und wird bis zu 30 m hoch, die blaugrünen Sorten besitzen aber meist kompaktere, gestauchte Kegelformen.

Die Borke
ist graubraun bis rotbraun, mit zunehmendem Alter dunkler und rissig.

Serbische Fichte, Omorika-Fichte

Picea omorika · Kieferngewächse (Pinaceae)

Nadeln

Mehrjährig; meist nur bis zu 2 cm lang; relativ flach und biegsam; setzen allseitig am Trieb an und sind meist nur schwach zugespitzt, oberseits grün und unterseits mit 2 breiten Wachsstreifen. Sie weisen an den Spitzen der Zweige vorwärts und sind hier eher gekrümmt, weiter vom Triebende entfernt stehen sie deutlich ab.

Blüten

Die ♂ zunächst orangerot, bei Pollenreife gelblich, bis zu 2 cm lang; ♀ Blütenstände dunkler rot, meist nur im Kronengipfel.

Zapfen

Jung violett-braun mit roten Zapfenschuppenrändern, im reifen Zustand spindelförmig zugespitzt und sehr zahlreich im oberen Kronenbereich; mittelbraun bis zimtfarben, bis zu 6 cm lang und bis zu 2,5 cm dick. Bei der Samenreife im Frühjahr (!) wölben sich die abgerundeten Zapfenschuppen fast halbkugelig auf.

Vorkommen Die Omorika-Fichte hat ein sehr kleines Ursprungsareal im Tara-Gebirge im Grenzgebiet der heutigen Staaten Bosnien-Herzegowina und Serbien-Montenegro. Von dort wurde sie als attraktiver, anspruchsloser und unproblematisch kultivierbarer Zierbaum rasch verbreitet und ist in Parks und Gärten häufig, seltener aber als Forstbaum zu finden. **Wissenswertes** Blütezeit April bis Mai; die Bestäubung und die Verbreitung der Samen erfolgen durch den Wind. Als Einzelbaum und vor allem in kleinen Gruppen ist die serbische Fichte sicherlich eine der attraktivsten und gleichzeitig einfach kultivierbaren Koniferen. Ihr wird eine besondere Widerstandsfähigkeit gegen Luftverschmutzung nachgesagt, die aber wissenschaftlich umstritten ist. Man kann aber sagen, dass sie der bei uns am häufigsten gepflanzte, nicht-einheimische Nadelbaum ist. Er bleibt wegen seiner schlanken Gestalt (gerade bei älteren Exemplaren) auch in kleineren Vorgärten relativ unproblematisch.

Ähnliche Arten

Die **Kaukasus-Fichte** *(Picea orientalis)* besitzt kurze, bis zu 1 cm lange Nadeln, die sehr dicht stehen, den Trieben anliegen und nach vorn weisen. Die Zapfen ähneln denen der Gemeinen Fichte, werden aber nur bis zu 9 cm lang und sind im unreifen Zustand violett. Zuweilen in Parks zu finden.

Ein attraktiver Park- und Gartenbaum ist die **Siskiyou-Fichte** *(Picea breweriana)* mit ihrer auffälligen Beastung: von den vom Stamm waagerecht abstehenden Hauptästen gehen weiche, herunterhängende, meist unverzweigte Seitenäste ab, die mit bis zu 3 cm langen, stumpfen, blaugrünen Nadeln locker besetzt sind. Die Zapfen erreichen bis zu 12 cm Länge, tragen rundliche, ganzrandige Schuppen und sind zunächst grün bis purpurn, zuletzt braun gefärbt (siehe Abb.).

Auffallend schlanker Kegelwuchs mit spitzem Kronengipfel, bis zu 30 m hoch, Hauptäste oft zunächst abwärtsweisend und an der Spitze nach oben gebogen.

Die Borke
ist orange-braun, jung feinrissig, im Alter in Platten aufreißend.

Kanadische Hemlocktanne

Tsuga canadensis · Kieferngewächse (Pinaceae)

Nadeln

Mehrjährig; flach, oberseits glänzend grün; bis zu 2 cm lang und zur abgerundeten Spitze hin allmählich schmäler. Unterseits mit 2 breiten weißen Wachsstreifen; nach außen von einem deutlichen grünen Rand begrenzt. Am Zweig stehen die Nadeln gescheitelt, auf der Oberseite befinden sich meist einige kleinere, nach vorn und mit der Unterseite nach oben weisende Nadeln.

Blüten

Die ♂ klein und gelbgrün, seitlich zur Zweigspitze hin stehend; ♀ Blütenstände ebenso unscheinbar, grünlich und stets endständig.

Zapfen

Bis zu 2 cm lang, kurzgestielt, braun, aus dünnen, am Rand etwas verdickten Samenschuppen bestehend; die Deckschuppen sind kürzer und unscheinbar. Meist in großer Zahl auftretend und nach der Samenreife im Herbst noch längere Zeit am Baum verbleibend.

Vorkommen Stammt ursprünglich aus dem Nordosten Nordamerikas und ist bei uns ein attraktiver und beliebter Park- und Gartenbaum.

Wissenswertes Blütezeit April bis Mai, die Bestäubung und die Verbreitung der Samen erfolgen durch den Wind.

Selten wird auch der deutsche Name „Schierlingstanne" verwendet, der sich vom angeblichen Geruch der zerriebenen Nadeln ableitet, der ähnlich dem des Schierlings (engl. „hemlock") sein soll.

Die Hemlocktanne ist ein standorttoleranter Flachwurzler; allerdings gedeiht sie in Hitze und Trockenheit sowie auf Kalkböden nicht.

Nach Rückschnitt oder Verletzungen ist sie sehr austriebsfreudig, was sogar eine heckenartige Nutzung zulässt.

Das Holz der Hemlocktannen wird in Nordamerika als Bau- und Konstruktionsholz verwendet, auch die Verarbeitung zu Papier und Zellstoff ist häufig. In Mitteleuropa wird der Baum bislang aber forstlich nicht oder lediglich in Versuchspflanzungen genutzt.

Ähnliche Arten

Die **Berg-Hemlocktanne** *(Tsuga mertensiana)* trägt blaugrüne, weiche, im Querschnitt runde Nadeln, die dicht ringsum an den relativ kurzen Zweigen stehen. Sie hat bis zu 8 cm lange, an beiden Enden verjüngte Zapfen und ist bei uns nur selten in Parks und Arboreten zu finden.

Die **Westliche Hemlocktanne** *(Tsuga heterophylla)* hat flache, überall gleich breite Nadeln, die unterseits nur einen schmalen grünen Rand tragen. Sie stehen zweizeilig gescheitelt, die obere Nadelreihe besteht stets aus deutlich kürzeren Nadeln. Die Zapfen sind ungestielt und bestehen meist nur aus relativ wenigen, zugespitzten Zapfenschuppen (siehe Abb.). Dieser Baum ist eher seltener in Parks und Gärten anzutreffen.

Meist relativ breit und unregelmäßig beastet, Gipfeltrieb oft überhängend. Erreicht in seiner Heimat bis zu 50 m Höhe, bei uns meist nur bis zu 30 m. Die untersten Äste erreichen oft den Boden.

Die Borke
ist zunächst rot- bis orange-braun, wird später aber dunkel schwarzbraun und tief rissig.

Atlas-Zeder

Cedrus atlantica · Kieferngewächse (Pinaceae)

Nadeln

Zweijährig; grün bis blaugrün; bis zu 3 cm lang, steif und spitz; stehen in Büscheln von bis zu 50 an den Kurztrieben. An den Langtrieben spiralig und eher entfernt voneinander stehend, zur Triebspitze hin weisend.

Blüten

Die ♂ sind gelblich braun, aufgeblüht bis zu 5 cm lang und oft mit gekrümmter Zylinderform; ♀ Blütenstände sind matt blaugrün bis rötlich, mit kurz gestauchter Zylinderform (ohne Abb.). Beide Blüten stehen stets im Zentrum eines Nadelbüschels an den Kurztrieben.

Zapfen

Jung grün bis matt blaugrün, später braun mit filzig behaarten Zapfenschuppen, tonnenförmig mit bis zu 5 cm Dicke und bis zu 8 cm Länge. Die Samen reifen erst im zweiten oder dritten Jahr, nach ihrer Entlassung fallen die Zapfenschuppen ab und die Spindeln bleiben zunächst noch stehen.

Vorkommen Die Atlas-Zeder stammt aus dem Atlas-Gebirge in Algerien und Marokko. In weiten Teilen Europa als dekorativer Park- und Gartenbaum anzutreffen.

Wissenswertes Blütezeit ist Oktober und November, die Blüte im Herbst ist eine gemeinsame Besonderheit aller Zedern; die Bestäubung erfolgt durch den Wind.

Die Atlas-Zeder kommt am natürlichen Standort nebeneinander mit grüner und blaugrüner Benadelung vor; als Parkbaum findet man häufig die Sorte 'Glauca' mit silbrig-blauen Nadeln („Blau-Zeder"), seltener auch die „Gold-Zeder" *(C. atlantica* 'Aurea'*)* mit anfangs gelbgrünen Nadeln. Zedern liefern ein geschätztes Bau- und Konstruktionsholz. In Mitteleuropa sind sie jedoch ohne forstliche Bedeutung.

Atlas-Zedern können bis zu 900 Jahre alt werden. Sie erreichen dann enorme Ausmaße mit dicken, bis zu 40 m hohen Stämmen.

Ähnliche Arten

Die **Libanon-Zeder** *(Cedrus libani)* fällt vor allem durch ihre Wuchsform auf: Meist mehrstämmig bildet sie steil aufragende Haupttäste mit schirmartigen „Etagen" aus (siehe Abb.). Ihre Nadeln sind stets dunkelgrün, bis zu 3,5 cm lang und stehen in Büscheln von zehn bis zwanzig Stück. Sie stammt aus dem Nahen Osten und ist in Südeuropa ein häufiger, in Mitteleuropa ein seltenerer Zierbaum.

Die **Himalaja-Zeder** *(Cedrus deodara)* hat längere, dunkelgrüne Nadeln, die in Büscheln zu etwa 30 stehen. Sowohl ihre männlichen Blüten als auch die reifen Zapfen sind mit Längen von bis zu 12 cm etwas größer als bei der Atlas-Zeder. Die Wuchsform ist kegelförmig, allerdings mit einem deutlichen, meist überhängenden Gipfeltrieb und insgesamt meist hängenden Triebspitzen. In Mitteleuropa ein eher seltener Parkbaum.

Mit aufrechter, meist breiter Kegelform, an der Spitze gestaucht und oft eher unregelmäßig beastet. Die Äste junger Bäume sind aufsteigend; nur bei sehr alten Bäumen stehen sie waagerecht ab.

Die Borke
ist dunkel grau-braun, in Platten zerrissen und gefurcht.

Europäische Lärche

Larix decidua · Kieferngewächse (Pinaceae)

Nadeln

Einjährig und sommergrün; weich, bis zu 3 cm lang, vorn abgestumpft, frisch grün und unterseits mit 2 helleren Streifen, in Büscheln zu 30–40 an Kurztrieben oder einzeln, spiralig und dichtstehend an den diesjährigen Langtrieben; im Herbst attraktiv goldgelb gefärbt.

Blüten

♂ gelbgrün, kugelig bis eiförmig, bis zu 1 cm lang, in großer Zahl einzeln an den Kurztrieben, abwärts weisend; ♀ Blütenstände bis zu 2,5 cm lang, aufwärts weisend, mit attraktiven rotvioletten Zapfenschuppen, diese breit keilförmig mit einer kleinen Spitze.

Zapfen

Reif braun, bis zu 4 cm lang und oft zahlreich Kurztriebe an einem Zweig entlang besetzend. Die Samenschuppen sind rundlich mit feinen Längslinien und vorn nie umgeschlagen, die Deckschuppen sind stets kürzer und dadurch nicht sichtbar. Nach der Samenreife im Herbst oft noch mehrere Jahre am Baum verbleibend.

Vorkommen Kommt ursprünglich nur in den Alpen und dort bis zur Waldgrenze emporsteigend vor, außerdem kleinere Areale in den Sudeten, Karpaten, der Tatra und im Weichselgebiet in Polen. Als Forstbaum in weiten Teilen Europas verbreitet und ebenso in Parks und Gärten – auch wegen der attraktiven Herbstfärbung – geschätzt.

Wissenswertes Blütezeit März bis April, vor dem Nadelaustrieb; die Bestäubung und die Verbreitung der Samen erfolgt durch den Wind. Lärchen sind ausgesprochen lichtbedürftig und reagieren empfindlich auf Beschattung. Sie liefern ein geschätztes Holz für Möbel- und Wandverkleidungen, werden aber auch als Bauholz (Fensterbau) verwendet. Die abgefallenen Nadeln zersetzen sich nur langsam und tragen zur Bodenversauerung bei, weshalb Rasenflächen unter Lärchen in Parks oft größere Lücken aufweisen.

Für die meisten von uns ist die Lärche ein bekannter Nadelbaum, der in vielen Parks und Forsten als einheimische Art selbstverständlich anzutreffen ist. Dabei machen wir uns aber nicht bewusst, dass es sich um einen ausgesprochenen Hochgebirgsbaum handelt, der nur durch den Menschen auch in tiefen Lagen eine so weite Verbreitung erfahren hat.

Ähnliche Arten

Die **Hybrid-Lärche** *(Larix × eurolepis)* ist der Bastard der Europäischen mit der Japanischen Lärche (siehe folgende Seite). Sie steht mit ihren Merkmalen zwischen den Eltern und ist sehr raschwüchsig, weshalb sie zuweilen in der Forstwirtschaft eingesetzt wird. Ihre Zapfen sind meist deutlich größer (bis zu 6 cm) als die der Eltern und haben sich nach außen wölbende, aber nicht umgeschlagene Schuppenenden. Ihre Nadeln stehen zu etwa vierzig in Büscheln am Kurztrieb und werden bis zu 5 cm lang.

Jung schmal-kegelförmig und harmonisch, ältere Bäume bis zu 50 m hoch und oft etwas zerrissen und unregelmäßig; mit relativ dünnen, von den Hauptästen hängenden Zweigen.

Die Borke ist bei jungen Bäumen grau und glatt, später dunkel rotbraun und tiefrissig.

Japanische Lärche

Larix kaempferi · Kieferngewächse (Pinaceae)

Nadeln

Sommergrün, einjährig; weich, bis zu 3,5 cm lang, vorn zugespitzt, blaugrün und unterseits mit 2 deutlichen, weißen Wachsbändern; in Büscheln zu 40–50 an Kurztrieben oder einzeln an den diesjährigen Langtrieben.

Blüten

♂ gelb, eiförmig, bis zu 1,5 cm lang, abwärts weisend, die ♀ Blütenstände meist etwas größer als bei der Europäischen Lärche (S. 220), aufwärts weisend, mit gelbgrünen Zapfenschuppen, die zum Rand hin ins Rotviolett übergehen.

Zapfen

Reif braun, bis zu 3,5 cm lang und zahlreich; Samenschuppen aufspreizend mit deutlich umgeschlagenem Rand; Deckschuppen etwa ebenso lang und deren Spitze oft zwischen den Samenschuppen hervorragend. Nach der Samenreife im Herbst verbleiben die Zapfen meist noch mehrere Jahre am Zweig.

Vorkommen Stammt aus den Gebirgen der Japanischen Insel Hondo. In Europa als Forst- und Parkbaum häufig kultiviert. Bei der forstlichen Nutzung ist sie der Europäischen Lärche durch wesentlich rascheren Wuchs und hohe Holzerträge überlegen. Wegen ihrer Toleranz gegenüber hohen Niederschlagsmengen und kräftigen Winden wird sie vor allem im nördlichen Mittel- und Westeuropa recht häufig kultiviert.

Wissenswertes Blütezeit März, vor Beginn des Nadelaustriebs; die Bestäubung und die Verbreitung der Samen erfolgt durch den Wind. Die Japanische Lärche gilt als etwas resistenter gegen Abgase und sauren Regen als ihre europäische Verwandte. Junge Triebe dieser Art sind dunkel rotbraun und daher auch im Winter meist gut von den grau- bis hellbraunen Zweigen der Europäischen Lärche zu unterscheiden. Nur sehr selten findet man in Botanischen Gärten weitere Lärchenarten, wie etwa die Amerikanische Lärche *(Larix laricina)*, auch Tamarack genannt. Sie hat winzige Zapfen und einen sehr schlanken hohen Wuchs.

Ähnliche Arten

Die **Goldlärche** *(Pseudolarix amabilis)* unterscheidet sich von den echten Lärchen vor allem auch in den Blüten und Zapfen. Die ♂ Blüten stehen zu mehreren in Büscheln an den Kurztrieben, die ♀ Blüten entwickeln sich zu bis zu 7 cm langen, ledrigen, lange grün bleibenden Zapfen, die bei Samenreife im Spätherbst rotbraun werden und in die Schuppen zerfallen. Die Nadeln der Goldlärche sind hellgrün und unterseits blaugrün, weich, spitz und bis zu 7 cm lang und stehen in Büscheln zu 15 bis 30 schirmartig ausgebreitet an den Kurztrieben. Im Herbst verfärben sie sich goldgelb. Die Goldlärche stammt aus Südchina und ist in Europa selten in Sammlungen und Arboreten anzutreffen.

Wuchsform ähnlich der Europäischen Lärche, aber mit meist kräftigeren Hauptästen; in ihrer Heimat bis zu 40 m hoch, in Europa meist nur etwa 30 m Höhe.

Die Borke
ist dunkel rotbraun; mit feinen Längsrissen.

Zirbel-Kiefer, Zirbe, Arve

Pinus cembra · Kieferngewächse (Pinaceae)

Nadeln

Mehrjährig; dunkelgrün, zu fünft stehend, vorn stumpf und relativ steif; auf den Innenseiten graugrün mit weißen Wachsstreifen, am Rand fein gezähnt. Die Kurztriebe und somit auch die Nadeln stehen sehr dicht und werden bis zu 10 cm lang.

Zapfen

Jung noch blauviolett, später zimtbraun, aufrecht stehend, tonnenförmig bei Längen von bis zu 8 cm und Dicken von bis zu 5 cm; Zapfenschuppen rund mit aufgesetzter, stumpfer Spitze. Zirbenzapfen reifen erst im 3. Jahr.

Blüten

Die ♂ stehen zu mehreren dicht gedrängt an der Basis der jüngsten Langtriebe; sind rotbraun, später gelb und bis zu 2 cm lang. Die ♀ Blütenstände sind blauviolett und stehen zu mehreren an den Spitzen der Langtriebe (ohne Abb.).

Vorkommen Baum der alpinen Hochgebirgslagen in den Alpen und Karpaten, dort oft die Waldgrenze bildend. Es lassen sich regionale Formen in den Alpen und Karpaten sowie eine eigene Unterart, die in Sibirien vorkommt, abgrenzen. Im Tiefland zuweilen in Parks und Gärten.

Wissenswertes Die Zirbe blüht wegen des späteren Frühjahrsbeginns im Hochgebirge erst im Mai und Juni. Die Bestäubung erfolgt durch den Wind, die Verbreitung der Samen durch Kleinsäuger und Vögel. Die Samen sind kaum geflügelt und bleiben lange im Zapfen, der sich oft erst am Boden öffnet. Sie sind essbar, sehr schmackhaft und werden als „Zirbelnüsse" bezeichnet. Man kann sie frisch verzehren oder verbacken, teils werden sie auch als exklusives Vogelfutter vertrieben. Aus den noch unreifen Zapfen gewinnt man durch Ansetzen mit Schnaps den aromatischen „Zirbengeist".

Das attraktive dunkel rotbraune Holz wird als Bau- und Möbelholz sowie zum Schnitzen geschätzt.

Ähnliche Arten

Die **Mädchen-Kiefer** *(Pinus parviflora)* ist eine aus Japan stammende Art, die selten als großer Baum in Parks anzutreffen, deren Zwergform aber häufig in „Japan-Gärten" zu finden ist. Sie hat zu fünft stehende, innen blauweiß bewachste, bis zu 7 cm lange Nadeln, die oft gekrümmt und verdreht sind. Die Zapfen sind bis zu 8 cm lang, stehen oft zu zweit oder dritt (siehe Abb.).

Die nordamerikanische **Grannen-Kiefer** *(Pinus aristata)* ist eine bei uns nur selten zu sehende fünfnadelige Kiefer, mit bis zu 5 cm langen, bogig gekrümmten Nadeln, zwischen denen weiße Harzkörnchen zu finden sind. Ihre Zapfen tragen grannenartige Fortsätze an den Zapfenschuppen. Berühmt sind einige über 5000 Jahre alte Exemplare dieser Art.

Schlank zylindrisch bis kegelförmig, mit kurzen Ästen meist bis zum Boden beastet, Höhe bis zu 25 m. Oberhalb der Waldgrenze oft gedrungener und mit eher rundlicher Krone.

Die Borke
ist hellgrau, glatt, später graubraun und rissig.

Weymouths-Kiefer, Strobe

Pinus strobus · Kieferngewächse (Pinaceae)

Nadeln

Mehrjährig; zu fünft stehend, blaugrün, weich und biegsam; bis zu 14 cm lang, am Rand fein gesägt.

Zapfen

Hellbraun, bis zu 20 cm lang und bis zu 4 cm dick, leicht gebogen. Im ersten Jahr aufrecht stehend, später hängend und bleiben nach der Samenreife noch einige Zeit am Baum. Die Zapfenschuppen sind vorn stumpf und stets glatt, vor allem die obersten sind oft weit aufgebogen.

Blüten

♂ stehen zahlreich am Grund der Langtriebe, sind blassgelb, länglich und oft gekrümmt; ♀ Blütenstände sind blaugrün, gestielt und stehen allein oder zu mehreren an den Spitzen der Langtriebe. (ohne Abb.)

Vorkommen Die Weymouths-Kiefer stammt aus dem östlichen Nordamerika und ist ein beliebter Zierbaum in Parks und Gärten.

Wissenswertes Blütezeit ist April bis Mai; die Bestäubung und die Verbreitung der Samen erfolgt durch den Wind.

Die Strobe ist empfindlich gegen die Pilzkrankheit Blasenrost. Auch deswegen findet man immer häufiger die attraktive Tränen-Kiefer (siehe unten), die gegen diese und andere Pilzkrankheiten weitgehend resistent ist.

Die Nadeln aller Kiefern stehen stets als kleine Büschel an den Kurztrieben, die von einer meist bräunlichen Nadelscheide an der Basis umgeben sind. Diese Büschel bestehen aus zwei, drei oder fünf Nadeln und bilden im Querschnitt einen Vollkreis. Bei einer zweinadeligen Kiefer ist der Nadelquerschnitt somit ein Halbkreis, bei einer fünfnadeligen Kiefer, wie der hier beschriebenen Strobe, ist ein Fünftelkreis zu erkennen. Diese Nadel hat also zwei flache „Oberseiten" und eine gewölbte Unterseite.

Ähnliche Arten

Die **Tränen-Kiefer** oder **Himalaja-Kiefer** *(Pinus wallichiana)* ist eine ebenfalls fünfnadelige Kiefer mit bis zu 20 cm langen, dünnen, biegsamen Nadeln. Diese sind grün mit blauweißen Wachsstreifen und jung zunächst abstehend, später bogig gekrümmt (siehe Abb.). Die Zapfen sind bis zu 27 cm lang, stark gekrümmt und von Harztropfen bedeckt (was zum Namen Tränen-Kiefer führte). Die Zapfenschuppen sind vorn stumpf und haben feine Längsstreifen.

Die fünfnadelige **Rumelische Kiefer** *(Pinus peuce)* hat kürzere, bis zu 10 cm lange, steife und spitze Nadeln. Ihre harzigen Zapfen sind bis zu 15 cm lang und kaum gebogen, die Zapfenschuppen keilförmig, mit umgerolltem Rand und Längsstreifen. Selten in Parks und Sammlungen.

Jung kegelförmig, mit waagerechten, kurzen Ästen, im Alter oft breit und ausladend, in Mitteleuropa bis zu 50 m hoch, in ihrer Heimat bis zu 80 m Höhe.

Die Borke
ist schwarz bis dunkelbraun, zuweilen rotviolett überlaufen, runzelig mit Rissen und Furchen.

Wald-Kiefer, Föhre, Forche

Pinus sylvestris · Kieferngewächse (Pinaceae)

Nadeln

Mehrjährig; zu zweit stehend, sehr variabel; 4–7 cm lang, hellgrün bis blaugrün, meist starr und spitz, im Schatten aber oft weicher, meist einmal um die eigene Achse gedreht.

Zapfen

Bleiben zunächst rötlich grün und reifen erst im November des zweiten Jahres. Bei Samenreife sind sie bis zu 7 cm lang und 3,5 cm dick, haben eine meist schiefe Basis und unterschiedlich große, längliche Schuppen, die auf der Außenseite einen vorgewölbten, spitzen Höcker tragen. Nach Freigabe der geflügelten Samen fallen sie als Ganzes ab.

Blüten

Die ♂ stehen zahlreich rund um die Basis der jüngsten Langtriebe; sie sind kugelig bis eiförmig, gelblich bis hellbraun, im aufgeblühten Zustand walzenförmig und bis zu 2 cm lang. Die ♀ Blütenstände sind rötlich und gestielt und stehen zu 1 bis 3 an den Spitzen der Langtriebe; nach der Befruchtung biegen sich die Stiele zum Trieb hin zurück.

Vorkommen Ein Baum mit weitem Verbreitungsgebiet von Europa bis weit nach Sibirien. Im Norden bis Lappland, im Süden bis Spanien und in die Türkei. In Westeuropa (Frankreich, Schottland) nur zerstreut.

Wissenswertes Blütezeit ist April bis Mai; die Bestäubung und die Verbreitung der Samen erfolgt durch den Wind.

Die Waldkiefer weist eine große ökologische Bandbreite auf und ist tolerant gegenüber vielen Böden und Klimaten. Sie besetzt allerdings meist eher ärmere Böden und sandige oder auch moorige Standorte, da sie hier gegenüber anderen Arten das beste Durchsetzungsvermögen zeigen kann. Auf fruchtbareren Böden sind Laubhölzer im Vorteil.

Das Holz der Wald-Kiefer wird gerne als Konstruktionsholz oder auch für Möbel verwendet. Es besitzt eine helle gelbbraune Farbe, die am Licht nachdunkelt und dann bräunlich rot wird. Aus dem Harz kann u. a. Terpentin gewonnen werden. Allerdings sieht man heute nur noch selten Bäume, die zur Harzgewinnung angeritzt wurden.

Der Name „Kiefer" ist eine Kurzform des im späten Mittelalter üblichen Namens „Kienföhre". Darin steckt das Wort „Kien", also harzreiches Holz zum Anfeuern.

Ähnliche Arten

Die **Dreh-Kiefer** *(Pinus contorta)* ist der Waldkiefer sehr ähnlich. Sie stammt aus dem Westen Nordamerikas und ist seltener in Parks zu finden. Sie ist zweinadelig mit bis zu 5 cm langen, steifen dunkelgrünen Nadeln, die in sich und um den Trieb herum gedreht stehen. Die Zapfen sind unsymmetrisch und gebogen und verbleiben oft geschlossen am Baum; am Ursprungsstandort öffnen sie sich nach Waldbränden. Die Dreh-Kiefer hat einen unansehnlichen, tonnenförmigen Wuchs und bildet oft nur Strauchformen aus.

Ist in der Wuchsform sehr variabel. Je nach Standort kommen schmale Kegelformen bis hin zu ausladenden Schirmformen vor.

Die Borke
besteht aus braunroten, tiefrissigen und groben Schuppen. Anfangs in kleinen fuchsroten Platten ablösend, die oft auch pergamentartig dünn und glänzend sind („Spiegelborke").

Schwarz-Kiefer

Pinus nigra · Kieferngewächse (Pinaceae)

Nadeln

Mehrjährig; zu zweit stehend, dunkelgrün, dünn aber starr und bis zu 10 cm lang.

Blüten

Die ♂ zahlreich rund um die Basis der Langtriebe; sie sind länglich, gelblich bis hellbraun und bis zu 3 cm lang. Die ♀ Blütenstände sind grün bis rötlich und stehen allein oder zu zweit an den Spitzen der Langtriebe.

♀

♂

Zapfen

Bleiben zunächst grün und verfärben sich glänzend hellbraun bei der Samenreife im dritten Jahr. Bis zu 7 cm lang und 3 cm dick, mit eiförmiger bis pyramidenförmiger Gestalt und waagrecht abstehend am Zweig. Die länglichen Zapfenschuppen tragen außen eine Querleiste und sind schwach bedornt.

Vorkommen Mit den oben beschriebenen Merkmalen kommt die Art als Österreichische Schwarz-Kiefer *(Pinus nigra* ssp. *nigra)* in Kärnten, dem Wienerwald und in der Fortsetzung südöstlich bis zum Balkan vor. In Mitteleuropa ein geschätzter Parkbaum, der zuweilen auch forstlich eingesetzt wird; im Gegensatz zu den weiteren Unterarten völlig frosthart.

Wissenswertes Blütezeit ist Mai bis Juni; die Bestäubung und die Verbreitung der Samen erfolgt durch den Wind.

Weitere Unterarten der Schwarz-Kiefer sind die Korsische Kiefer *(P. nigra* ssp. *laricio)*, die weichere, wellig verdrehte, bis zu 14 cm lange Nadeln trägt und eine lichtere, lockere Krone hat. Sie stammt aus Korsika, Sizilien und Süditalien und wird im Nordwesten Europas, teilweise auch in Deutschland, als Forstbaum eingesetzt. Die aus Südwesteuropa und Nordafrika stammende Pyrenäen-Kiefer *(P. nigra* ssp. *salzmannii)* mit noch längeren Nadeln und kleinerem Wuchs und die Taurische Kiefer *(P. nigra* ssp. *pallasiana)* aus Kleinasien und den Karpaten mit bis zu 10 cm langen Zapfen sind in Mitteleuropa nur äußerst selten angepflanzt zu finden.

Wie die Wald-Kiefer (S. 228) werden auch die Schwarz-Kiefern zur Harzgewinnung genutzt.

Ähnliche Arten

Die **Schlangenhaut-Kiefer** *(Pinus leucodermis)* ist ebenfalls eine zweinadelige Kiefer mit derben, spitzen, gebogenen und dem Zweig anliegenden Nadeln mit bis zu 9 cm Länge. Ihre stumpf bedornten Zapfen sind anfangs schwarzblau gefärbt. Sie hat eine (namensgebende) silbrig-graue Borke und stammt aus den Gebirgen des Balkans. Sie ist zuweilen in Parks und Arboreten anzutreffen und stellt keine besonderen Ansprüche an den Boden, bevorzugt aber warme und helle Standorte.

Erreicht Höhen von bis zu 30 m bei geradem Wuchs und breit ausladender Krone. Junge Bäume sind oft dicht kegelförmig und kompakt.

Die Borke
ist eine grauschwarze, tief gefurchte Schuppenborke. Sie gab diesem Baum seinen Namen.

Berg-Kiefer, Latschen-Kiefer, Krummholz-Kiefer

Pinus mugo · Kieferngewächse (Pinaceae)

Nadeln

Mehrjährig; zu zweit stehend, bis zu 7 cm lang, derb und dunkelgrün, mit fein gesägtem Rand, zur Triebspitze hin gekrümmt.

Blüten

♂ zahlreich rund um die Langtriebe; sie sind kugelig bis eiförmig, schmutzig gelb und bis zu 1,5 cm lang. Die ♀ Blütenstände sind blauviolett und stehen zu zwei bis drei – seltener auch einzeln – an den Spitzen der Langtriebe.

Zapfen

Braun, bis zu 7 cm lang, oval bis zugespitzt, aber stets symmetrisch geformt. Die Zapfenschuppen sind langgestreckt und am Ende schildförmig, zentral in der Mitte dieser Schilde steht ein dunkel beringter Nabel ohne Dorn.

Vorkommen Die reine Art mit den oben und rechts dargestellten Merkmalen hat ihren Verbreitungsschwerpunkt in den Ostalpen sowie den Karpaten. Sie besetzt Standorte mit bewegtem, gerölldurchsetztem Untergrund auf verschiedensten Gesteinstypen.

Wissenswertes Blütezeit ist Mai bis Juni; die Bestäubung und die Verbreitung der Samen erfolgt durch den Wind.

In den höchsten Gebirgslagen bis zur Baumgrenze wird sie von der Legföhre oder Zwerg-Kiefer *(P. mugo* ssp. *pumilio)* abgelöst, die noch stärkeren Strauchcharakter aufweist, meist niederliegend wächst und sich durch Zapfenschilde mit einem unbedornten Nabel exzentrisch am unteren Rand unterscheidet.

Aus den Nadeln und jungen Trieben gewinnt man das aromatische Latschenkiefernöl. Dieses findet vor allem für medizinische Bäder und als Erkältungsmedizin Verwendung.

Der Status der unten vorgestellten ähnlichen Arten wurde über viele Jahre in der botanischen Fachwelt diskutiert. Lange wurden sie als baumförmige Unterarten der Berg-Kiefer betrachtet. Die jetzt gültige Einordnung scheint inzwischen aber Akzeptanz zu finden.

Ähnliche Arten

Die **Haken-Kiefer** oder **Spirke** *(Pinus uncinata)* hat ihren Verbreitungsschwerpunkt in den Westalpen und Pyrenäen, außerdem besetzt sie Hochmoorstandorte in den Voralpen. Sie bildet aufrechte, einstämmige Bäume bis zu 26 m Höhe aus und lässt sich vor allem an ihren unsymmetrisch geformten Zapfen mit hakig bedornten Nabeln auf den Schilden der Zapfenschuppen unterscheiden.

Die **Moor-Kiefer** *(Pinus × rotundata)* ist eine Kreuzung der beiden obigen Arten. Sie stellt eine in den Merkmalen recht variable Zwischensippe dar, die vor allem an moorigen Standorten vorkommt, insbesondere auch in den Mittelgebirgen wie etwa im Schwarzwald, Bayerischen Wald und im Erzgebirge; sie ist einstämmig oder strauchig und bis zu 10 m hoch.

Wuchs in der Regel nur strauchförmig, stets mehrstämmig; diese Stämmchen häufig zunächst niederliegend und erst zum Ende hin aufstrebend; Wuchshöhen bis zu 3 m.

Die Borke

ist graubraun bis schwarzgrau, mit feinen Rissen und kleinen Schuppen.

Chilenische Araukarie, Andentanne

Araucaria araucana · Araukariengewächse (Araucariaceae)

Blätter

Dunkelgrün, breit dreieckig, flach und parallelnervig; bis zu 5 cm lang und an der Basis bis zu 2,5 cm breit; steif und spitz, verdecken den Zweig in schraubiger Anordnung.

Blüten

Zweihäusige Art, sehr selten auch einhäusig. Die ♂ stehen endständig in Büscheln, sind zylindrisch, erst grün-gelb, später rot, bis zu 12 cm lang und tragen spiralig angeordnete Staubblätter. Die ♀ Blütenstände sind gelbgrün, aufrecht, bis zu 4 cm lang, kugelig bis länglich und endständig.

Zapfen

Reifen erst im zweiten oder dritten Jahr, stehen dann seitenständig waagrecht ab. Zunächst grünlich, erst bei Reife braun und verholzt; erreichen dann einen Durchmesser von bis zu 20 cm. Die Samen werden mit den sich ablösenden Zapfenschuppen freigegeben und sind glänzend braun, etwa 2 auf 4 cm groß, keilförmig mit einem fädigen Anhängsel.

Vorkommen Die Araukarie stammt aus den argentinischen und chilenischen Anden. In Mitteleuropa ist sie nicht ganz frosthart und kann ohne Schutzmaßnahmen nur in klimabegünstigten Gebieten wie etwa dem Oberrheingebiet gehalten werden. Weniger tiefe Temperaturen sondern vielmehr die winterliche (Luft-)Trockenheit bewirken Schäden an den letztjährigen Trieben und Knospen. Dennoch ein nicht seltener und attraktiver Baum in Parks und Sammlungen.

Wissenswertes Die Blütezeit ist Mai und Juni, zur Zapfenreife kommt es frühestens im Herbst des zweiten, oft auch erst im Lauf des dritten Jahres. Die Samen werden von Kleinsäugern und Vögeln verbreitet.

Erst mit Ausbildung der ersten Blüten nach etwa 70–100 Jahren, lässt sich erkennen, welches Geschlecht das Exemplar hat. Den Namen Araukarie erhielt sie nach den Arauca-Indianern, nach denen ebenfalls eine chilenische Provinz benannt ist. Die ölhaltigen Samen sind essbar und werden meist geröstet oder roh wie Nüsse verspeist.

Der englische Name der Araukarie lautet „Monkey Puzzle", also etwa „Affen-Puzzle". Er verweist auf die dicht ineinander verschachtelten Schuppenblätter.

Ähnliche Arten

Die der selben Gattung angehörende **Zimmertanne** oder auch **Norfolktanne** *(Araucaria heterophylla)* ist in Mitteleuropa relativ häufig in Gewächshäusern, Wintergärten und teils auch als Zimmerpflanze anzutreffen. Ihre federartig wirkenden Zweige stehen quirlförmig in Etagen waagrecht vom Stamm ab und tragen kleine, hakige Nadeln, die bei jungen Bäumen weich und biegsam, bei älteren derb und spitzig-steif sind. Diesen Aspekt greift auch der wissenschaftliche Artname auf, der „verschiedenblättrig" bedeutet.

Vom geraden, aufrechten Stamm gehen wenig verzweigte Äste quirlförmig ab. Die Krone ist rundlich bis schirmförmig, bei jungen Bäumen kegelförmig. In Südamerika bis zu 50 m hoch, bei uns selten über 10 m.

Die Borke
ist bei jungen Bäumen uneben und narbig, dunkelgrau; alte Exemplare tragen eine auffällige, aus unregelmäßigen Sechsecken bestehende, plattenartige Schildborke.

Sicheltanne

Cryptomeria japonica · Sumpfzypressengewächse (Taxodiaceae)

Nadeln

0,6–2,5 cm lang, linealisch zugespitzt, aber nicht stechend, sichelförmig gebogen, am Grund verbreitert und im Querschnitt viereckig; dunkelgrün mit allseits feinen hellgrauen Wachsstreifen, stehen spiralig am Zweig.

Blüten

♂ einzeln stehend in den Blattachseln, am Ende der Zweige insgesamt aber gehäuft; sie sind gelb bis orangebraun und bis zu 8 mm lang. Die ♀ Blütenstände sind grün, nahezu kugelig, bis zu 1 cm lang und stehen einzeln endständig an den Trieben (ohne Abb.).

♂

Zapfen

Reif dunkelbraun, annähernd kugelig, etwa 1,5–3 cm im Durchmesser; bestehen aus 20–30 Zapfenschuppen, von denen jede mit mehreren hakenförmigen Fortsätzen besetzt ist.

Vorkommen Die Sicheltanne kommt ursprünglich nur in Japan und China vor. In Mitteleuropa ein nicht seltener Baum in Parkanlagen und Gehölzsammlungen, der zwar weitgehend frosthart ist, zuweilen aber im Winterhalbjahr eine wenig attraktive rötlich braune Nadelverfärbung annimmt.

Wissenswertes Die Art blüht im März und wird vom Wind bestäubt. Die geflügelten Samen werden ebenfalls vom Wind verbreitet. In Asien ein weitverbreiteter Forstbaum, der in Europa wegen seines Bedarfs an reichlich Niederschlägen allenfalls auf den Britischen Inseln forstlich interessant ist. Das Holz ist sehr fest und elastisch, nahezu harzfrei und mit feiner Maserung. Kernholzbereiche sind eher rötlich und dunkler als das gelbbraune Splintholz. Es wird in Asien als Bauholz und zur Herstellung von Möbeln verwendet.

Der Japanische Name der Sicheltanne lautet „Sugi". Er wird auch für das Holz ostasiatischer Exportmöbel (Kommoden und Tische) verwendet. Auch traditionelle Sake-Fässer werden aus diesem Holz gefertigt.

Ähnliche Arten

Die **Spießtanne** *(Cunninghamia lanceolata)* stammt aus Südchina und ist in Mitteleuropa selten, da sie hier nur bedingt winterhart ist. Nach Frostschäden regeneriert sie allerdings gut und erreicht hier daher oft buschförmigen Wuchs. Ihre bis zu 7 cm langen und bis zu 5 mm breiten Nadeln wirken ledrig weich, stechen aber; sie stehen dicht wechselständig und sind frisch- bis dunkelgrün mit oberseits feinen und unterseits breiten Wachsstreifen. Die meist allen bis zu dritt stehenden Zapfen sind braun, eiförmig und bis zu 4 cm lang; die Zapfenschuppen sind zugespitzt und tragen auf der Außenseite eine Längsleiste. Jede Samenschuppe trägt drei etwa 7 mm lange, schmal geflügelte Samen.

Gerader, schlanker Wuchs mit waagerechter Beastung, häufig etagenartig abgesetzt. Im Ursprungsgebiet Höhen bis zu 50 m, in Mitteleuropa selten über 20 m.

Die Borke
ist charakteristischerweise rotbraun und löst sich in Längsstreifen ab.

Mammutbaum, Wellingtonie

Sequoiadendron giganteum · Sumpfzypressengewächse (Taxodiaceae)

Nadeln

Pfriemenförmig und spitz; stehen in drei spiraligen Reihen meist anliegend um den Zweig; an den Haupttrieben bis zu 12 mm lang, an Nebentrieben oft nur 6 bis 8 mm Länge.

Blüten

♂ gelblich, eiförmig; bis zu 1 cm lang und zu mehreren endständig an den letztjährigen Trieben stehend. Die ♀ Blütenstände sind grün, unscheinbar, bis zu 1 cm lang und stehen einzeln oder zu zweit endständig; sie werden von grünbraunen Knospenschuppen geschützt.

Zapfen

Ei- bis tonnenförmig, bleiben lange ledrig grün, sind reif verholzt und dunkel rotbraun, bis zu 7 cm lang und bis zu 4 cm dick. Die Zapfenschuppen tragen rhombische Schilde mit einer rundlichen Vertiefung in der Mitte.

Vorkommen Der Mammutbaum kommt ursprünglich nur an den Westhängen der Sierra Nevada in Kalifornien vor. In Mitteleuropa zerstreut als Forstbaum, häufiger in großen Parks und Sammlungen.

Wissenswertes Die Art blüht im März und April und wird vom Wind bestäubt. Die geflügelten Samen werden vom Wind verbreitet.

In den kalifornischen Nationalparks findet man Baumriesen mit über 80 m Höhe. Der größte Mammutbaum hat einen Stammdurchmesser von über 8 m und wird auf ein Alter von etwa 3000 Jahre geschätzt; in den USA trägt diese Art den Namen „Bigtree".

Der Mammutbaum wurde in Mitteleuropa in der zweiten Hälfte des 19. Jahrhunderts sowohl als Zierelement als auch forstlich eingebracht. Die damaligen Versuchsflächen bilden heute eindrucksvolle Wellingtonien-Haine mit über 45 m hohen Bäumen.

Ähnliche Arten

Die **Küsten-Sequoie** *(Sequoia sempervirens)*, auch **Küstenmammutbaum** oder **Redwood** genannt, ist in Mitteleuropa selten, da sie nur in sehr milden Lagen winterhart ist. Sie trägt an ihren Zweigen zwei auffällig verschiedenartige, mehrjährige Nadelarten: An den Haupttrieben kurze, bis zu 6 mm lange, schuppenähnliche Nadeln, die dem Zweig dicht anliegen. An den Seitenzweigen stehen – zweizeilig gescheitelt – bis zu 2 cm lange, oberseits glänzend dunkelgrüne und unterseits graugrün bewachste, spitze Nadeln. Die endständigen Zapfen sind bis zu 2,5 cm lang und bestehen aus bis zu 20 Zapfenschuppen, die zur Samenreife weit aufspreizen. In ihrer kalifornischen Heimat oft über 100 m hoch und damit zu den höchsten Bäumen der Welt gehörend, in Europa selten über 20 m hoch.

Aufrechter Baum mit schlanker Kegelform, die Äste abwärts geneigt. Der Stamm verbreitert sich an der Basis besonders auffällig. In Mitteleuropa bis zu 50 m hoch.

Die Borke
ist rotbraun, längsrissig und schwammartig, bis zu 50 cm dick. Am Naturstandort stellt diese einen Schutz gegen Waldbrände dar.

Urweltmammutbaum

Metasequoia glyptostroboides · Sumpfzypressengewächse (Taxodiaceae)

Nadeln

Einjährig, sommergrün; frisch hellgrün, an den gegenständigen Kurztrieben bis zu 3 cm lang, flach, annähernd gegenständig zweiseitig ausgebreitet. Im Herbst fallen die gelb-orange bis kupferrot gefärbten Kurztriebe als ganzes ab. An den Langtrieben Nadeln kürzer und breiter, einzeln stehend und im Herbst auch einzeln abfallend.

Blüten

♂ aufgeblüht gelblich und bis zu 8 mm lang; sie werden bereits im Herbst des Vorjahrs an überhängenden Langtrieben angelegt. Die ♀ Blütenstände sind grün, unscheinbar, und stehen einzeln endständig an Kurztrieben (ohne Abb.).

Zapfen

Jung graugrün bereift, an den zunächst noch benadelten Kurztrieben stehend; später verholzen sie, erreichen Längen von bis zu 2,5 cm und bestehen aus wenigen, weit aufspreizenden Zapfenschuppen; Samenreife im November.

Vorkommen Die Art wurde erst in den 40er-Jahren des 20. Jahrhunderts in einem kleinen Areal in Südwestchina entdeckt. Die Gattung *Metasequoia* wurde etwa gleichzeitig durch erste Fossilfunde bekannt und die Erkenntnis, dass es sich bei den rezenten Bäumen um die gleiche Art handelt, galt als botanisch-paläontologische Sensation. Für diese Art erscheint die Bezeichnung „Lebendes Fossil" daher in besonderem Maße zutreffend und passend.

Wissenswertes Die Art blüht im Mai, wobei sich die männlichen Blüten vor und die weiblichen mit dem Laubaustrieb öffnen. Die Bestäubung sowie die Verbreitung der geflügelten Samen erfolgt durch den Wind.
Der Baum bildet erst im Alter von etwa 50 Jahren erste Samen. In Mitteleuropa wurden aber schon bald nach seiner Entdeckung vegetativ vermehrte Exemplare in Parks und Gärten gepflanzt.

Ähnliche Arten

Die **Sumpfzypresse** *(Taxodium distichum)* ist ein sommergrüner Baum mit wechselständigen Kurztrieben und zweizeilig gescheitelten, bis zu 2 cm langen, frischgrünen und unterseits mit Wachsstreifen versehenen wechselständigen Nadeln. Die aus wenigen Schuppen bestehenden, bis zu 3 cm langen Zapfen sind kugelig bis länglich und blass graubraun. Der bei uns zuweilen in Parks anzutreffende, ursprünglich aus den Sumpfgebieten Floridas und Südost-Nordamerikas stammende Baum bildet auffällige, als „Atemknie" bezeichnete, aus dem Boden ragende Wurzeln aus. Es wird vermutet, dass sie den Gasaustausch bei Atmung und Photosynthese unterstützen. Im Tertiär auch in Europa verbreitet und wichtiger Braunkohlebildner.

Schlanker, kegelförmiger Baum mit lockerer, waagerecht bis aufstrebender Beastung. Stamm an der Basis verbreitert; Höhe in China bis zu 50 m, in Mitteleuropa etwa 35 m erreichend.

Die Borke
ist gelb bis rötlich braun: löst sich längsrissig in Streifen oder länglichen Platten ab; mit auffälligen Einsenkungen unterhalb der Astbasen.

Schirmtanne

Sciadopitys verticillata · Sumpfzypressengewächse (Taxodiaceae)

Nadeln

5–15 cm lang, etwa 5 mm breit und in schirmartig ausgebreiteten Quirlen zu 30–40 stehend; besitzen eine deutliche Längsrinne, sind ledrig weich, oberseits glänzend grün und vorn stumpf. Daneben kommen noch winzige, oft bräunliche, bis zu 5 mm große Schuppenblätter vor, die zerstreut und anliegend am Zweig und unterhalb der Nadelquirle etwas gehäuft sitzen.

Blüten

♂ zu 10–20 gehäuft an den Triebspitzen stehend; als Knospen sind sie braunviolett, beim Aufblühen hellbraun, kugelig bis eiförmig und bis zu 2 cm lang. Die ♀ Blütenstände stehen ebenso endständig einzeln oder zu zweit, sind hellbraun und bis zu 2,5 cm lang (ohne Abb.).

♂

Zapfen

In jungem Zustand grün mit braunem Zapfenschuppenrand, im reifen Zustand langgestreckt eiförmig und dunkelbraun; bis zu 10 cm lang und bis zu 6 cm breit; reifen im Herbst des zweiten Jahrs und sind oft beharzt.

Vorkommen Die Schirmtanne stammt aus Japan. In Mitteleuropa wohl nicht nur dank ihrer Attraktivität, sondern auch wegen ihrer eigentümlichen Nadelanatomie (vgl. unten) in Parks und Sammlungen nicht selten.

Wissenswertes Die Art blüht im Mai. Die Bestäubung und die Verbreitung der ringsum schmal geflügelten Samen erfolgt durch den Wind.

Der Aufbau der Nadeln kann so gedeutet werden, dass zwei Nadeln an einem stark reduzierten Kurztrieb an der Längsseite miteinander verwachsen sind (vergleichbar einer zweinadeligen Kiefer). Eine andere Interpretation ist die, dass es sich hier um so genannte assimilierende Flachsprosse (Phyllokladien) handelt, wobei die eigentlichen Blätter oder Nadeln vollständig reduziert sind.

In Kultur gilt die Schirmtanne als heikel und schwer zu handhaben. Sie ist empfindlich gegenüber Staunässe und kalkigen Böden. Ihr Wuchs ist langsam und oft bilden sich nur strauchige oder mehrstämmige, wenig ansehnliche Formen aus. Gut wüchsige Bäume sind selten und erinnern in ihrer Gestalt an Kiefern. Im Tertiär war die Art auch in Mitteleuropa anzutreffen. Das belegen Fossilfunde, u. a. in der Lausitzer Braunkohle.

Schmal aufrechter, kegelförmiger Wuchs bei Höhen bis zu 30 m, in ihrer japanischen Heimat bis zu 50 m.

Die Borke
ist graubraun bis dunkelbraun, relativ dünn und löst sich in Längsstreifen ab.

Lawsons Scheinzypresse, Oregonzeder

Chamaecyparis lawsoniana · Zypressengewächse (Cupressaceae)

Schuppenblätter

Zumindest schwach zugespitzt, dem Trieb anliegend und an den Seitentrieben Längen bis zu 3 mm, am Haupttrieb bis zu 7 mm erreichend. Oberseits matt dunkelgrün, unterseits heller; die Flächenblätter mit deutlichen länglichen Harzdrüsen.

Blüten

♂ endständig, karminrot, bis zu 5 mm lang; werden bereits im Herbst des Vorjahres angelegt, überwintern etwa 2 mm groß unbedeckt am Trieb. Die ♀ Blütenstände sind ebenso endständig, stahlblau, kugelig, bis zu 5 mm lang und werden den Winter über von Schuppenblättern geschützt (ohne Abb.).

Zapfen

Gestielt, kugelig; sind zunächst gelbgrün und blau bereift, reif verholzt und rotbraun; 8–10 mm im Durchmesser; bestehen aus 6–8 Zapfenschuppen mit einem zusammengedrückten, mäßig spitzen Höcker.

Herkunft Ursprungsgebiet sind die küstennahen Ebenen und Gebirge im Westen Nordamerikas. In Mitteleuropa die am häufigsten – auch als Strauch und in Heckenform – angepflanzte Scheinzypresse in Parks, Gärten und Friedhöfen; es sind zahlreiche Zierformen und Varietäten verbreitet.

Wissenswertes Die Art blüht im März und April und wird vom Wind bestäubt. Die geflügelten Samen reifen im September und Oktober des gleichen Jahres und werden ebenfalls vom Wind verbreitet. Obwohl die Art im Ursprungsgebiet ausreichende Feuchtigkeit gewohnt ist, zeigt sie in Mitteleuropa eine große Resistenz gegen Trockenheit im Sommer und in schneearmen Wintern.

Bei den Scheinzypressen sitzen die Schuppenblätter an den abgeflachten, fächer- bis federförmig ausgebreiteten Zweigen in vier Zeilen, davon zwei flächig auf Ober- und Unterseite des Triebs und zwei seitenständig um die seitliche Kante herumgreifend. Die Triebe und Blätter enthalten u. a. das giftige Thujon, das häufig Hautreizungen verursacht.

Ähnliche Arten

Die **Hinoki-** oder **Feuer-Scheinzypresse** *(Chamaecyparis obtusa)* trägt kleinere Schuppenblätter ohne Harzdrüsen. Sie sind vorne abgerundet mit unterseits weißen Wachsstreifen; die Zapfen sind kugelig, bis zu 12 mm groß, aus acht bis zehn Schuppen mit kurzer, gebogener Spitze.

Die **Erbsenfrüchtige** oder **Sawara-Scheinzypresse** *(Ch. pisifera)* hat abstehende, schmalere Schuppenblätter mit einwärts gebogener Spitze; mit undeutlicher Harzdrüse und unterseits weißen Wachsflecken an der Blattbasis; Zapfen nur erbsengroß (6–7 mm) und aus zehn bis zwölf Schuppen mit einem zentralen, spitzen, dreieckigen Höcker bestehend (siehe Abb.).

Beide Bäume stammen aus Japan und werden selten als reine Art, häufig aber in zahlreichen, sehr variablen Zierformen angepflanzt.

Aufrechter Baum mit schlanker Zylinder- bis Kegelform, zuweilen mehrgipfelig; der Gipfeltrieb stets überhängend.
In Europa 20–30 m Höhe, in Oregon und Kalifornien bis zu 60 m Höhe.

Die Borke
ist rotbraun bis purpurfarben, längsrissig und mit rund-ovalen Schuppen; bei älteren Exemplaren oft silbrig.

Nutka-Scheinzypresse

Chamaecyparis nootkatensis · Zypressengewächse (Cupressaceae)

Schuppenblätter

Stachelspitzig, an den Seitentrieben bis zu 3 mm, am Haupttrieb bis zu 6 mm lang. Beiderseits dunkel- bis blaugrün ohne auffällige Spaltöffnungsstreifen, mit länglicher Harzdrüse, zerrieben unangenehm nach Terpentin riechend.

Blüten

♂ endständig, gelb und bis 5 mm lang. Die ♀ Blütenstände sind ebenso endständig, graublau, kugelig, und relativ unscheinbar (ohne Abb.).

Zapfen

Gestielt, kugelig, zunächst blaugrün; reifen oft erst im zweiten Jahr, sind dann rotbraun, etwa 10 mm im Durchmesser und bestehen aus 4–6 Zapfenschuppen mit einer dornigen Spitze.

Vorkommen Ursprungsgebiet ist der Westen Nordamerikas, im Norden bis Südwest-Alaska. In Europa in der reinen Art sowie einigen Zierformen in Parks und Gärten verbreitet.

Wissenswertes Die Art blüht im April und Mai und wird vom Wind bestäubt. Die geflügelten Samen reifen im September und Oktober des gleichen Jahres und werden ebenfalls vom Wind verbreitet.

Ihren Namen hat sie von den Nootka-Inseln in Alaska, wo sie erstmals entdeckt wurde. Wie die anderen bei uns häufig vorkommenden Scheinzypressen wird auch diese Art in zahlreichen Formen und Sorten gepflanzt. Da die Merkmale bei diesen Zuchtformen recht variabel sind, ist eine eindeutige Zuordnung zu einer Scheinzypressen-Art nicht immer ganz einfach und stellt oft auch Experten vor größere Schwierigkeiten; insbesondere dann, wenn keine Früchte oder Blüten vorliegen. Das Holz der Scheinzypressen wird im Innenausbau, für Bleistifte und Zigarrenkisten verwendet.

Ähnliche Arten

Die **Mittelmeer-** oder **Echte Zypresse** *(Cupressus sempervirens)* trägt sehr feine, nur 1 mm große Schuppenblättchen an dünnen, vierkantig wirkenden Seitenzweigen. Ihre Zapfen sind kugelig bis eiförmig, bis zu 4 cm lang und bestehen aus sechs bis zwölf Zapfenschuppen mit stumpfer Spitze (siehe Abb.). Als Säulenzypresse ein Charakterbaum der Mittelmeerregion, in Mitteleuropa nur selten und nicht frosthart.

Die Zypressen und Scheinzypressen sind so nahe verwandt, dass es zu Gattungsbastarden kommen kann.

Die **Leyland-** oder **Bastard-Scheinzypresse** *(× Cupressocyparis leylandii)* ist eine Kreuzung der Nutka-Scheinzypresse mit der Monterey-Zypresse *(Cupressus macrocarpa)* und neigt in den variablen Merkmalen jeweils in Richtung des weiblichen Elternteils.

Kegelförmiger Wuchs mit hängenden Ästen, Gipfeltrieb stets überhängend, bis zu 35 m hoch. Wuchs meist sehr dicht und bis zum Boden beastet.

Die Borke
ist orange bis rotbraun; löst sich in rundlichen Schuppen ab; bei älteren Exemplaren graubraun und längsrissig.

Hiba-Lebensbaum, Hiba

Thujopsis dolabrata · Zypressengewächse (Cupressaceae)

Schuppenblätter

An den hängenden, flach ausgebreiteten Zweigen vierzeilig stehend, bis zu 8 mm lang, oberseits glänzend grün. Unterseits tragen die kantenständigen Flächenblätter 1 breiten, die eiförmigen 2 schmälere, silbrig-weiße Wachsstreifen, die ringsum ebenfalls glänzend grün umrandet sind.

Unterseite

Blüten

♂ endständig, dunkelgrün und länglich, bis zu 7 mm lang. Die ♀ Blütenstände sind ebenso endständig und unscheinbar grünlich. (ohne Abb.)

Zapfen

Bis zu 1,5 cm lang, aus 6–8 Zapfenschuppen, die durch ihre zurückgebogenen langen Spitzen ein bizarres Aussehen erhalten und aufgespreizt bis zu 2 cm breit werden.

Vorkommen Stammt aus Japan. In Mitteleuropa seltener Parkbaum, der langsamwüchsig und oft nur strauchförmig ist.

Wissenswertes Die Art blüht im April und Mai und wird vom Wind bestäubt. Die geflügelten Samen reifen im September und Oktober des gleichen Jahres und werden ebenfalls vom Wind verbreitet.

Die Gattung *Thujopsis* besteht nur aus dieser einen Art und ist nahe verwandt mit den Lebensbäumen *(Thuja)*. Insbesondere in der Wuchsform und durch die Schuppenblätter ähnelt sie diesen. Markanteste Unterscheidungsmerkmale sind die breiten Wachsstreifen der Blattunterseiten und die seltsam geformten Zapfen.

Hiba-Lebensbäume sind oft bis zum Boden beastet. Die untersten Äste sind häufig schleppenartig ausgebreitet und wurzeln dann auch nicht selten.

Diese Bäume lassen sich gut durch Stecklinge vermehren, aber auch die Anzucht aus Samen ist meist erfolgreich. Die Jungpflanzen wachsen aber recht langsam.

Ähnliche Arten

Die aus dem westlichen Nordamerika stammende **Rauchzypresse** oder **Kalifornische Flusszeder** *(Calocedrus decurrens)* hat spitze, eng anliegende Schuppenblätter, die beiderseits dunkel graugrün sind, oberseits undeutliche Spaltöffnungsreihen tragen und zerrieben unangenehm nach Terpentin riechen.

Die Zapfen sind bis zu 1,5 cm lang und bestehen aus sechs Zapfenschuppen. Erkennbar sind davon allerdings nur drei: zwei außen stehende, die reif aufspreizen, und zentral stehend zwei miteinander verwachsene, die die Samen bilden. Die beiden anderen sind klein und unscheinbar mit der Zapfenbasis verwachsen.

Kegelförmiger Wuchs mit waagerechten oder bogig aufstrebenden Ästen, zuweilen mehrstämmig, bis zu 35 m hoch. Meist bis zum Boden beastet, mit Schleppenbildung.

Die Borke
ist rau und rotbraun; löst sich in feinen Streifen ab und wirkt auffällig zerkratzt.

Abendländischer Lebensbaum

Thuja occidentalis · Zypressengewächse (Cupressaceae)

Schuppenblätter

Ähnlich den Scheinzypressen angeordnet; bis zu 7 mm lang am Haupttrieb und bis zu 3 mm an den Seitentrieben; stumpf oder kurz zugespitzt, oberseits matt grün, im Winter dunkler oder bräunlich, unterseits mit unregelmäßigen grauen Wachsflecken. Flächenblätter mit auffälliger Wachsdrüse. Riechen zerrieben nach Apfel und Gewürznelke.

Blüten

♂ endständig, gelbbraun bis rotviolett, bis zu 2 mm lang. Die ♀ Blütenstände sind ebenso endständig und unscheinbar grünlich, bis zu 3 mm lang.

Zapfen

Bis zu 1,5 cm lang und langgestreckt eiförmig; zunächst gelbgrün, später hellbraun, bestehen aus 8–10 elliptischen Zapfenschuppen, von denen nur die mittleren 4 Samen bilden. Bei Samenreife weit aufspreizend und noch länger am Zweig verbleibend.

Vorkommen Ursprünglich nur im Nordosten Amerikas mit Hauptverbreitung rund um die großen Seen. Bereits im 16. Jahrhundert nach Europa eingeführt und häufiger Zierbaum auf Friedhöfen, in Gärten und Parks.

Wissenswertes Die Art blüht im April und Mai und wird vom Wind bestäubt. Die geflügelten Samen reifen im September und Oktober des gleichen Jahres und werden ebenso vom Wind verbreitet.

Der Baum liefert ein geschätztes Bau- und Konstruktionsholz, das auch im Schiffsbau verwendet wird und bereits von den Indianern zum Bau von Einbäumen genutzt wurde.

Wegen der guten Regenerationsfähigkeit häufig für Heckenpflanzungen verwendet.

Ähnliche Arten

Der aus dem westlichen Nordamerika stammende **Riesen-Lebensbaum** *(Thuja plicata)* lässt sich gut unterscheiden durch die oberseits glänzenden Schuppenblätter (riechen zerrieben nach Ananas), die aus acht bis zwölf Schuppen bestehenden Zapfen (die eine zurückgebogene dornige Spitze tragen; siehe Abb. oben) und den höheren, selbst in Mitteleuropa 30 m erreichenden Wuchs.

Der bis zu 10 m hohe **Orientalische Lebensbaum** *(Platycladus orientalis)* ist in der Literatur meist noch als *Thuja orientalis* zu finden. Er stammt aus China und trägt beiderseits dunkelgrüne Schuppenblätter mit unauffälligen Harzdrüsen und ohne fruchtigen Geruch beim Zerreiben. Seine bis zu 2 cm langen Zapfen sind kugelig bis eiförmig, unreif blaugrün bewachst und bestehen aus sechs bis acht Schuppen, die einen mehrere Millimeter langen hakigen Fortsatz an der Spitze tragen (siehe Abb. unten); Samen ungeflügelt, Seitenzweige stehen stets aufrecht.

Dichter, konischer, aufrechter Wuchs; in Europa 15–20 m, in Amerika bis zu 35 m Höhe. Äste und Seitenzweige stehen meist waagerecht ab.

Die Borke
ist hell rotbraun, löst sich in feinen Streifen ab.

Virginischer Wacholder, Rotzeder

Juniperus virginiana · Zypressengewächse (Cupressaceae)

Blätter

Es kommen sowohl Nadeln als auch Schuppenblätter am gleichen Individuum vor. Die Nadeln stehen wirtelig zu dritt (seltener zu zweit), sind stechend spitz, bis zu 9 mm lang und oberseits graugrün bewachst, unterseits grün und gewölbt. Die Schuppenblätter sind bis zu 1,5 mm, am Haupttrieb bis zu 3,5 mm lang, graugrün mit auffälliger Harzdrüse und riechen zerrieben nach Kernseife.

Schuppenblätter

Nadelblätter

Blüten

Einhäusig oder auch zweihäusig verteilt. Die ♂ endständig, gelblich und bis zu 2 mm lang. Die ♀ Blütenstände ebenso endständig und unscheinbar grünlich, bis zu 2 mm lang mit noch offenen Zapfenschuppen.

♀

♂

Beerenzapfen

Bis zu 7 mm lang und kugelig bis eiförmig; zunächst blaugrün bereift, später violettbraun; im fleischigen Innern mit 1–3 Samen.

Vorkommen Stammt aus dem östlichen und zentralen Nordamerika, wo er sowohl auf armen Felsböden als auch an sumpfigen, vernässten Standorten vorkommt. In Europa ein seltener Zierbaum in Parks und Sammlungen, wesentlich häufiger in der bis zu 10 m hohen Säulenform 'Skyrocket' mit silbrig graugrünen Trieben zu finden.

Wissenswertes Die Art blüht von März bis Mai und wird vom Wind bestäubt. Die im September bis November des gleichen Jahres reifenden Beerenzapfen werden von Vögeln gefressen und die Samen so verbreitet.
Größte Wacholderart; giftig durch das Monoterpen Sabinen; das Holz wird für Bleistifte und Zigarrenkisten verwendet.
Der Virginische Wacholder wird (wie auch der Sadebaum; S. 274) von der Pilzkrankheit Birnengitterrost befallen. Infizierte Wacholder stellen zeitlebens eine Infektionsquelle für benachbarte Birnbäume dar und sollten daher möglichst umgehend beseitigt werden.

Ähnliche Arten

Der **Chinesische Wacholder** *(Juniperus chinensis)* ist der obigen Art recht ähnlich. Er stammt aus China, Korea und Japan und ist stets zweihäusig. Weibliche Exemplare haben meist überwiegend Schuppenblätter, an innen sitzenden Zweigen auch Nadeln, männliche Exemplare an den unteren Zweigen stets Nadeln. Die anfangs blaugrünen Beerenzapfen reifen erst im zweiten Jahr, sind dann braun bereift und tragen zwei bis fünf Samen im Innern. Die reine Art ist ein aufrechter Baum mit bis zu 20 m Höhe; in Europa findet man aber meist nur strauchförmige, bis zu 3 m hohe Zierformen; diese sind dafür recht häufig.
Auf Seite 274 werden noch der **Gewöhnliche Wacholder** *(J. communis)* und der **Sadebaum** *(J. sabina)* beschrieben.

Zunächst konischer, später aber breit kegelförmiger Wuchs; in Europa 15–18 m, in Amerika bis zu 30 m Höhe.

Die Borke
ist rotbraun bis graubraun; löst sich in Streifen ab.

Japanische Kopfeibe

Cephalotaxus harringtonia · Kopfeibengewächse (Cephalotaxaceae)

Nadeln

Mehrjährig; mit kurzen, hellgrünen, am Zweig herablaufenden Stielen, ledrig, weich, biegsam und mit fein ausgezogener Spitze; bis zu 5 cm lang und 2–4 mm breit; oberseits glänzend dunkelgrün, unterseits mit 2 breiten graugrünen Streifen. Annähernd gegenständig und zweiseitig gescheitelt stehend, die einzelnen Nadeln oft sichelförmig gebogen.

Blüten

Zweihäusig verteilt, in den Blattachseln stehend. Die ♂ zahlreich an vorjährigen Zweigen, gelb, kugelig bis eiförmig, bis zu 5 mm groß und aus 4–6 Staubblättern bestehend. Die ♀ zu wenigen in kleinen, bis zu 1,5 cm lang gestielten Zäpfchen an diesjährigen Trieben, diese unscheinbar grün und bis zu 4 mm lang. (ohne Abb.)

Samen

An den seitenzweigartigen Stielen ragen aus den gelblichen, unscheinbaren Zapfenschuppen die bis zu 3 cm langen, eiförmigen, vorn zugespitzten Samen heraus. Ihre äußere Samenschale ist zunächst grün und fleischig, mit aromatischem Harzgeruch. Sie wird später violett-braun und trocknet zuletzt ein. Die innere Samenschale ist braun und verholzt und umschließt den Samen steinkernähnlich. Im Gegensatz zur Eibe (S. 256) hat die Samenschale keine Öffnung und umschließt den Samen komplett.

Vorkommen Stammt aus Japan, Korea und China. Die mit den Eiben (S. 256) eng verwandte Familie der Kopfeibengewächse kommt heute nur noch in Ostasien und dem Himalaja vor. Fossilfunde zeigen, dass die Gattung früher auch in Mitteleuropa verbreitet war. Heute ist sie hier als Zierelement in Gärten und Parks zu finden, wo sie feuchte, halbschattige Standorte bevorzugt und meist winterhart ist. Allerdings zeigt die Kopfeibe bei uns oft nur strauchigen Wuchs. Die häufiger anzutreffende Säulenform 'Fastigiata' hat spiralig stehende, nach allen Seiten abstehende Nadeln und erreicht nur selten mehr als 2 m Höhe. Zuweilen findet man in unseren Parks oder Botanischen Gärten auch die Chinesische Kopfeibe *(C. fortunei)* mit fast doppelt so langen Nadeln.

Wissenswertes Die Art blüht im April und Mai und wird vom Wind bestäubt. Die im Oktober des darauffolgenden Jahres reifenden Samen werden hauptsächlich von Vögeln gesammelt und so verbreitet. Sie erinnern an Zwetschgen und der englische Name bedeutet wörtlich übersetzt „Pflaumen-Eibe".

Kopfeiben tolerieren Form- und Rückschnitte gut und treiben danach wieder kräftig aus. Die Inhaltsstoffe sind denen der Eibe ähnlich, auch hier kommen giftige Taxine vor.

Ähnliche Arten

Die **Japanische Nusseibe** *(Torreya nucifera)* gehört wie die Eiben zur Familie der Eibengewächse. Ihre essbaren, von einem dunkelgrünen Samenmantel umgebenen Samen ähneln denen der Kopfeiben. Allerdings zeigt der Samenmantel eine kleine Öffnung am vorderen Ende. Die Nadeln der Nusseibe sind steif und haben eine stechende Spitze, unterseits tragen sie gelbgrüne Wachsstreifen. Sie riechen zerrieben unangenehm harzig, was auch zum Namen „Stinkeibe" führte. Selten als Strauch oder kleiner Baum in Parks und Botanischen Gärten.

Frei stehende Kopfeiben erreichen Höhen von 10-15 m und haben eine rundliche bis breit kegelförmige Krone mit quirlartig stehenden Zweigbüscheln. Meist findet man aber mehrstämmige Strauchformen, die breit ausladend werden und kaum über 8 m Höhe erreichen. Wegen ihrer Schnittverträglichkeit sind Kopfeiben zuweilen auch als Hecke zu finden.

Die Borke
ist graubraun bis rötlich braun und nur bei sehr jungen Exemplaren glatt. Bald löst sie sich in länglichen, auffasernden Streifen ab, die sparrig vom Stamm abstehen.

Gemeine Eibe, Europäische Eibe

Taxus baccata · Eibengewächse (Taxaceae)

Nadeln

Kurz gestielt, ledrig weich, biegsam mit nicht-stechender Spitze; bis zu 3,5 cm lang und bis zu 3 mm breit; oberseits glänzend dunkelgrün, unterseits mit 2 breiten helleren Streifen. An aufrechten Ästen allseitig abstehend, sonst zweiseitig gescheitelt.

Blüten

Zweihäusig verteilt, in den Blattachseln stehend. Die ♂ gelb, kugelig, bis zu 4 mm groß und aus schildförmigen Staubblättern bestehend. Die ♀ stehen einzeln, sind unscheinbar grün und bis zu 2 mm lang.

♀

♂

Samen

Zunächst grün, später violettbraun; bis zu 7 mm lang, länglich dreikantig mit Längsrippen und einer Spitze. Werden von einem eng anliegenden, karminroten, wachsbereiften Samenmantel umgeben, der länger als der Samen ist und bis zu 11 mm im Durchmesser erreicht.

Vorkommen In zerstreuten Arealen über weite Teile Europas verteilt. Östlich bis zum Kaukasus und Kleinasien, im Süden bis Nordafrika, im Westen bis zu den Pyrenäen und Nordportugal und im Norden bis ins südliche Norwegen. Wildvorkommen inzwischen sehr selten. In Parks, Gärten und Friedhöfen häufig anzutreffen, oft mit strauchigem Wuchs oder in der Säulenform 'Fastigiata'.

Wissenswertes Die Art blüht von Februar bis April und wird vom Wind bestäubt. Die im September und Oktober des gleichen Jahres rot leuchtenden Samenmäntel werden von Vögeln gefressen und die Samen so verbreitet.

Die Eibe liefert ein wertvolles, hartes und elastisches Holz, das früher für Bögen, Armbrüste und Werkzeuge verwendet wurde. Wahrscheinlich sind auch deswegen natürliche Vorkommen heute sehr selten. In unseren wenig durchmischten Forsten, in denen meist alle Bäume das gleiche Alter aufweisen, herrschen darüber hinaus ungünstige Lichtverhältnisse für die Eibe.

Alle Teile der Pflanze mit Ausnahme des roten Samenmantels enthalten das hochgiftige Taxin. Auch Pferde reagieren mit Vergiftungserscheinungen, während Kühe erstaunlicherweise keine entsprechenden Symptome zeigen.

Ähnliche Arten

Die **Japanische Eibe** *(Taxus cuspidata)* hat längere und breitere Nadeln, die steifer, stechend spitz und unterseits gelbgrün sind. Die Samenmäntel sind bei dieser aus Japan stammenden Art kugelig und die Samen stets länger und aus dem Samenmantel herausragend. In Mitteleuropa seltener in Parks anzutreffen; erreicht hier meist nur strauchigen Wuchs. Die zwergwüchsige Sorte 'Nana' bildet kugelige, bis zu 1 m hohe Sträucher und findet häufig in Vorgärten und als Friedhofspflanze Verwendung.

Zunächst breit kegelförmig, später oft mit breiter, rundlicher Krone. Häufig mehrstämmig, die Stämme auch miteinander verwachsen; erreicht Höhen bis zu 12 m, selten auch bis zu 18 m.

Die Borke
ist dünn, grau bis rot- oder graubraun; löst sich in großen, dünnen Schuppen ab.

Gewöhnliche Mahonie 1

Mahonia aquifolium
Berberitzengewächse (Berberidaceae)

Kennzeichen Breitbuschiger Kleinstrauch, 0,5–1,5 m hoch. Immergrün, Blätter wechselständig, unpaarig gefiedert mit fünf bis neun breit eiförmigen, ledrigen, glänzenden, dornig gezähnten Blättchen. Im April und Mai gelbe Blüten in dichten Trauben. Erbsengroße, blau bereifte Beeren, schwach giftig.
Vorkommen Stammt aus Nordamerika. Wird häufig in Gärten und im öffentlichen Grün gepflanzt.
Wissenswertes Die robuste, schattenverträgliche Mahonie kommt selbst mit dem Wurzeldruck großer Bäume und der sauren Nadelstreu unter Koniferen gut zurecht.

Julianes Berberitze 2

Berberis julianae
Berberitzengewächse (Berberidaceae)

Kennzeichen Dicht verzweigter Strauch, 2–3 m hoch, Zweige mit 3-teiligen, bis 4 cm langen Dornen. Immergrün, Blätter wechselständig, verkehrt eiförmig, 6–8 cm lang, Ränder stachelig gezähnt, oberseits glänzend dunkelgrün. Im Mai bis Juni gelbe Blüten in Doldentrauben. Kleine blauschwarze Beeren, giftig.
Vorkommen Stammt aus China. Häufig verwendeter Zierstrauch, oft auch in Hecken.
Wissenswertes Von den weltweit knapp 500 Berberitzenarten ist in Mitteleuropa nur die Gewöhnliche Berberitze *(B. vulgaris)* heimisch. Sie ähnelt der beschriebenen Art, hat aber kleinere Blätter (2–4 cm lang), die sie im Herbst abwirft, nur kurze Dornen und ab dem Spätsommer rote, essbare Beeren. Sie kommt in Gebüschen und an Waldrändern wild vor, wird aber auch gepflanzt. In Gärten sieht man allerdings häufiger ostasiatische Arten, teils auch sommergrün mit roter Herbstfärbung, so etwa *B. thunbergii.*

Hybrid-Zaubernuss 3

Hamamelis × intermedia
Zaubernussgewächse (Hamamelidaceae)

Kennzeichen Großstrauch, teils baumartig, 2,5–5 m hoch. Sommergrün, Blätter wechselständig, breit eiförmig, 10–15 cm lang, Herbstfärbung gelb bis orangerot. Blütezeit je nach Sorte im Dezember bis März, vor dem Laubaustrieb; Blüten mit schmalen Kronblättern, gelb orange, kupferfarben oder karminrot. Kleine holzige Kapselfrüchte.
Vorkommen Zuchtform, Elternarten sind in Ostasien beheimatet. Ziergehölz in Gärten und Parks.
Wissenswertes Mit ihrer Blütezeit mitten im Winter oder sehr zeitig im Frühjahr sind Zaubernüsse eine Besonderheit unter den Ziergehölzen. Bei den namengebenden „Zaubernüssen“ handelt es sich um Kapselfrüchte, die im Herbst mit einem lauten Knackgeräusch aufplatzen, um die schwarzen Samen auszuschleudern.

Moor-Gagelstrauch 4

Myrica gale
Gagelstrauchgewächse (Myricaceae)

Kennzeichen Kleinstrauch, 0,5–1,5 m hoch, mit rotbraunen Zweigen. Sommergrün, Blätter wechselständig, schmal verkehrt eiförmig, 2,5–6 cm lang, gesägt, ledrig, oberseits glänzend dunkelgrün. Zweihäusig, im April und Mai bräunliche Blütenkätzchen an den Zweigspitzen. Ab dem Sommer kleine 3-spitzige Steinfrüchte mit gelben Harzdrüsen.
Vorkommen In West- und Nordeuropa verbreitet, selten, geschützte Art. Wächst in Heidemooren, feuchten Kiefernwäldern und Torfbrüchen.
Wissenswertes Blätter, Zweige und Blütenstände des Moor-Gagelstrauchs duften aromatisch. Früher nutzte man seine Blätter des öfteren als Gewürz, vor allem aber auch als Hopfenersatz beim Bierbrauen.

1

2

3

4

Grün-Erle 1

Alnus viridis

Birkengewächse (Betulaceae)

Kennzeichen Breiter, 1–3 m hoher Strauch. Sommergrün, Blätter wechselständig, sehr variabel, breit eiförmig bis rundlich, zugespitzt, 3–8 cm lang, doppelt gesägt, unterseits auf den Adern behaart. Blüten im April bis Juni, in gelbgrünen Kätzchen.

Vorkommen In mitteleuropäischen Gebirgen in Schluchtwäldern, Gebüschen, auf Geröllflächen. Ist in den Alpen bis zur Baumgrenze anzutreffen. Wächst nur an feuchten, eher kühlen Standorten.

Wissenswertes Die Grün-Erle ist durch ihre niedrige Strauchform leicht von anderen Erlen (S. 46) zu unterscheiden. Sie bildet Ausläufer und lässt sich dadurch gut zur Bodenbefestigung einsetzen, z. B. an lawinengefährlichen Hängen.

Gewöhnliche Hasel 2

Corylus avellana

Birkengewächse (Betulaceae)

Kennzeichen Vielstämmiger Strauch, 2–7 m hoch. Sommergrün, Blätter wechselständig, rundlich bis breit eiförmig, 5–10 cm lang, doppelt gesägt, weich behaart, mit deutlicher Blattnervatur. Blütenkätzchen im Februar bis April, ♂ gelbbraun, hängend. Rundliche Nussfrüchte, in Fruchthüllen mit breiten Zipfeln.

Vorkommen In Mitteleuropa verbreitet und häufig, in lichten Laubmischwäldern und Feldgebüschen, an Waldrändern.

Wissenswertes Oft gepflanzte, auffällige Ziersorten sind die Korkenzieher-Hasel *(C. avellana* 'Contorta') mit spiralig verdrehten Zweigen, sowie die Blut-Hasel *(C. maxima* 'Purpurea') mit schwarzroten Blättern. Die letztgenannte ist eine Züchtung der Lamberts-Hasel *(C. maxima)*, einer in Südeuropa heimischen Art, deren Fruchtsorten die größten Haselnüsse liefern.

Grau-Weide 3

Salix cinerea

Weidengewächse (Salicaceae)

Kennzeichen Dicht buschiger Strauch, 2–5 m hoch, mit dicken, grau behaarten Zweigen, die erst spät verkahlen. Sommergrün, Blätter wechselständig, verkehrt eiförmig oder lanzettlich, 5–12 cm lang, gekerbt oder gesägt, oberseits grau behaart. Zweihäusig, Blütenkätzchen im April und Mai, ♂ eiförmig, orange bis gelb.

Vorkommen Im Mitteleuropa häufig, in Mooren, Feuchtwiesen und Bruchwäldern, an Waldrändern und Gräben.

Wissenswertes Die Grau-Weide kreuzt sich leicht mit anderen Arten wie der Ohr-Weide (*S. aurita*; siehe unten) oder der Sal-Weide (*S. caprea*; S. 88) und ist deshalb in der Blattform recht variabel. Sie wird häufig als Pioniergehölz in Feuchtgebieten gepflanzt.

Ohr-Weide 4

Salix aurita

Weidengewächse (Salicaceae)

Kennzeichen Breitwüchsiger Strauch, 0,5–2 m hoch, mit dünnen Zweigen. Sommergrün, Blätter wechselständig, verkehrt eiförmig, 2,5–5 cm lang, wellig gesägt, runzlig, mit großen nierenförmigen Nebenblättern am Blattstiel. Zweihäusig, kleine silbrige bis gelbe Blütenkätzchen im April bis Mai.

Vorkommen In Mitteleuropa weit verbreitet und häufig; vorwiegend in Mooren, auf Feuchtwiesen, in feuchten, lichten Wäldern, oft mit Erlen.

Wissenswertes Ihren Namen verdankt die Ohr-Weide den großen Nebenblättern („Ohren"), die lange am Blattstiel haften bleiben. Diese Art duldet selbst häufige Wurzelüberflutung und eignet sich besonders gut, um als Erstbepflanzung nasse, saure Böden zu erschließen, auf denen sonst kaum ein anderes Gehölz gedeiht.

1

3

2

4

Purpur-Weide 1

Salix purpurea

Weidengewächse (Salicaceae)

Kennzeichen Strauch oder Baum, 2–6 m hoch, mit langen, dünnen Zweigen. Sommergrün, Blätter wechselständig, Blätter stark variierend, meist verkehrt lanzettlich, 5–10 cm lang, unterseits bläulich. Zweihäusig, Kätzchen im März bis April, 2–5 cm lang, ♂ erst purpurn, später gelb.

Vorkommen In Mitteleuropa häufig; meist an Flussufern und in Auwäldern. Wurde und wird vielfach gepflanzt, auch im Straßenbegleitgrün und als Ziergehölz.

Wissenswertes Die Purpur-Weide zählt zu den häufig mit anderen Arten bastardisierenden, äußerst formenreichen Weiden. Ihre Blattpaare sind oft angenähert und erscheinen deshalb fast gegenständig. Sie gehört zu den robustesten Weiden und verträgt Nässe wie längere Trockenheit, ebenso kühle wie heiße Standorte, und regeneriert sich selbst nach mechanischen Verletzungen recht gut.

Ranunkelstrauch, Kerrie 2

Kerria japonica

Rosengewächse (Rosaceae)

Kennzeichen Strauch, 1–2 m hoch, mit rutenartigen, grünen Zweigen. Sommergrün, Blätter wechselständig, eiförmig, lang zugespitzt, 4–8 cm lang, doppelt gesägt, frischgrün. Im Mai und Juni goldgelbe Blüten, meist dicht gefüllt.

Vorkommen Ein aus China stammender Zierstrauch.

Wissenswertes Überwiegend sieht man die gefüllt blühende Sorte 'Pleniflora' mit gelben „Blütenbällen". Der Ranunkelstrauch wurde im 19. Jahrhundert nach Europa eingeführt und ist gelegentlich auch als ausgewilderte Pflanze anzutreffen. Aus seinen langen unterirdischen Ausläufern treiben Schösslinge, so dass er mit der Zeit kleine Dickichte bildet.

Gewöhnliche Schlehe 3

Prunus spinosa

Rosengewächse (Rosaceae)

Kennzeichen Sparriger Strauch, 1–3 m hoch, bedornt. Sommergrün, Blätter wechselständig, elliptisch-eiförmig, 4–5 cm lang, gesägt, oberseits dunkelgrün. Blüten weiß, im März bis April. Früchte kirschengroß, blau bereift, essbar, aber herb und sauer.

Vorkommen Häufig an sonnigen Waldrändern, in Gebüschen, an Felshängen; vom Tiefland bis in die Alpen bis etwa 1000 m Höhe verbreitet.

Wissenswertes Die Schlehe treibt reichlich Schösslinge aus Ausläufern und bildet so oft dichte Gestrüppe. Dort finden Vögel und andere Tiere – geschützt durch die Dornen – hervorragend Unterschlupf. Ökologisch wertvoll ist der Strauch auch als frühe Bienenweide. Die gern zur Herstellung alkoholischer Getränke verwendeten Früchte werden nach Frosteinwirkung genießbar. Schlehensträucher werden des öfteren im Juni von Gespinstmottenraupen kahl gefressen, erholen sich aber meist durch Neuaustrieb.

Zierquitte 4

Chaenomeles sp.

Rosengewächse (Rosaceae)

Kennzeichen Breiter Strauch, 1–3 m hoch, Zweige teils nur schwach bedornt. Sommergrün, Blätter wechselständig, eiförmig, 3–8 cm lang, gesägt. Im März bis April schalenförmige Blüten, rosa bis dunkelrot oder weiß, bis 5 cm im Durchmesser, in Büscheln. Quittenähnliche Früchte, gelb bis bräunlich, duftend, essbar.

Vorkommen Aus Ostasien stammender Zierstrauch.

Wissenswertes Häufig werden die Chinesische Zierquitte *(C. speciosa)*, die zierlichere Japanische Zierquitte *(C. japonica)* sowie Hybriden dieser beiden Arten *(C. × superba)* gepflanzt.

1

3

2

4

Kartoffel-Rose, Runzel-Rose 1

Rosa rugosa
Rosengewächse (Rosaceae)

Kennzeichen Breiter, dicht bestachelter Strauch, 1–2,5 m hoch. Sommergrün, Blätter wechselständig, gefiedert mit fünf bis neun eiförmigen, gesägten Blättchen, diese runzlig, unterseits graugrün und behaart. Im Juni bis September radiäre Blüten, tief rosa bis purpurn, seltener weiß, 6–10 cm im Durchmesser. Flachkugelige, orange- bis ziegelrote Früchte (Hagebutten).
Vorkommen Stammt aus Ostasien, in Mitteleuropa vielfach gepflanzt und oft verwildert; gilt als eingebürgert.
Wissenswertes Rosen sind, botanisch gesehen, nicht mit Dornen (Umbildungen von Sprossen oder Blättern) bewehrt, sondern mit Stacheln. Dabei handelt es sich um Auswüchse der Oberhaut (Epidermis), die sich recht leicht abbrechen lassen.

Hunds-Rose 2

Rosa canina
Rosengewächse (Rosaceae)

Kennzeichen Breit buschiger, bestachelter Strauch, 1–3 m hoch, mit überhängenden Zweigen. Sommergrün, Blätter wechselständig, gefiedert mit fünf bis sieben eiförmigen, gesägten Blättchen, diese kahl, teils bläulich grün. Im Juni und Juli radiäre Blüten, weiß bis hellrosa, auch rot, um 5 cm im Durchmesser, schwach duftend, meist einzeln in den Blattachseln. Früchte: eiförmige, scharlachrote Hagenbutten.
Vorkommen In Mittel- und Westeuropa häufig, in Hecken und an Waldrändern. Oft gepflanzt, auch im Straßenbegleitgrün.
Wissenswertes Die gern für Marmelade oder Säfte genutzten Hagebutten der Rosen weisen unter allen genutzten Früchten den höchsten Vitamin-C-Gehalt auf. Ihre Schalen umschließen zahlreiche Nüsschen.

Öfterblühende Strauchrosen 3

Rosa in Sorten
Rosengewächse (Rosaceae)

Kennzeichen Meist breit buschige Sträucher, 1,5–3 m hoch, je nach Sorte unterschiedlich bestachelt. Sommergrün, Blätter wechselständig, gefiedert mit meist fünf eiförmigen, gesägten Blättchen. Blüten im Juni bis Oktober, fast immer gefüllt, in vielblütigen Büscheln, teils schwach duftend, Farbe je nach Sorte.
Vorkommen Häufig in Gärten und Parks.
Wissenswertes Die meisten modernen Garten-Rosen entstanden durch vielfältige Mehrfachkreuzungen und blühen „öfter“, d. h. in kaum unterbrochenen Schüben bis in den Herbst hinein. Beliebt sind aber auch „alte“, historische Rosen, mit kurz währender, prächtiger Blüte. Neben den Strauchrosen kultiviert man als Gartenformen die niedrigeren Beetrosen und Edelrosen (mit lang gestielten, schön geformten Einzelblüten), Kletterrosen sowie Flächen- oder Bodendeckerrosen mit oft flachem, breitem Wuchs.

Mittelmeer-Feuerdorn 4

Pyracantha coccinea
Rosengewächse (Rosaceae)

Kennzeichen Breiter, stark bedornter Strauch, 1–3 m hoch. Winter- bis immergrün, Blätter wechselständig, lanzettlich bis schmal eiförmig, 2–4 cm lang, kerbig gesägt, ledrig, glänzend. Weiße Blütchen im Mai und Juni, zahlreich in Schirmrispen. Rote, orange oder gelbe, rundliche Früchte, lange haftend, schwach giftig.
Vorkommen In Südeuropa beheimatet, in Mitteleuropa häufig gepflanzt.
Wissenswertes Der robuste Strauch verträgt Hitze und Trockenheit ebenso wie Abgase. So eignet er sich ideal für den städtischen Bereich. Er wird schon seit dem 17. Jahrhundert in Mitteleuropa als Park- und Gartengehölz gepflanzt.

1

3

2

4

Waterers Zwergmispel 1

Cotoneaster × watereri
Rosengewächse (Rosaceae)

Kennzeichen Breiter, locker verzweigter Strauch, 2–5 m hoch. Wintergrün, Blätter wechselständig, elliptisch bis lanzettlich, 7–10 cm lang, runzlig, ganzrandig. Im Juni weiße Blütchen in Doldentrauben. Rote, kugelige Früchte, zahlreich, schwach giftig.
Kennzeichen Kreuzung zweier ostasiatischer Arten. Häufig gepflanzter Zierstrauch.
Wissenswertes Im öffentlichen Grün wie in Gärten sind verschiedene aus Ostasien stammende *Cotoneaster*-Arten allgegenwärtig. Am häufigsten sieht man die kleinwüchsigen, als Bodendecker eingesetzten Arten, z. B. die Teppich-Zwergmispel *(C. dammeri)*. Trotz der Gattungsbezeichnung „Zwergmispel" gibt es mehrere Arten, die wie die hier vorgestellte stattliche Größen erreichen. Viele sind immergrün, manche nur wintergrün, das heißt, sie werfen ihr Laub im Frühjahr ab.

Hohe Deutzie 2

Deutzia × hybrida
Hortensiengewächse (Hydrangeaceae)

Kennzeichen Locker aufgebauter Strauch, 1,5–2 m hoch. Sommergrün, Blätter gegenständig, länglich eiförmig, 6–10 cm lang, unregelmäßig gesägt. Im Juni sternförmige, 5-zählige Blüten, rosa, im Verblühen weiß, bis zu 3 cm im Durchmesser, in doldenartigen Rispen.
Vorkommen Kreuzung chinesischer Arten. Häufig in Gärten und im städtischen Grün.
Wissenswertes Mehrere, recht ähnliche Arten und Hybriden werden als Ziergehölze gepflanzt, oft in Gehölzgruppen oder Blütenhecken. Schon im 19. Jahrhundert entstanden zahlreiche Züchtungen. Bei manchen Sorten sind die Blüten gefüllt und stehen wie kleine Kugeln an den Zweigen. Am zierlichsten wächst die nur etwa 1 m hohe *D. gracilis*.

Pfeifenstrauch 3

Philadelphus sp.
Hortensiengewächse (Hydrangeaceae)

Kennzeichen Aufrechte Sträucher, Zweige oft überhängend, 1–3 m hoch, häufig mit auffälliger Streifenborke. Sommergrün, Blätter gegenständig, eiförmig bis länglich, meist 5–10 cm lang, entfernt gesägt oder gezähnt. Im Juni (auch Mai und Juli) meist weiße, schalenförmige, 4-zählige Blüten, 3–5 cm im Durchmesser, oft in Trauben.
Vorkommen Ziersträucher, je nach Art in Nordamerika oder China beheimatet, *P. coronarius* in Europa.
Wissenswertes Einige Pfeifensträucher zeichnen sich durch intensiven Blütenduft aus, besonders der Gewöhnliche Pfeifenstrauch *(P. coronarius)*, auch als Falscher oder Bauern-Jasmin bekannt. Bei vielen Hybridsorten dagegen ging der Duft verloren. Außerhalb der Blütezeit sind Pfeifensträucher recht leicht mit Deutzien zu verwechseln. Das Zerbrechen eines Zweigs kann weiterhelfen: Die Zweige der Pfeifensträucher sind innen mit Mark gefüllt, die der Deutzien dagegen hohl.

Gewöhnlicher Blasenstrauch 4

Colutea arborescens
Schmetterlingsblütengewächse (Fabaceae)

Kennzeichen Breiter Strauch, 1,5–4 m hoch. Sommergrün, Blätter wechselständig, unpaarig gefiedert mit sieben bis elf elliptischen, 6–12 cm langen, ganzrandigen Blättchen. Im Mai bis August kleine gelbe Blüten in aufrechten Trauben. Pergamentartige, „blasige", bräunliche Fruchthülsen, 6–8 cm lang, giftig.
Vorkommen Im Mittelmeergebiet verbreitet, in Mitteleuropa selten; an sonnigen Waldrändern, in Trockengebüschen.
Wissenswertes In wärmeren Regionen wird der mäßig frostharte Blasenstrauch gern gepflanzt, weil er selbst mit starker Hitze und Trockenheit zurechtkommt.

1

3

2

4

Blutroter Hartriegel 1

Cornus sanguinea

Hartriegelgewächse (Cornaceae)

Kennzeichen Strauch, 2–5 m hoch, Zweige mit rötlicher, teils schwarzer Rinde. Sommergrün, Blätter gegenständig, länglich eiförmig, 4–10 cm lang, ganzrandig, Blattnerven deutlich hervortretend, unterseits behaart, rote Herbstfärbung. Im Mai bis Juni weiße Blütchen in Schirmrispen. Erbsengroße, blauschwarze, kugelige Steinfrüchte, nur vollreif genießbar.
Vorkommen Häufig, an Waldrändern, in Feldhecken und in lichten Laubwäldern.
Wissenswertes Der stark Ausläufer bildende Blutrote Hartriegel wird gern als Pioniergehölz eingesetzt, z. B. zur Hangbefestigung und zur Rekultivierung von Schutt- und Brachflächen. Er ist ein gutes Vogelschutz-, Nähr- und Nistgehölz. Die namensgebende Rotfärbung zeigt sich vor allem an der Sonne zugewandten Zweigseiten.

Tatarischer Hartriegel 2

Cornus alba

Hartriegelgewächse (Cornaceae)

Kennzeichen: Breiter Strauch, 2–4 m hoch, Zweige mit rötlicher Rinde. Sommergrün, Blätter gegenständig, elliptisch, bis zu 8 cm lang, ganzrandig, Blattnerven deutlich hervortretend, unterseits graugrün, gelbe bis rote Herbstfärbung. Im Mai und Juni gelblich weiße Blütchen in Trugdolden. Hellblaue oder weiße, kugelige Steinfrüchte, ungenießbar.
Vorkommen In Osteuropa und Ostasien heimisch; robustes Landschafts- und Ziergehölz.
Wissenswertes In Gärten sieht man häufig *C. alba* 'Sibirica' mit leuchtend korallenroten, im Winter besonders auffälligen Zweigen. Außerdem gibt es mehrere Ziersorten mit weißen oder gelben Blatträndern. In der freien Landschaft sieht man öfter die reine Art, die wie die heimischen Hartriegel gern in Feld- und Windschutzhecken gepflanzt wird.

Gewöhnliche Pimpernuss 3

Staphylea pinnata

Pimpernussgewächse (Staphyleaceae)

Kennzeichen Strauch, 2–5 m hoch. Sommergrün, Blätter gegenständig, unpaarig gefiedert, mit 5–7 elliptischen, bis zu 10 cm langen, gesägten Blättchen. Im Mai bis Juni weiße bis gelbliche Blüten, glockenförmig, 5-zählig, in hängenden Rispen, leicht duftend. Blassgrüne, bis zu 5 cm große, blasig aufgetriebene Kapselfrüchte mit kugeligen Samen.
Vorkommen In Südosteuropa bis Westasien verbreitet, nördlich bis Süddeutschland, selten. An sonnigen Waldrändern, zuweilen in Hecken gepflanzt.
Wissenswertes Wenn der Wind die reifen Früchte bewegt, rasseln die Samen darin hörbar. Dieses Geräusch nannte man früher „pümpern", daher der Name Pimpernuss.

Gewöhnliches Pfaffenhütchen 4

Euonymus europaeus var. *europaeus*

Spindelbaumgewächse (Celastraceae)

Kennzeichen Sparriger, 1,5–3 m hoher Strauch, selten auch hoher Baum. Sommergrün, Blätter gegenständig, eiförmig bis lanzettlich, 3–8 cm lang, gesägt, orange bis scharlachrote Herbstfärbung. Im Mai grünliche Blüten in kleinen Dolden. Karminrote Fruchtkapseln, 4-lappig, darin Samen mit orangefarbenem fleischigem Mantel. Alle Pflanzenteile stark giftig.
Vorkommen Häufig, in Auwäldern, an Waldrändern, in Ufergebüschen. Wird in Feldhecken und im Siedlungsbereich gepflanzt.
Wissenswertes Die Kapselfrüchte erinnern nach dem Aufspringen an eine barettähnliche Kopfbedeckung katholischer Pfarrer, deshalb der Name Pfaffenhütchen. Das sehr windfeste, Feuchtigkeit liebende Gehölz eignet sich gut für die als Knicks bekannten Feldhecken, die etwa alle zehn Jahre radikal zurückgeschnitten werden.

1

3

2

4

Gewöhnl. Liguster, Rainweide 1
Ligustrum vulgare
Ölbaumgewächse (Oleaceae)

Kennzeichen 2–7 m hoher Strauch. Sommergrün, in milden Wintern oft bis zum Frühjahr belaubt; Blätter gegenständig, schmal eiförmig bis lanzettlich, 3–6 cm lang, ledrig, oberseits dunkelgrün glänzend. Im Juni bis Juli weiße Blütchen in 6–8 cm langen Rispen, streng duftend. Lang haftende, schwarze, kugelige Beeren, schwach giftig, ebenso die anderen Pflanzenteile.
Vorkommen Häufig, in lichten Wäldern, an Waldsäumen und in Gebüschen. Wird oft als Hecke gepflanzt.
Wissenswertes Im freien Stand wächst der Liguster als straff aufrechter Großstrauch, im Schatten größerer Gehölze dagegen bleibt er deutlich kleiner. Stößt man im Siedlungsbereich auf einen üppig blühenden Liguster mit kaum glänzenden, behaarten Blättern, dann handelt es sich um den Stumpfblättrigen Liguster *(L. obtusifolium* var. *regelianum).*

Forsythie, Goldglöckchen 2
Forsythia × intermedia
Ölbaumgewächse (Oleaceae)

Kennzeichen Dicht verzweigter, 2–3 m hoher Strauch. Sommergrün, Blätter gegenständig, eilänglich bis lanzettlich, selten 3-teilig, oft nur im oberen Teil gesägt. Blüten im April bis Mai vor dem Blattaustrieb dicht gedrängt an den Zweigen, hell- oder dunkelgelb, trichterartig, 4-zipflig, bis zu 5 cm im Durchmesser.
Vorkommen Kreuzung zweier chinesischer Arten, vor gut 100 Jahren im Botanischen Garten von Göttingen entstanden; die am häufigsten gepflanzte Forsythie.
Wissenswertes Im so genannten phänologischen Kalender der natürlichen Jahreszeiten markiert der Blühbeginn der Forsythien den Erstfrühling, dem der Vorfrühling (Blühbeginn der Hasel) vorangeht.

Gewöhnlicher Flieder 3
Syringa vulgaris
Ölbaumgewächse (Oleaceae)

Kennzeichen Strauch, oft baumartig gezogen, 2–6 m hoch. Sommergrün, Blätter gegenständig, ei- bis herzförmig, 5–12 cm lang, ganzrandig. Im April bis Mai 4-zipfelige Röhrenblüten in 10–20 cm langen, aufrechten Rispen, je nach Sorte violett, blau, rot, rosa, weiß oder gelb, oft duftend.
Vorkommen Beliebtes Ziergehölz, ursprünglich in Südosteuropa beheimatet.
Wissenswertes Der Gewöhnliche Flieder wurde schon im 16. Jahrhundert nach Mitteleuropa eingeführt. Heute gibt es Hunderte von Sorten, die allerdings nicht alle duften. Zwar gibt es noch einige weitere Flieder-Arten, wie etwa den Kleinblättrigen Flieder *(S. microphylla),* der bis zum Herbst nachblüht. Doch keine erreicht als Ziergehölz die Bedeutung des Gewöhnlichen Flieders.

Gewöhnlicher Sommerflieder 4
Buddleja davidii
Sommerfliedergewächse (Buddlejaceae)

Kennzeichen Straff aufrechter, 3–4 m hoher Strauch mit überhängenden Zweigen. Sommergrün, Blätter gegenständig, eilanzettlich, 10–25 cm lang, fein gezähnt, unterseits weißfilzig. Im Juli bis September kleine Blüten in bis zu 30 cm langen, oft aufrechten Rispen, je nach Sorte violett, purpurrot, rosa, blau oder weiß, duftend.
Vorkommen Stammt aus China. Beliebter Zierstrauch in Gärten und Parks.
Wissenswertes Ein weiterer Name ist „Schmetterlingsstrauch", da die Blüten gerne von Schmetterlingen besucht werden. Beim nah verwandten *B. alternifolia* sind die Blätter kleiner und schmäler, zudem – anders als bei der beschriebenen Art – wechselständig. Seine hellvioletten Blüten erscheinen schon im Juni in Büscheln entlang der Zweige.

1

3

2

4

Gewöhnlicher Schneeball 1
Viburnum opulus
Geißblattgewächse (Caprifoliaceae)

Kennzeichen Breiter Strauch, 2–4 m hoch. Sommergrün, Blätter gegenständig, 3–5-lappig, grob gezähnt, 8–12 cm lang, unterseits meist behaart; orangerote Herbstfärbung. Im Mai bis Juni weiße Blüten in flachen, bis zu 10 cm breiten Schirmrispen. Kleine rote Steinfrüchte, schwach giftig.
Vorkommen In Mitteleuropa verbreitet und häufig. Oft auch in Landschaftshecken und als Ziergehölz gepflanzt.
Wissenswertes Die beliebteste Zierform, die Sorte 'Roseum', hat ballförmige weiße Blütenstände, die sich im Verblühen rosa färben. Die robuste Wildform ist ein besonders geschätztes Landschaftsgehölz, das kräftigen Rückschnitt verträgt. Sie eignet sich mit ihrem flachen, aber weit streichenden und intensiv entwickelten Wurzelwerk sehr gut zur Bodenbefestigung und auch zur Entwässerung nasser Flächen.

Wolliger Schneeball 2
Viburnum lantana
Geißblattgewächse (Caprifoliaceae)

Kennzeichen Breiter, 2–5 m hoher Strauch. Sommergrün, Blätter gegenständig, eiförmig, 5–12 cm lang, fein gezähnt, runzlig, unterseits wollig grau. Im April bis Mai schmutzig weiße Blüten in 5–10 cm breiten Schirmrispen, streng riechend. Erbsengroße Steinfrüchte, rot und schwarz gefärbte in einem Fruchtstand, schwach giftig.
Vorkommen In Mittel- und Südeuropa heimisch, in lichten Wäldern, Hecken und Gebüschen; vielfach gepflanzt und verwildert.
Wissenswertes Der robuste, anpassungsfähige Wollige Schneeball zählt zu den am häufigsten verwendeten Gehölzen für Schutzpflanzungen, Landschaftshecken und Böschungsbegrünungen.

Runzelblättriger Schneeball 3
Viburnum rhytidophyllum
Geißblattgewächse (Caprifoliaceae)

Kennzeichen Breiter, 3–5 m hoher Strauch. Immergrün, Blätter gegenständig, länglich eiförmig, bis zu 20 cm lang, ganzrandig oder undeutlich gezähnt, derb ledrig, stark runzlig, ausgeprägte Blattnervatur, unterseits graufilzig. Im Mai bis Juni cremeweiße Blüten in breiten Schirmrispen. Kleine eiförmige Steinfrüchte, erst rot, später schwarz, schwach giftig.
Vorkommen Stammt aus China. Zierstrauch in Gärten und Parks.
Wissenswertes Die schon im Herbst angelegten Blütenstände überwintern ohne Knospenschuppen und sind mit gelblich weißen, filzigen Haaren bedeckt. Mit seinen großen Blättern, die im Winter oft etwas schlapp herabhängen, ist der Runzelblättrige Schneeball unverkennbar.

Rote Heckenkirsche 4
Lonicera xylosteum
Geißblattgewächse (Caprifoliaceae)

Kennzeichen 1–3 m hoher Strauch. Sommergrün, Blätter gegenständig, breit eiförmig, ganzrandig, 3–6 cm lang. Im Mai bis Juni weiße bis gelbliche Blüten, 2-lippig, gut 1 cm lang, paarweise an kurzem Stiel. Schon ab Juli dunkelrote, glänzende Beeren, ebenfalls paarweise, giftig.
Vorkommen In Mitteleuropa verbreitet und häufig, in Hecken und an Waldsäumen.
Wissenswertes Neben den strauchigen Heckenkirschen, von denen man bei uns mehrere heimische und fremdländische Arten sieht, gehören zur Gattung *Lonicera* auch kletternde Arten wie das Jelängerjelieber *(L. caprifolium)*, die als Geißblätter bezeichnet werden. Fast alle Arten haben auffällige rote, blauschwarze oder violette Beeren, die bis auf wenige Ausnahmen giftig sind.

1 3

2 4

Kolkwitzie 1
Kolkwitzia amabilis
Geißblattgewächse (Caprifoliaceae)

Kennzeichen: Breiter, 2–3 m hoher Strauch. Sommergrün, Blätter gegenständig, breit eiförmig, 4–7 cm lang, schwach gezähnt. Blüten im Mai bis Juni, glockig, 5-zipflig, rosa, im Schlund gelb, ca. 1,5 cm lang, in büscheligen Trauben, duftend. Bräunlich graue, behaarte Fruchtkapseln.
Vorkommen: Stammt aus China. Zierstrauch in Gärten und Parks.
Wissenswertes: Im Englischen wird das reich blühende, auch als Perlmuttstrauch bekannte Gehölz schlicht „Beauty Bush" (schöner Strauch) genannt. *K. amabilis* ist die einzige Art der Gattung *Kolkwitzia*.

Gewöhnliche Schneebeere 2
Symphoricarpos albus var. *laevigatus*
Geißblattgewächse (Caprifoliaceae)

Kennzeichen Straff aufrechter Strauch mit überhängenden Zweigspitzen, 1,5–2 m hoch. Sommergrün, Blätter gegenständig, rundlich bis eiförmig, 4–6 cm lang, ganzrandig, an den Langtrieben auch buchtig gelappte Blätter. Im Juni bis September kleine rötliche Blüten in endständigen Ähren. Weiße, rundliche Beeren, mit 1–1,5 cm im Durchmesser, ungenießbar, in größeren Mengen giftig.
Vorkommen Stammt aus Nordamerika. Robuster Zierstrauch, meist in Hecken gepflanzt, öfter auch verwildert.
Wissenswertes Die Schneebeere ist auch als „Knallerbsenstrauch" bekannt, da die Beeren mit lautem Geräusch zerplatzen, wenn man sie auf den Boden wirft. Mit ihrer weißen Fruchtfarbe stellt sie eine auffällige Besonderheit dar. Ebenfalls nicht ganz alltäglich sind die hell rosafarbenen Früchte nah verwandter Arten und Hybriden. Recht häufig sieht man z. B. die Bastard-Korallenbeere *(S. × chenaultii)* mit rosaweißen Beeren.

Gewöhnlicher Wacholder 3
Juniperus communis
Zypressengewächse (Cupressaceae)

Kennzeichen Sehr vielgestaltiger Strauch, 2–10 m hoch, oft locker kegel- oder säulenförmig aufrecht. Immergrün, Nadeln bis zu 1,5 cm lang, stechend, bläulich grün, zu dritt in Wirteln. Zweihäusig, Blüte im April bis Mai, ♂ Blütenstände eiförmig, gelblich, weniger als 5 mm lang, ♀ Blütenstände grünlich. Schwarzblaue, bereifte Beerenzapfen, in kleinen Mengen essbar (Würzmittel).
Vorkommen Weit verbreitet; auf Heiden, Magerwiesen, Sandfluren, in lichten Nadelmischwäldern. In zahlreichen Kulturformen häufig gepflanzt.
Wissenswertes In Gärten und Parks tritt der Gewöhnliche Wacholder vor allem in schmal säulen- bis kegelförmigen Züchtungen sowie als niedriger, kissen- oder mattenförmiger Kriech-Wacholder in Erscheinung. In Heidelandschaften zählt der lichthungrige, konkurrenzschwache Wacholder – neben den namensgebenden Heiden *(Erica)* – zu den Charakterpflanzen.

Sadebaum, Stink-Wacholder 4
Juniperus sabina
Zypressengewächse (Cupressaceae)

Kennzeichen Dicht verzweigter Strauch, 0,5–2 m hoch, mit meist niederliegenden Trieben. Immergrün, Jugendblätter nadelförmig, ältere Blätter schuppenförmig, widerlicher Geruch. Zweihäusig, unauffällige Blütenstände im April bis Mai. Erbsengroße Beerenzapfen, auffällig blau bereift, nach Abwischen schwarz, hängen an gekrümmten Stielen, sind giftig.
Vorkommen Im südlichen Mitteleuropa in Hochgebirgslagen. Teils auch in Zierformen gepflanzt.
Wissenswertes Der Sadebaum enthält in allen Teilen hochgiftige ätherische Öle.

1

2

3

4

Literatur

Im Kosmos-Verlag sind einige andere interessante Bücher über Bäume und Sträucher oder Wildblumen erschienen. Die folgenden sind besonders zu empfehlen:

Aichele, Schwegler: **Die Blütenpflanzen Mitteleuropas**, 2004
Ein fünfbändiges großformatiges Standardwerk, in dem alle natürlich in Mitteleuropa vorkommenden Blütenpflanzen mit herausragenden **Zeichnungen** von Marianne Golte-Bechtle zu finden sind. Für alle Freunde unserer Blütenpflanzen ein riesiger Fundus an Wissen und ein ästhetischer Genuss.

Aichele, Golte-Bechtle: **Was blüht denn da?**, 2005
Der Klassiker unter den Naturführern beschreibt etwa 750 in Mitteleuropa wild wachsende Blütenpflanzen. Die Blumen, Sträucher und Bäume sind mit hervorragenden **Zeichnungen** illustriert und auf Farbtafeln zusammengestellt. Sie sind nach der Farbe der Blüten eingeteilt.

Alberts, Mullen, Spohn: **Die Baum- und Strauchapotheke**, 2004
Bäume und Sträucher stellen uns mit ihren Inhaltsstoffen eine Fülle von Naturkräften zur Verfügung. Diese können wir uns als Medizin, Tee, Aromastoff oder Kosmetikartikel zunutze machen. Der **Foto**-Naturführer porträtiert einheimische und exotische Arten, und leitet an, wie man sie sammelt und nutzt.

Lewington, Parker: **Unsere ältesten Bäume – Naturdenkmäler aus aller Welt**, 2005
Ein brillanter Bildband mit einem ganz besonderen Zugang zu Bäumen: Er porträtiert jene Arten, die über 1000 Jahre alt werden können. Von der Linde bis zum Baobab, vom Riesenmammutbaum bis zur Araukarie – das sind 25 Baumarten aus aller Welt, vorgestellt mit **einzigartigen Fotos** und spannenden Texten zu Standort, Geschichte und Mythologie.

Mayer, Schwegler: **Welcher Baum ist das?**, 2002
Ein umfassender Naturführer mit **Fotos**, der über 600 Arten mitteleuropäischer Bäume, Sträucher sowie Kletter- und Zwergsträucher vorstellt. Außer den heimischen Arten beschreibt er eine Vielzahl von Ziergehölzen und deren Sorten.

Mitchell, Wilkinson: **Pareys Buch der Bäume**, 2004
Der Naturführer beschreibt über 600 Arten und Varietäten, die in Nord- und Mitteleuropa heimisch oder angepflanzt zu finden sind. Jedes Porträt ist mit mehreren **Zeichnungen** bebildert. Ein besonderer Schwerpunkt ist die Einstufung des Zierwertes einer Art als Garten- oder Parkbaum.

More, White: **Die Kosmos-Enzyklopädie der Bäume**, 2005
Ein wunderschönes Handbuch über 2100 Arten und Sorten von Bäumen und Sträuchern, die in Europa natürlich und angepflanzt vorkommen. Die besondere Ästhetik der über 5700 **Zeichnungen** von David More macht dieses Werk weltweit einzigartig. Neben diesen zahlreichen Details beeindrucken vor allem die sehr individuell herausgearbeiteten Darstellungen der Wuchsformen.

Weitere Naturführer für den Baum- und Strauchliebhaber:

Hecker: *BLV-Handbuch Bäume und Sträucher*, BLV-Verlag, 1998
Kremer: *Steinbachs Naturführer Bäume*, Verlag Eugen Ulmer, 2001
Kremer: *Steinbachs Naturführer Strauchgehölze*, Verlag Eugen Ulmer, 2002
Godet: *Einheimische Bäume und Sträucher*, Thalacker Verlag, 2001

Register

A

Abendländischer Lebensbaum 250
Abies alba 200
– *cephalonica* 206
– *cilicica* 206
– *concolor* 204
– *concolor* var. *lowiana* 204
– *grandis* 200
– *homolepis* 206
– *koreana* 202
– *nordmanniana* 202
– *pinsapo* 206
– *procera* 204
– *veitchii* 204
Acer campestre 166
– *cappadocicum* 170
– *griseum* 178
– *japonicum* 174
– *japonicum* 'Aconitifolium' 174
– *monspessulanum* 166
– *negundo* 176
– *negundo* 'Variegatum' 176
– *opalus* 168
– *palmatum* 174
– *palmatum* 'Atropurpureum' 174
– *palmatum* 'Dissectum' 174
– *palmatum* 'Linearilobum' 174
– *pensylvanicum* 178
– *platanoides* 170
– *pseudoplatanus* 168
– *saccharinum* 172
– *saccharum* 172
– *tataricum* ssp. *ginnala* 178
Aesculus × carnea 164
– *flava* 164
– *hippocastanum* 164
– *pavia* 164
Ahorn, Berg- 168
–, Bunter Eschen- 176
–, Burgen- 166
–, Eschen- 176
–, Fächer- 174
–, Feld- 166
–, Feuer- 178
–, Französischer 166
–, Japanischer 174
–, Japanischer Fächer- 174
–, Kolchischer 170
–, Papierrinden- 178
–, Pennsylvanischer 178
–, Schlangenhaut- 178
–, Schneeballblättriger 168
–, Silber- 172
–, Silbereschen- 176
–, Spitz- 170
–, Thunbergs Fächer- 174
–, Zimt- 178
–, Zucker- 172
Ahornblättrige Platane 28
Ailanthus altissima 182
Akazie, Falsche 160
Alnus cordata 46
– *glutinosa* 46
– *incana* 46
– *rubra* 46
– *viridis* 260
Alpen-Goldregen 158
Amberbaum, Amerikanischer 26
–, Orientalischer 26
Amelanchier canadensis 134
– *laevis* 134
– *lamarckii* 134
– *ovalis* 134
Amerikanische Eiche 42
Amerikanische Lärche 222
Amerikanische Platane 28
Amerikanische Ulme 58
Amerikanischer Amberbaum 26
Amerikanischer Zürgelbaum 64
Amerikanisches Gelbholz 156
Andentanne 234
Antarktische Scheinbuche 34
Apfel, Beeren- 120
–, Holz- 118
–, Kultur- 118
–, Wild- 118
–, Vielblütiger 120
–, Strauch- 120
Apfeldorn 140
Aprikose 112
Araucaria araucana 234
– *heterophylla* 234
Araukarie, Chilenische 234
Arve 224
Asien-Birne 122
Aspe 82
Atlas-Zeder 218
Azarola-Weißdorn 140

B

Balsam-Pappel 84
Bastard-Korallenbeere 274
Bastard-Mehlbeere 128
Bastard-Platane 28
Bastard-Scheinzypresse 246
Bastard-Schwarz-Pappel 84
Bauern-Jasmin 266
Baum-Hasel 56
Beeren-Apfel 120
Berberis julianae 258
– *thunbergii* 258
– *vulgaris* 258
Berberitze, Gewöhnliche 258
–, Julianes 258
Berg-Ahorn 168
Berg-Hemlocktanne 216
Berg-Kiefer 232
Berg-Kirsche 108
Berg-Traubenkirsche 102
Berg-Ulme 60
Betula humilis 50
– *maximowicziana* 50
– *nana* 50
– *nigra* 48
– *papyrifera* 48
– *pendula* 48
– *pubescens* 50
Birke, Hänge- 48
–, Lindenblättrige 50
–, Maximowicz- 50
–, Moor- 50
–, Papier- 48
–, Sand- 48
–, Schwarz- 48
–, Strauch- 50
–, Warzen- 48
–, Weiß- 48

Birke, Zwerg- 50
Birkenfeige 68
Birne, Asien- 122
–, Holz- 122
–, Kultur- 122
–, Nashi- 122
–, Wild- 122
Bittere Hickorynuss 74
Bitter-Mandel 114
Bitternuss 74
Blasenbaum, Rispiger 162
Blasenesche 162
Blasenstrauch, Gewöhnlicher 266
Blau-Fichte 212
Blauglockenbaum 192
Blaugrüne Douglasie 208
Blaugummibaum 148
Blau-Zeder 218
Blumen-Esche 190
Blumen-Hartriegel, Japanischer 146
–, Nuttalls 146
Blüten-Hartriegel 146
Blüten-Kirsche, Japanische 108
Blut-Hasel 260
Blutpflaume 110
Blutroter Hartriegel 268
Borstige Robinie 160
Bruch-Weide 86
Buche, Blut- 32
–, Orientalische 32
–, Rot- 32
Buchsbaum 30
Buddleja alternifolia 270
– *davidii* 270
Buxus sempervirens 30

C

Calocedrus decurrens 248
Carpinus betulus 52
– *orientalis* 52
Carya cordiformis 74
– *ovata* 74
– *illinoinensis* 74
Castanea sativa 36
Catalpa bignonioides 194
– *ovata* 194
– *speciosa* 194
Cedrus atlantica 218
– *atlantica* 'Aurea' 218
– *atlantica* 'Glauca' 218
– *deodara* 218
– *libani* 218
Celtis australis 64
– *occidentalis* 64
Cephalotaxus fortunei 254
– *harringtonia* 254
– *harringtonia* 'Fastigiata' 254
Ceratonia siliqua 154
Cercidiphyllum japonicum 24
Cercis canadensis 154
– *siliquastrum* 154
Chaenomeles japonica 262
– *speciosa* 262
– × *superba* 262
Chamaecyparis lawsoniana 244
– *nootkatensis* 246
– *obtusa* 244
– *pisifera* 244
Chilenische Araukarie 234
Chinesische Flügelnuss 76
Chinesischer Surenbaum 182
Chinesischer Wacholder 252
Christusdorn 152
Cladrastis lutea 156
Colorado-Tanne 204
Colutea arborescens 266
Cornus alba 268
– *alba* 'Sibirica' 268
– *controversa* 146
– *controversa* 'Variegata' 146
– *florida* 146
– *kousa* 146
– *mas* 144
– *nuttallii* 146
– *sanguinea* 268
– *suecica* 144
Corylus avellana 260
– *avellana* 'Contorta' 260
– *colurna* 56
– *maxima* 56
– *maxima* 'Purpurea' 260
Cotoneaster dammeri 266
– × *watereri* 266
Crataegus azarola 140
– *crus-galli* 140
– *laevigata* 138
– *laevigata* 'Pauls Scarlett' 138
– *lavallei* 'Carrierei' 140
– × *media* 138
– *monogyna* 'Punicea' 138
– *monogyna* 140
Cryptomeria japonica 236
Cunninghamia lanceolata 236
× *Cupressocyparis leylandii* 246
Cupressus macrocarpa 246
– *sempervirens* 246
Cydonia oblonga 116
– *oblonga* var. *maliformis* 116
– *oblonga* var. *oblonga* 116

D

Davidia involucrata 142
– *involucrata* var. *vilmoriniana* 142
Deutsche Mispel 136
Deutzia gracilis 266
– × *hybrida* 266
Deutzie, Hohe 266
Dotter-Weide 86
Douglasie, Küsten- 208
–, Blaugrüne 208
Douglastanne 208
Dreh-Kiefer 228
Dürlitze 144

E

Eberesche 132
–, Mährische 132
Echte Feige 68
Echte Felsenbirne 134
Echte Mehlbeere 126
Echte Mispel 136
Echte Quitte 116
Echte Walnuss 72
Echte Zypresse 246
Echter Kreuzdorn 186
Edel-Kastanie 36
Edel-Tanne 204
Eibe, Europäische 256
–, Gemeine 256

–, Japanische 256
Eiche, Amerikanische 42
–, Flaum- 40
–, Rot- 42
–, Scharlach- 42
–, Stein- 36
–, Stiel- 38
–, Sumpf- 42
–, Trauben- 40
–, Turners 44
–, Ungarische 38
–, Wintergrüne 44
–, Zerr- 44
Eingriffliger Weißdorn 140
Eisenholzbaum 26
Elaeagnus angustifolia 150
Elsbeere 124
Engelmanns Fichte 212
Englische Ulme 60
Erbsenfrüchtige Schein-
zypresse 244
Eriobotrya japonica 136
Erle, Grau- 46
–, Grün- 258
–, Herzblättrige 46
–, Italienische 46
–, Oregon- 46
–, Rot- 46
–, Schwarz- 46
Esche, Blumen- 190
–, Gemeine 188
–, Manna- 190
–, Rot- 190
–, Schmalblättrige 188
–, Weiß- 190
Eschen-Ahorn 176
–, Bunter 176
Espe 82
Essigbaum 180
Ess-Kastanie 36
Eucalyptus globulus 148
–, *gunnii* 148
Eukalyptus, Mostgummi- 148
–, Tasmanischer 148
Euonymus europaeus var.
europaeus 268
Europäische Eibe 256
Europäische Hopfenbuche 54
Europäische Lärche 220

F
Fächer-Ahorn, Japanischer 174
–, Thunbergs 174
Fagus orientalis 32
– *sylvatica* 32
– *sylvatica* 'Pendula' 32
– *sylvatica* 'Purpurea' 32
Falsche Akazie 160
Falscher Jasmin 266
Faulbaum 186
Feige, Echte 68
Feld-Ahorn 166
Feld-Ulme 62
Felsenbirne, Echte 134
–, Gewöhnliche 134
–, Kahle 134
–, Kanadische 134
–, Kupfer- 134
Felsen-Kirsche 106
Feuer-Ahorn 178
Feuerdorn, Mittelmeer- 264
Feuer-Scheinzypresse 244
Fichte, Blau- 212
–, Engelmanns 212
–, Gemeine 210
–, Kaukasus- 214
–, Omorika- 214
–, Schimmel- 210
–, Serbische 214
–, Siskiyou- 214
–, Sitka- 212
–, Stech- 212
–, Trauer- 210
–, Zuckerhut- 210
Ficus benjamini 68
– *carica* 68
– *elastica* 68
Fieberbaum 148
Flatter-Ulme 58
Flaum-Eiche 40
Flieder, Gewöhnlicher 270
–, Kleinblättriger 270
Flügelnuss, Kaukasische 76
–, Chinesische 76
Flusszeder, Kalifornische 248
Föhre 228
Forche 228
Forsythia × *intermedia* 270
Forsythie 270
Frangula alnus 186
Französische Tamariske 78
Fraxinus americana 190
– *angustifolia* 188
– *excelsior* 188
– *ornus* 190
– *pennsylvanica* 190
Frühlings-Tamariske 78

G
Gagelstrauch, Moor- 258
Geißblatt 272
Gelber Hartriegel 144
Gelber Trompetenbaum 194
Gelbholz, Amerikanisches 156
Gemeine Eibe 256
Gemeine Esche 188
Gemeine Fichte 210
Gemeine Robinie 160
Gemeine Rosskastanie 164
Gemeine Stechpalme 184
Gemeiner Goldregen 158
Gemeiner Sanddorn 150
Gerber-Sumach 180
Gewöhnliche Felsenbirne 134
Gewöhnliche Hasel 260
Gewöhnliche Mahonie 258
Gewöhnliche Mehlbeere 126
Gewöhnliche Pimpernuss 268
Gewöhnliche Schlehe 262
Gewöhnliche Schneebeere
274
Gewöhnliche Traubenkirsche
102
Gewöhnlicher Blasenstrauch
266
Gewöhnlicher Flieder 270
Gewöhnlicher Judasbaum 154
Gewöhnlicher Liguster 270
Gewöhnlicher Schneeball 272
Gewöhnlicher Sommerflieder
270
Gewöhnlicher Trompeten-
baum 194
Gewöhnlicher Wacholder 274
Gewöhnliches Pfaffenhütchen
268
Ginkgo biloba 198
Ginkgo 198

Gleditschie, Amerikanische 152
Gleditsia triacanthos 152
– *triacanthos* 'Inermis' 152
Goldene Trauer-Weide 94
Goldglöckchen 270
Goldlärche 222
Goldregen, Alpen- 158
–, Gemeiner 158
–, Hybrid- 158
Gold-Zeder 218
Götterbaum 182
Grau-Erle 46
Grau-Pappel 80
Grau-Weide 260
Griechische Tanne 206
Großblättrige Stechpalme 184
Großblättrige Weide 88
Grün-Erle 260
Gummibaum 68
Gurken-Magnolie 20

H

Hafer-Pflaume 110
Hahnensporn-Weißdorn 140
Hainbuche 52
–, Orientalische 52
Haken-Kiefer 232
Hamamelis × *intermedia* 258
Hanf-Weide 92
Hänge-Birke 48
Hängende Silber-Linde 100
Hartriegel, Blüten- 146
–, Blutroter 268
–, Gelber 144
–, Japanischer Blumen- 146
–, Nuttalls Blumen- 146
–, Pagoden- 146
–, Riesen- 146
–, Schwedischer 144
–, Tatarischer 268
Hasel, Baum- 56
–, Blut- 260
–, Gewöhnliche 260
–, Korkenzieher- 260
–, Lamberts- 56
–, Türkische 56
Heckenkirsche, Rote 272
Hemlocktanne, Berg- 216
–, Kanadische 216
–, Westliche 216
Herlitze 144
Herzblättrige Erle 46
Herzblättriger Trompetenbaum 194
Hiba 248
Hiba-Lebensbaum 248
Hickorynuss, Schuppenrinden- 74
–, Bittere 74
Higan-Kirsche 108
Himalaja-Kiefer 226
Himalaja-Zeder 218
Hinoki-Scheinzypresse 244
Hippophaë rhamnoides 150
Hohe Deutzie 266
Hohe Stechpalme 184
Holderbusch 196
Holländische Ulme 62
Holler 196
Holunder, Roter 196
–, Schwarzer 196
–, Trauben- 196
Holz-Apfel 118
Holz-Birne 122
Holzquitte 116
Hopfenbuche, Europäische 54
Hunds-Rose 264
Hybrid-Goldregen 158
Hybrid-Lärche 220
Hybrid-Zaubernuss 258

I

Ilex × *altaclarensis* 184
– *aquifolium* 184
– *parado* 184
Immergrüne Magnolie 20
Italienische Erle 46
Italienische Pappel 84

J

Japanische Blüten-Kirsche 108
Japanische Kopfeibe 254
Japanische Lärche 222
Japanische Nusseibe 254
Japanische Wollmispel 136
Japanische Zelkove 66
Japanischer Ahorn 174
Japanischer Blumen-Hartriegel 146
Japanischer Fächer-Ahorn 174
Japanischer Schnurbaum 156
Jasmin, Bauern- 266
–, Falscher 266
Jelängerjelieber 272
Johannisbrotbaum 154
Judasbaum, Gewöhnlicher 154
–, Kanadischer 154
Juglans nigra 72
– *regia* 72
Julianes Berberitze 258
Juniperus chinensis 252
– *communis* 274
– *sabina* 274
– *virginiana* 252
– *virginiana* 'Skyrocket' 252

K

Kahle Felsenbirne 134
Kaiser-Paulownie 192
Kalifornische Flusszeder 248
Kanada-Pappel 84
Kanadische Felsenbirne 134
Kanadische Hemlocktanne 216
Kanadischer Judasbaum 154
Kartoffel-Rose 264
Kastanie, Edel- 36
–, Ess- 36
Katsurabaum 24
Kaukasische Flügelnuss 76
Kaukasische Zelkove 66
Kaukasus-Fichte 214
Kaukasus-Tanne 202
Kerria japonica 262
– *japonica* 'Pleniflora' 262
Kerrie 262
Kiefer, Berg- 232
–, Dreh- 228
–, Grannen- 224
–, Haken- 232
–, Himalaja- 226
–, Korsische 230
–, Krummholz- 232
–, Latschen- 232
–, Mädchen- 224
–, Moor- 232

–, Österreichische Schwarz- 230
–, Pyrenäen- 230
–, Rumelische 226
–, Schlangenhaut- 230
–, Schwarz- 230
–, Taurische 230
–, Tränen- 226
–, Wald- 228
–, Weymouths- 226
–, Zirbel- 224
–, Zwerg- 232
Kilikische Tanne 206
Kirsche, Berg- 108
– Felsen- 106
– Grannen- 108
– Higan- 108
– Japanische Blüten- 108
– Lorbeer- 104
– Portugiesische Lorbeer- 104
– Sachalin- 108
– Sauer- 106
– Süß- 106
– Vogel- 106
– Yoshino- 108
Kirschlorbeer 104
Kirschpflaume 110
Klebrige Robinie 160
Kleinblättriger Flieder 270
Kleinblütige Tamariske 78
Kleinblütiger Trompetenbaum 194
Kobushi-Magnolie 20
Koelreuteria paniculata 162
Kolkwitzia amabilis 274
Kolkwitzie 274
Kopfeibe, Japanische 254
–, Chinesische 254
Korallenbeere, Bastard- 274
Korb-Weide 92
Koreanische Tanne 202
Korkenzieher-Hasel 260
Korkenzieher-Weide 94
Kornelkirsche 144
Korsische Kiefer 230
Kretischer Weißdorn 140
Kreuzdorn, Echter 186
–, Purgier- 186
Krieche 110
Krim-Linde 98
Krummholz-Kiefer 232
Kübler-Weide 92
Kuchenbaum 24
Kultur-Apfel 118
Kultur-Birne 122
Kupfer-Felsenbirne 134
Küsten-Douglasie 208
Küstenmammutbaum 238
Küsten-Sequoie 238

L

Laburnum alpina 158
– *anagyroides* 158
– × *watereri* 158
Lack-Sumach 180
Lamberts-Hasel 56
Lärche, Amerikanische 222
–, Europäische 220
–, Hybrid- 220
–, Japanische 222
Larix decidua 220
– × *eurolepis* 220
– *kaempferi* 222
– *laricina* 222
Latschen-Kiefer 232
Lavendel-Weide 92
Lawsons Scheinzypresse 244
Lebensbaum, Abendländischer 250
–, Orientalischer 250
–, Riesen- 250
Lederhülsenbaum 152
Legföhre 232
Leyland-Scheinzypresse 246
Libanon-Zeder 218
Liguster, Gewöhnlicher 270
–, Stumpfblättriger 270
Ligustrum obtusifolium var. *regelianum* 270
– *vulgare* 270
Linde, Holländische 96
–, Hängende Silber- 100
–, Silber- 100
–, Sommer- 96
–, Winter- 98
Lindenblättrige Birke 50
Liquidambar orientalis 26
– *styraciflua* 26
Liriodendron tulipifera 22
Litchi sinensis 162
Litschi 162
Locken-Weide 94
Lonicera caprifolium 272
– *xylosteum* 272
Lorbeer-Kirsche 104
–, Portugiesische 104
Lorbeer-Weide 90

M

Maclura pomifera 70
Magnolia acuminata 20
– *grandiflora* 20
– *kobus* 20
– *sieboldii* 20
– × *soulangiana* 20
– *stellata* 20
Magnolie, Gurken- 20
–, Immergrüne 20
–, Kobushi- 20
–, Siebolds 20
–, Stern- 20
–, Tulpen- 20
Mahonia aquifolium 258
Mahonie, Gewöhnliche 258
Malus baccata 120
– *domestica* 118
– *floribunda* 120
– *sargentii* 120
– *sylvestris* 118
Mammutbaum 238
Mandel 114
–, Bitter- 114
Mandelbäumchen 114
Mandel-Weide 90
Manna-Esche 190
Marille 112
Maßholder 166
Maulbeerbaum, Schwarzer 70
–, Weißer 68
Maximowicz-Birke 50
Mehlbeere, Bastard- 128
–, Echte 126
–, Gewöhnliche 126
–, Schwedische 128
–, Vogesen- 126
Mespilus germanica 136

Metasequoia glyptostroboides 240
Milchorange 70
Mirabelle 110
Mispel, Deutsche 136
–, Echte 136
Mittelmeer-Feuerdorn 264
Mittelmeer-Zypresse 246
Monterey-Zypresse 246
Moor-Birke 50
Moor-Gagelstrauch 258
Moor-Kiefer 232
Morgenländische Platane 28
Morus alba 68
– *nigra* 70
Mostgummi-Eukalyptus 148
Myrica gale 258
Myricaria gemanica 78
Myrobalane 110

N
Nashi-Birne 122
Nektarine 112
Nikko-Tanne 206
Nobilis-Tanne 204
Nordmanns-Tanne 202
Norfolktanne 234
Nothofagus antarctica 34
Nusseibe, Japanische 254
Nutka-Scheinzypresse 246
Nuttalls Blumen-Hartriegel 146
Nyssa sylvatica 142

O
Ohr-Weide 260
Ölweide, Schmalblättrige 150
Omorika-Fichte 214
Oregon-Erle 46
Oregonzeder 244
Orientalischer Amberbaum 26
Orientalischer Lebensbaum 250
Osagedorn 70
Ostrya carpinifolia 54

P
Pagodenbaum 156
Pagoden-Hartriegel 146
Papier-Birke 48
Papierrinden-Ahorn 178
Pappel, Balsam- 84
–, Bastard-Schwarz- 84
–, Grau- 80
–, Großblatt- 82
–, Italienische 84
–, Kanada- 84
–, Pyramiden- 84
–, Säulen- 84
–, Schwarz- 84
–, Silber- 80
–, Zitter- 82
Parrotia persica 26
Parrotie 26
Paulownia tomentosa 192
Paulownie, Kaiser- 192
Pavie, Gelbe 164
–, Rote 164
Pekannuss 74
Pennsylvanischer Ahorn 178
Pfaffenhütchen, Gewöhnliches 268
Pfeifenstrauch 266
–, Gewöhnlicher 266
Pfirsich 112
Pflaume 110
–, Hafer- 110
Philadelphus coronarius 266
– sp. 266
Picea abies 210
– *abies* 'Inversa' 210
– *breweriana* 214
– *engelmannii* 212
– *glauca* 210
– *glauca* 'Conica' 210
– *omorika* 214
– *orientalis* 214
– *pungens* 212
– *pungens* 'Glauca' 212
– *sitchensis* 212
Pimpernuss, Gewöhnliche 268
Pinus aristata 224
– *cembra* 224
– *contorta* 228
– *leucodermis* 230
– *mugo* 232
– *mugo* ssp. *pumilio* 232
– *nigra* 230
– *nigra* ssp. *laricio* 230
– *nigra* ssp. *nigra* 230
– *nigra* ssp. *pallasiana* 230
– *nigra* ssp. *salzmannii* 230
– *parviflora* 224
– *peuce* 226
– × *rotundata* 232
– *strobus* 226
– *sylvestris* 228
– *uncinata* 232
– *wallichiana* 226
Platane, Ahornblättrige 28
–, Amerikanische 28
–, Bastard- 28
–, Morgenländische 28
–, Westliche 28
Platanus × *hispanica* 28
– *occidentalis* 28
– *orientalis* 28
Platycladus orientalis 250
Populus alba 80
– *alba* 'Nivea' 80
– *balsamifera* 84
– × *canadensis* 84
– × *canescens* 80
– *lasiocarpa* 82
– *nigra* 84
– *nigra* 'Italica' 84
– *tremula* 82
Prächtiger Trompetenbaum 194
Prunus armeniaca 112
– *avium* 106
– *cerasifera* 110
– *cerasifera* 'Nigra' 110
– *cerasifera* 'Pissardii' 110
– *cerasus* 106
– *domestica* ssp. *domestica* 110
– *domestica* ssp. *insitiata* 110
– *domestica* ssp. *italica* 110
– *domestica* ssp. *syriaca* 110
– *dulcis* 114
– *dulcis* var. *amara* 114
– *laurocerasus* 104
– *laurocerasus* 'Rotundifolia' 104
– *lusitanica* 104
– *mahaleb* 106

– *padus* ssp. *padus* 102
– *padus* ssp. *borealis* 102
– *persica* 112
– *persica* var. *nucipersica* 112
– *sargentii* 108
– *serotina* 102
– *serrulata* 108
– *serrulata* 'Amanogawa' 108
– *serrulata* 'Kanzan' 108
– *spinosa* 262
– *subhirtella* 108
– *triloba* var. *triloba* 114
– × *yedoensis* 108
Pseudocydonia sinensis 116
Pseudolarix amabilis 222
Pseudotsuga menziesii 208
– *menziesii* var. *menziesii* 208
– *menziesii* var. *glauca* 208
Pterocarya fraxinifolia 76
– *stenoptera* 76
Pulverholz 186
Purgier-Kreuzdorn 186
Purpur-Weide 260
Pyracantha coccinea 264
Pyramiden-Pappel 84
Pyrenäen-Kiefer 230
Pyrus communis 122
– *pyraster* 122
– *pyrifolia* var. *culta* 122

Q

Quercus cerris 44
– *coccinea* 42
– *frainetto* 38
– × *hispanica* 'Turneri' 44
– *ilex* 36
– *palustris* 42
– *petraea* 40
– *pubescens* 40
– *robur* 38
– *rubra* 42
Quitte, Apfel- 116
–, Birnen- 116
–, Echte 116

R

Rainweide 270
Ranunkelstrauch 262
Rauchzypresse 248
Redwood 238
Reif-Weide 90
Reineclaude 110
Reneklode 110
Rhamnus frangula 186
– *cathartica* 186
Rhus coriaria 180
– *hirta* 180
– *typhina* 180
– *verniciflua* 180
Riesen-Hartriegel 146
Riesen-Lebensbaum 250
Riesen-Tanne 200
Rispelstrauch 78
Rispiger Blasenbaum 162
Robinia hispida 160
– *pseodoacacia* 160
– *viscosa* 160
Robinie, Borstige 160
–, Gemeine 160
–, Klebrige 160
Rosa canina 264
– *rugosa* 264
Rose, Hunds- 264
–, Kartoffel- 264
–, Runzel- 264
–, Strauch- 264
Rosskastanie, Gemeine 164
–, Rotblühende 164
Rot-Buche 32
Rotdorn 138
Rote Heckenkirsche 272
Rot-Eiche 42
Roter Holunder 196
Rot-Esche 190
Rot-Rüster 62
Rottanne 210
Rotzeder 252
Rumelische Kiefer 226
Runzelblättriger Schneeball 272
Runzel-Rose 264
Rüster, Weiß- 60
–, Rot- 62

S

Sachalin-Kirsche 108
Sadebaum 274
Salix alba var. *alba* 86
– *alba* 'Tristis' 94
– *alba* var. *vitellina* 86
– *alba* var. *sericea* 86
– *appendiculata* 88
– *aurita* 260
– *babylonica* 94
– *caprea* 88
– *caprea* 'Pendula' 88
– × *chrysocoma* 94
– *cinerea* 260
– *daphnoides* 90
– *eleagnos* 92
– *fragilis* 86
– *matsudana* 'Tortuosa' 94
– *pendulina* 94
– *pendulina* 'Elegantissima' 94
– *pentandra* 90
– *purpurea* 262
– × *sepulcralis* 'Erythroflexuosa' 94
– × *smithiana* 92
– *triandra* 90
– *viminalis* 92
Sal-Weide 88
Sambucus nigra 196
– *racemosa* 196
Sand-Birke 48
Sanddorn, Gemeiner 150
Sauer-Kirsche 106
Sauerschotenbaum 156
Säulen-Pappel 84
Sawara-Scheinzypresse 244
Scharlach-Eiche 42
Scheinbuche 34
Scheinzypresse, Bastard- 246
–, Erbsenfrüchtige 244
–, Feuer- 244
–, Hinoki- 244
–, Lawsons 244
–, Leyland- 246
–, Nutka- 246
–, Sawara- 244
Schimmel-Fichte 210
Schirmtanne 242
Schlangenhaut-Ahorn 178
Schlangenhaut-Kiefer 230
Schlehe, Gewöhnliche 262
Schmalblättrige Esche 188

Schmalblättrige Ölweide 150
Schmetterlingsstrauch 270
Schneeball, Gewöhnlicher 272
–, Runzelblättriger 272
–, Wolliger 272
Schneeballblättriger Ahorn 168
Schneebeere, Gewöhnliche 274
Schnurbaum, Japanischer 156
Schuppenrinden-Hickorynuss 74
Schwarz-Birke 48
Schwarze Walnuss 72
Schwarzer Holunder 196
Schwarzer Maulbeerbaum 70
Schwarz-Erle 46
Schwarz-Kiefer 230
–, Österreichische 230
Schwarz-Pappel 84
Schwedische Mehlbeere 128
Schwedischer Hartriegel 144
Sciadopitys verticillata 242
Sequoia sempervirens 238
Sequoiadendron giganteum 238
Sequoie, Küsten- 238
Serbische Fichte 214
Sicheltanne 236
Siebolds Magnolie 20
Sierra-Tanne 204
Silber-Ahorn 172
Silbereschen-Ahorn 176
Silber-Linde 100
Silber-Pappel 80
Silber-Weide 86
Siskiyou-Fichte 214
Sitka-Fichte 212
Sommerflieder, Gewöhnlicher 270
Sommer-Linde 96
Sophora japonica 156
Sorbus aria 126
– *aucuparia* 132
– *aucuparia* ssp. *moravica* 132
– *domestica* 130
– × *hybrida* 128
– *intermedia* 128
– *mougeotii* 126
– *torminalis* 124
Spanische Tanne 206
Späte Traubenkirsche 102
Speierling 130
Spießtanne 236
Spirke 232
Spitz-Ahorn 170
Staphylea pinnata 268
Stech-Fichte 212
Stechhülse 184
Stechpalme, Gemeine 184
–, Großblättrige 184
–, Hohe 184
Stein-Eiche 36
Steinweichsel 106
Stern-Magnolie 20
Stiel-Eiche 38
Stink-Wacholder 274
Strauch-Apfel 120
Strauch-Birke 50
Strobe 226
Stumpfblättriger Liguster 270
Südbuche 34
Südlicher Zürgelbaum 64
Sumach, Gerber- 180
–, Lack- 180
–, Kolben- 180
Sumpf-Eiche 42
Sumpfzypresse 240
Surenbaum, Chinesischer 182
Süß-Kirsche 106
Symphoricarpos albus var. *laevigatus* 274
– × *chenaultii* 274
Syringa microphylla 270
– *vulgaris* 270

T

Tamarack 222
Tamariske, Französische 78
–, Frühlings- 78
–, Kleinblütige 78
–, Viermännige 78
Tamarix gallica 78
– *parviflora* 78
– *tetrandra* 78
Tanne, Colorado- 204
–, Edel- 204
–, Griechische 206
–, Kaukasus- 202
–, Kilikische 206
–, Koreanische 202
–, Nikko- 206
–, Nobilis- 204
–, Nordmanns- 202
–, Sierra- 204
–, Spanische 206
–, Veitchs 204
–, Weiß- 200
Taschentuchbaum 142
Tasmanischer Eukalyptus 148
Tatarischer Hartriegel 268
Taubenbaum 142
Taurische Kiefer 230
Taxodium distichum 240
Taxus baccata 256
– *baccata* 'Fastigiata' 256
– *cuspidata* 256
– *cuspidata* 'Nana' 256
Teppich-Zwergmispel 266
Thuja occidentalis 250
– *orientalis* 250
– *plicata* 250
Thujopsis dolabrata 248
Thunbergs Fächer-Ahorn 174
Tilia cordata 98
– × *euchlora* 98
– *platyphyllos* 96
– *tomentosa* 100
– *tomentosa* 'Petiolaris' 100
– × *vulgaris* 96
Toona sinensis 182
Torreya nucifera 254
Tränen-Kiefer 226
Trauben-Eiche 40
Trauben-Holunder 196
Traubenkirsche, Gewöhnliche 102
–, Berg- 102
–, Späte 102
Trauer-Fichte 210
Trauer-Ulme 60
Trauer-Weide 94
Trompetenbaum, Gelber 194
–, Gewöhnlicher 194
–, Herzblättriger 194
–, Kleinblütiger 194

–, Prächtiger 194
–, Westlicher 194
Tsuga canadensis 216
– *heterophylla* 216
– *mertensiana* 216
Tulpenbaum 22
Tulpen-Magnolie 20
Tupelobaum, Wald- 142
Türkische Hasel 56
Turners Eiche 44

U

Ulme, Amerikanische 58
–, Berg- 60
–, Englische 60
–, Feld- 62
–, Flatter- 58
–, Holländische 62
–, Trauer- 60
–, Weiß- 58
Ulmus americana 58
– *carpinifolia* 62
– *glabra* 60
– *glabra* 'Pendula' 60
– × *hollandica* 62
– *laevis* 58
– *minor* 62
– *procera* 60
Ungarische Eiche 38
Urweltmammutbaum 240

V

Veitchs Tanne 204
Viburnum lantana 272
– *opulus* 272
– *opulus* 'Roseum' 272
– *rhytidophyllum* 272
Vielblütiger Apfel 120
Viermännige Tamariske 78
Virginischer Wacholder 252
Vogelbeere 132
–, Süße 132
Vogel-Kirsche 106
Vogesen-Mehlbeere 126

W

Wacholder, Chinesischer 252
–, Gewöhnlicher 274
–, Stink- 274
–, Virginischer 252
Wald-Kiefer 228
Wald-Tupelobaum 142
Walnuss, Echte 72
–, Schwarze 72
Warzen-Birke 48
Waterers Zwergmispel 266
Weichsel 106
Weide, Bruch- 86
–, Dotter- 86
–, Goldene Trauer- 94
–, Grau- 260
–, Großblättrige 88
–, Hanf- 92
–, Korb- 92
–, Korkenzieher- 94
–, Kübler- 92
–, Lavendel- 92
–, Locken- 94
–, Lorbeer- 90
–, Mandel- 90
–, Ohr- 260
–, Purpur- 262
–, Reif- 90
–, Sal- 88
–, Silber- 86
–, Trauer- 94
–, Wisconsin-Trauer- 94
Weiß-Birke 48
Weißbuche 52
Weißdorn, Azarola- 140
–, Eingriffliger 140
–, Hahnensporn- 140
–, Kretischer 140
–, 'Pauls Scarlett' 138
–, Zweigriffliger 138
Weißer Maulbeerbaum 68
Weiß-Esche 190
Weiß-Rüster 60
Weiß-Tanne 200
Weiß-Ulme 58
Wellingtonie 238
Westliche Hemlocktanne 216
Westliche Platane 28
Westlicher Trompetenbaum 194
Westlicher Zürgelbaum 64
Weymouths-Kiefer 226
Wild-Apfel 118
Wild-Birne 122
Wintergrüne Eiche 44
Winter-Linde 98
Wisconsin-Trauer-Weide 94
Wolliger Schneeball 272
Wollmispel, Japanische 136

Y

Yoshino-Kirsche 108

Z

Zaubernuss, Hybrid- 258
Zeder, Atlas- 218
–, Blau- 218
–, Gold- 218
–, Himalaja- 218
–, Libanon- 218
Zelkova carpinifolia 66
– *serrata* 66
Zelkove, Japanische 66
–, Kaukasische 66
Zerr-Eiche 44
Zierquitte 262
–, Chinesische 262
–, Japanische 262
Zimmertanne 234
Zimt-Ahorn 178
Zirbe 224
Zirbel-Kiefer 224
Zitter-Pappel 82
Zucker-Ahorn 172
Zuckerhut-Fichte 210
Zürgelbaum, Amerikanischer 64
–, Südlicher 64
–, Westlicher 64
Zweigriffliger Weißdorn 138
Zwerg-Birke 50
Zwerg-Kiefer 232
Zwergmispel, Teppich- 266
–, Waterers 266
Zwetsche 110
Zwetschge 110
Zypresse, Echte 246
–, Mittelmeer- 246
–, Monterey- 246

Impressum

Bildnachweis: mit 290 Farbfotos: 287 von Roland Spohn, 3 von Andreas Bärtels (S. 83, 121, 243); außerdem 389 Farbzeichnungen von Marianne Golte-Bechtle und 109 farbige Illustrationen von Wolfgang Lang

Umschlaggestaltung von eStudio Calamar, unter Verwendung von einem Farbfoto von Roland Spohn (Stiel-Eiche, *Quercus robur*) und zwei Zeichnungen von Marianne Golte-Bechtle (Serbische Fichte, *Picea omorika*; Kanadische Hemlocktanne, *Tsuga canadensis*).

Bibliografische Information Der Deutschen Bibliothek
Die Deutsche Bibliothek verzeichnet diese Publikation in der Deutschen Nationalbibliografie; detaillierte bibliografische Daten sind im Internet über http://dnb.ddb.de abrufbar.

Gedruckt auf chlorfrei gebleichtem Papier

ISBN-13: 978-3-440-10217-6
ISBN-10: 3-440-10217-3
Lektorat: Dr. Stefan Raps
Grundlayout: eStudio Calamar
Produktion: Siegfried Fischer / Johannes Geyer
Printed in Italy / Imprimé en Italie

Zapfen der Nadelbäume und Fruchttypen der Laubbäume

Zapfen sind die weiblichen Blütenstände der Nadelbäume. Ihre Schuppen tragen die Samenanlagen und später die reifen Samen – allerdings ohne die Umhüllung durch eine Fruchtwand, weshalb man nicht von Früchten spricht. Die Samenschuppe wird unterseits von einer Deckschuppe getragen.
Fichtenzapfen öffnen ihre Zapfenschuppen und geben so die Samen frei, Tannenzapfen zerfallen bei der Freigabe der Samen in die Deck- und Samenschuppen.
Foto: Zapfen der Weiß-Tanne (s. S. 200)

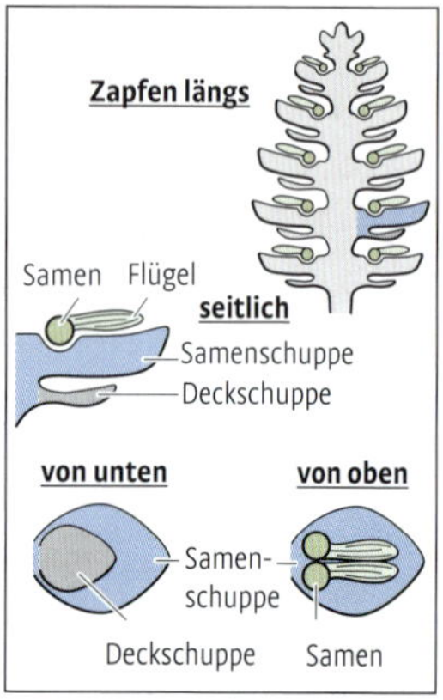

Balgfrüchte entstehen aus Fruchtknoten, die nur von einem Fruchtblatt gebildet werden. Sie gelten als einfachste Fruchtform der Bedecktsamer und sind Streufrüchte: Zur Samenreife öffnet sich die Bauchnaht (Verwachsungsnaht des Fruchtblattes) und der Balg gibt die oft noch eine Weile an einem Stielchen hängenbleibenden Samen frei. Balgfrüchte kommen vor allem in Familien vor, die als ursprünglich gelten, wie etwa bei den Magnolien.
Foto: Sammelbalgfrucht einer Magnolie (s. S. 20)

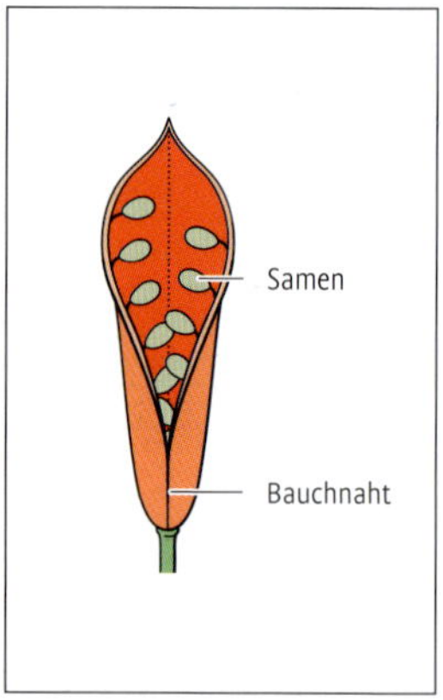

Hülsen sind die typischen Früchte der Schmetterlingsblütler. Auch sie entstehen aus einem Fruchtknoten, der nur aus einem Fruchtblatt besteht und sind Streufrüchte: Zur Samenreife öffnen sie sich an der Bauch- und der Rückennaht.
Foto: Hülse des Goldregens (s. S. 158)
Eine Sonderform ist die Gliederhülse, die sich um die innen liegenden Samen einschnürt. Zur Reife öffnet sie sich nicht, sondern zerbricht in einzelne Teile (Bruchfrucht). Ein Beispiel ist der Schnurbaum (s. S. 156).

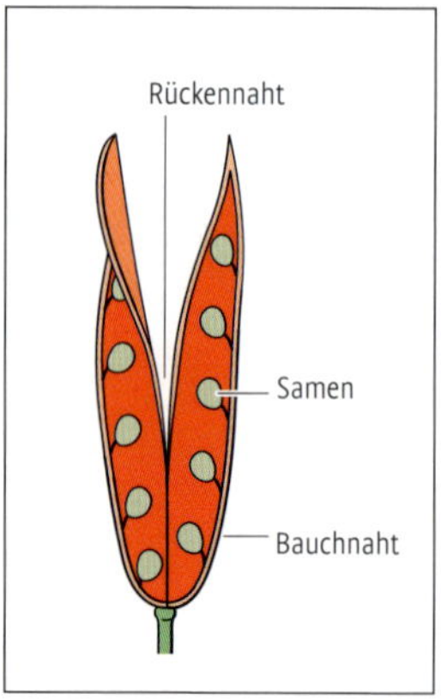